中国电子教育学会高教分会推荐
普通高等教育电子信息类"十三五"课改规划教材

电信传输原理

主　编　孙　霞
副主编　刘金亭　鲜　娟
　　　　刘文晶　龚雪娇
主　审　鲜继清

西安电子科技大学出版社

内容简介

本书根据通信工程本科专业的发展方向和教学需要，结合电信传输技术的最新发展原理及其现状编写而成，主要介绍了电信传输概述、金属传输线理论、波导传输线理论、光纤传输原理、无线传输原理、微波与卫星传输系统、移动通信无线传输等方面的内容，每章都配有思考与练习题。

本书可作为普通高等院校通信工程专业本科生教材，以及硕士生、博士生学习电信传输的入门辅导书，也可供工程技术人员参考。

图书在版编目(CIP)数据

电信传输原理/孙霞主编．－西安：西安电子科技大学出版社，2017.2

ISBN 978-7-5606-4411-0

Ⅰ.① 电⋯ Ⅱ.① 孙⋯ Ⅲ.① 传输线理论 Ⅳ.① TN81

中国版本图书馆 CIP 数据核字(2016)第 312227 号

策　　划	戚文艳
责任编辑	武翠琴　阎　彬
出版发行	西安电子科技大学出版社(西安市太白南路2号)
电　　话	(029)88242885　88201467　　邮编　710071
网　　址	www.xduph.com　　电子邮箱　xdupfxb001@163.com
经　　销	新华书店
印刷单位	陕西利达印务有限责任公司
版　　次	2017年2月第1版　2017年2月第1次印刷
开　　本	787毫米×1092毫米　1/16　印张14.5
字　　数	338千字
印　　数	1～3000册
定　　价	34.00元

ISBN 978-7-5606-4411-0/TN

XDUP 4703001-1

＊＊＊如有印装问题可调换＊＊＊

中国电子教育学会高教分会
教材建设指导委员会名单

主　任	李建东	西安电子科技大学副校长
副主任	裘松良	浙江理工大学校长
	韩　焱	中北大学副校长
	颜晓红	南京邮电大学副校长
	胡　华	杭州电子科技大学副校长
	欧阳缮	桂林电子科技大学副校长
	柯亨玉	武汉大学电子信息学院院长
	胡方明	西安电子科技大学出版社社长

委　员　（按姓氏笔画排列）

	于凤芹	江南大学物联网工程学院系主任
	王　泉	西安电子科技大学计算机学院院长
	朱智林	山东工商学院信息与电子工程学院院长
	何苏勤	北京化工大学信息科学与技术学院副院长
	宋　鹏	北方工业大学信息工程学院电子工程系主任
	陈鹤鸣	南京邮电大学贝尔英才学院院长
	尚　宇	西安工业大学电子信息工程学院副院长
	金炜东	西南交通大学电气工程学院系主任
	罗新民	西安交通大学电子信息与工程学院副院长
	段哲民	西北工业大学电子信息学院副院长
	郭　庆	桂林电子科技大学教务处处长
	郭宝龙	西安电子科技大学教务处处长
	徐江荣	杭州电子科技大学教务处处长
	蒋　宁	电子科技大学教务处处长
	蒋乐天	上海交通大学电子工程系
	曾孝平	重庆大学通信工程学院院长
	樊相宇	西安邮电大学教务处处长
秘书长	吕抗美	中国电子教育学会高教分会秘书长
	毛红兵	西安电子科技大学出版社社长助理

前　　言

人类社会的发展与信息技术的关系越来越密切，主要表现为手机、网络、电视等平台的发展在为人们提供便利的同时，也给人们的生活和工作方式带来了翻天覆地的变化，大量的信息充斥着我们的生活，影响着我们的思想和行为。作为社会的最小组成单元，每个人每时每刻都离不开电子信息的获取、传输、处理和应用，每个人都被"网"在了通信网中。

传输技术的发展水平决定了整个通信网络的发展水平，可以说传输技术是通信发展的基石。电信传输原理是传输技术的理论基础，"电信传输原理"课程是通信工程专业的核心专业基础课程，也是电子信息工程、广播电视工程专业的重要支撑课程。

本书主要讨论有线传输技术和无线传输技术，研究不同通信媒质的传输技术原理、传输信道以及传输系统的组成和应用等，力求给读者一个比较全面的、系统的、从理论到实际的有关信息传输的完整框架。编写本书的指导思想是使应用型本科通信与电子信息类专业的学生从系统和实用的角度熟悉电信传输技术的基本知识，抛弃烦琐的理论公式推导，让学生建立整个电信传输系统的概念，拓宽视野，了解传输技术发展的新动向，以适应迅速发展的电子信息技术革命。

本书在叙述上力求概念清楚、重点突出、深入浅出、通俗易懂；在内容上力求突出科学性、先进性、系统性与实用性；在体系结构上强调知识结构的系统性和完整性，强调课程间的有机结合，注重学生知识运用能力的培养。

本书参考学时为32～56学时。全书共分7章，包括电信传输概述、金属传输线理论、波导传输线理论、光纤传输原理、无线传输原理、微波与卫星传输系统、移动通信无线传输。

本书由孙霞、刘金亭、鲜娟、刘文晶、龚雪娇共同编写。其中，第1章由孙霞编写；第2章、第3章由刘金亭编写；第4章由刘文晶编写；第5章由龚雪娇编写；第6章、第7章由孙霞、鲜娟编写。全书由孙霞统编定稿。鲜继清教授对本书进行主审并提出了宝贵的修改意见，在此表示诚挚的谢意。在本书的编写过程中，得到了胡继志老师、易红薇老师的鼎力相助，还得到了西安电子科技大学出版社的大力支持，在此表示衷心的感谢。

由于时间仓促，加之作者水平有限，书中难免存在一些不足之处，敬请各位读者批评指正。

编　者
2016年10月

目　录

第1章　电信传输概述 …………………… 1
1.1　通信基本概念及系统模型 …………… 1
1.1.1　通信的基本概念 ……………… 1
1.1.2　模拟信号和数字信号 ………… 2
1.1.3　电信传输系统模型 …………… 3
1.2　电磁波及其波段划分 ………………… 5
1.2.1　电磁波波段划分 ……………… 5
1.2.2　各波段的特点及应用 ………… 7
1.3　微波和光波 …………………………… 9
1.3.1　微波及其特点 ………………… 9
1.3.2　光波 …………………………… 11
1.4　电信传输信道 ………………………… 11
1.4.1　信息传输 ……………………… 11
1.4.2　信道概念及分类 ……………… 11
1.4.3　有线传输信道 ………………… 12
1.4.4　无线传输信道 ………………… 16
1.5　信道的传输特性 ……………………… 20
1.5.1　幅频与相频传输特性 ………… 20
1.5.2　信道的衰减 …………………… 21
1.5.3　信道中的噪声与干扰 ………… 21
1.5.4　电信传输系统的性能指标 …… 23
1.5.5　信道容量 ……………………… 25
1.6　电信传输技术发展历程简述 ………… 26
1.6.1　传输线的发展 ………………… 26
1.6.2　电信传输技术的发展 ………… 27
思考与练习题 …………………………… 29

第2章　金属传输线理论 …………………… 30
2.1　通信传输电缆的分类及特点 ………… 30
2.1.1　通信传输电缆的分类 ………… 30
2.1.2　全色谱全塑电缆的型号及规格 …… 30
2.1.3　双屏蔽数字同轴电缆 ………… 33
2.1.4　五类双绞电缆的分类与特点 … 34
2.2　同轴电缆的技术特性及应用 ………… 36
2.2.1　同轴电缆的结构 ……………… 36
2.2.2　同轴电缆的技术特性 ………… 37
2.2.3　同轴电缆的应用 ……………… 39
2.3　传输线常用分析方法及电参数 ……… 40
2.3.1　传输线常用分析方法 ………… 40
2.3.2　长线的分布参数和等效电路 … 41

2.4　传输线的基本特性参数 ……………… 42
2.4.1　特性阻抗 ……………………… 42
2.4.2　传输常数 ……………………… 44
2.4.3　反射系数与驻波比 …………… 46
2.5　均匀无损传输线的工作状态 ………… 46
2.5.1　均匀无损传输线 ……………… 47
2.5.2　均匀无损传输线的工作状态 … 48
2.6　其他常用传输线及应用 ……………… 50
2.6.1　微带线 ………………………… 50
2.6.2　带状线 ………………………… 51
思考与练习题 …………………………… 51

第3章　波导传输线理论 …………………… 53
3.1　波导传输线及应用 …………………… 53
3.1.1　波导传输线 …………………… 53
3.1.2　圆波导定向耦合器在高功率微波测量中的应用 ……………… 54
3.1.3　波导在微波天馈线系统中的应用 ……………………………… 55
3.1.4　波导滤波器的应用 …………… 56
3.1.5　常用波导的电参数 …………… 59
3.2　波导传输线的常用分析方法及一般特性 ………………………………… 60
3.2.1　波导传输线的常用分析方法 … 60
3.2.2　波导中电磁波的一般传输特性 …… 64
3.3　矩形波导传输线及其传输特性 ……… 65
3.3.1　矩形波导中TM、TE波的场方程 ……………………………… 66
3.3.2　矩形波导中电磁波的传输特性 …… 68
3.4　圆波导及其传输特性 ………………… 72
3.4.1　圆波导中TM、TE波的方程 … 73
3.4.2　圆波导中电磁波的传输特性 … 76
思考与练习题 …………………………… 76

第4章　光纤传输原理 ……………………… 78
4.1　光纤通信系统的构成 ………………… 78
4.1.1　光纤通信系统模型 …………… 78
4.1.2　光纤导光原理 ………………… 80
4.1.3　光纤传输特性 ………………… 85
4.1.4　常用光纤光缆类型 …………… 90
4.2　光纤接入网 …………………………… 96

4.2.1　光纤接入网的概念……………………96
　　4.2.2　光纤接入网的基本结构……………97
　　4.2.3　光纤接入网的应用类型……………98
　　4.2.4　光纤接入网的关键技术……………100
　　4.2.5　无源光网络……………………………102
4.3　光纤以太网………………………………………106
　　4.3.1　以太网的概念及分类………………106
　　4.3.2　以太网的网络组成…………………109
　　4.3.3　LAN接入组网案例分析……………111
4.4　基于SDH的光传输网…………………………113
　　4.4.1　SDH的基本概念………………………114
　　4.4.2　SDH的速率与帧结构…………………114
　　4.4.3　SDH的基本网络单元…………………116
4.5　基于DWDM的光传输网………………………118
　　4.5.1　波分复用原理…………………………118
　　4.5.2　DWDM系统的基本结构………………119
　　4.5.3　DWDM技术选型………………………120
　　4.5.4　DWDM关键技术………………………123
4.6　未来光传送网……………………………………124
　　4.6.1　智能光传送网…………………………124
　　4.6.2　传送网的发展方向……………………126
思考与练习题……………………………………………128

第5章　无线传输原理……………………………129
5.1　无线电波传输理论………………………………129
　　5.1.1　电磁波常见传播模式…………………129
　　5.1.2　电磁波传播特性………………………130
5.2　无线传播损耗……………………………………131
　　5.2.1　自由空间传播损耗……………………132
　　5.2.2　自然现象引起的损耗…………………133
　　5.2.3　多径传播引起的损耗…………………134
5.3　无线传输中的噪声与干扰………………………135
　　5.3.1　噪声干扰的分类………………………136
　　5.3.2　噪声干扰的原因………………………136
5.4　无线传输的多址方式……………………………137
　　5.4.1　频分多址（FDMA）方式………………137
　　5.4.2　时分多址（TDMA）方式………………138
　　5.4.3　码分多址（CDMA）方式………………138
　　5.4.4　空分多址（SDMA）方式………………139
　　5.4.5　正交频分多址（OFDMA）方式………139
思考与练习题……………………………………………140

第6章　微波与卫星传输系统……………………141
6.1　微波与卫星通信概述……………………………141
6.2　微波通信系统……………………………………142
　　6.2.1　微波通信的概念及特点………………142
　　6.2.2　微波通信系统的组成…………………143
　　6.2.3　微波中继传输线路……………………144
　　6.2.4　微波通信的频率配置…………………145
　　6.2.5　微波天馈线系统………………………146
6.3　微波传播…………………………………………150
　　6.3.1　地面对微波传播的影响………………150
　　6.3.2　对流层对微波传播的影响……………154
6.4　微波传输线路噪声………………………………159
6.5　微波传输线路参数计算…………………………160
6.6　微波通信线路设计………………………………162
6.7　卫星通信的概念及特点…………………………163
6.8　卫星通信系统……………………………………164
　　6.8.1　通信卫星………………………………164
　　6.8.2　卫星通信系统的组成…………………167
　　6.8.3　卫星通信传输线路……………………167
　　6.8.4　卫星通信系统的工作过程……………168
　　6.8.5　卫星通信系统的频段分配……………169
　　6.8.6　卫星通信天馈线系统…………………171
　　6.8.7　观察参量………………………………172
6.9　卫星通信传输线路特性…………………………174
　　6.9.1　自然现象对卫星通信
　　　　　　线路的影响……………………………174
　　6.9.2　卫星通信线路的噪声和干扰…………176
6.10　卫星通信系统应用……………………………182
　　6.10.1　卫星电视广播………………………182
　　6.10.2　VSAT卫星通信系统…………………183
　　6.10.3　海事卫星通信系统…………………186
　　6.10.4　IDR卫星通信系统……………………187
　　6.10.5　GPS定位及差分原理…………………187
　　6.10.6　量子通信……………………………191
思考与练习题……………………………………………195

第7章　移动通信无线传输………………………197
7.1　移动通信概述……………………………………197
　　7.1.1　移动通信的发展………………………197
　　7.1.2　移动通信的网络结构…………………199
　　7.1.3　移动通信的特点………………………200
7.2　移动通信的信道特征……………………………201
　　7.2.1　表征衰落特性的常用数字特征………201
　　7.2.2　移动通信中无线电波的
　　　　　　传播特性………………………………202
　　7.2.3　移动信号传播的四种效应……………203
　　7.2.4　移动信号传播的三类衰落损耗………205

  7.2.5 移动信道参数 …………………… 206
 7.3 移动信道的噪声与干扰 …………… 207
  7.3.1 移动信道的噪声 …………………… 208
  7.3.2 移动信道的干扰 …………………… 209
 7.4 移动信道的传播模型 ……………… 212
  7.4.1 室外传播模型 ……………………… 213
  7.4.2 室内无线传播模型 ………………… 215

 7.5 蜂窝组网技术 ……………………… 216
  7.5.1 移动通信网的体制 ………………… 216
  7.5.2 移动通信网的组网方式 …………… 217
  7.5.3 移动通信系统的容量 ……………… 220
 思考与练习题 …………………………………… 221
参考文献 …………………………………………… 222

第1章 电信传输概述

1.1 通信基本概念及系统模型

1.1.1 通信的基本概念

消息是指物体的客观运动和人们的主观思维,我们通常用语言、文字、图像和数据等方式来描述。例如,电话中的语音、电视中的图像等都称为消息。消息在许多情况下是不便于传送和交换的,如语言就不宜远距离直接传送,为此需要用光、声、电等物理量来运载消息。例如,打电话是利用电话(系统)来传递消息;两个人之间的对话,是利用声音来传递消息;古代的"消息树""烽火台"和现代仍使用的"信号灯"等则是利用光的方式传递消息。随着社会的发展,消息的种类越来越多,人们对传递消息的要求和手段也越来越高。

信息是消息中包含的有意义的内容,信息是抽象的,因此,信息必须借助于载体——消息,才能够便于人们进行信息的传递、交换、存储和提取。信息量的大小可用消息发生的概率的倒数来表示,即

$$I = \log \frac{1}{P(X)} = -\log P(X) \tag{1-1}$$

式中,I 表示消息所含有的信息量;$P(X)$ 表示消息发生的概率。

信息量的单位由对数底数的取值决定。当对数以 2 为底时,单位是"比特"(bit——binary unit 的缩写);当对数以 e 为底时,单位是"奈特"(nat——nature unit 的缩写);当对数以 10 为底时,单位是"哈特"(hart——hartley 的缩写)。三个单位之间的换算关系为

$$1 \text{ nat} = 1.44 \text{ bit}$$
$$1 \text{ hart} = 3.22 \text{ bit}$$

通常采用"比特"作为信息量的常用单位。

由于消息在许多情况下不便于传送和交换,因此必须将其转换成适合信道传输的形式,借助于光、声、电等物理量来运载,这些物理量就称为信号,如光信号、声信号、电信号等。信号是用来携带消息的载体,但不是消息本身,同样,同一信息可用不同的信号来表示,同一信号也可表示不同的信息。信息、消息和信号是既有区别又有联系的三个不同的概念。

由于信息是消息中包含的有意义的内容,是人们需要传递的内容,因此在通信系统中

形式上传输的是消息,但实质上传输的是信息。消息只是表达信息的工具、载荷信息的客体。

人类自存在以来就进行思想交流和消息传递。远古时代的人类用表情和动作进行信息交流,这是最原始的通信方式。古代的通信方式有烽火台、击鼓、信鸽等,其传输会受到传输距离及时间的限制。随着社会生产力的发展,人们对传递消息的要求也越来越高。在各种各样的通信方式中,利用电信号来传递消息的通信方法称为电信(Telecommunication),如电报、电话、短信、E-mail等,这种通信具有迅速、准确、可靠等特点,且几乎不受时间、地点、空间、距离的限制,因而得到了飞速发展和广泛应用。

通信是指通过某种媒质将消息从一地传输到另一地的过程。简单地说,消息传输就是通信。通信的目的是获取信息。

1.1.2 模拟信号和数字信号

通信中消息的传送是通过信号来进行的。信号是表示消息的物理量,是运载消息的工具,是消息的载体。信号的分类方法有很多,可以从不同的角度对信号进行分类。例如,信号可以分为确知信号与随机信号、周期信号与非周期信号、模拟信号与数字信号等。下面简要介绍模拟信号与数字信号的概念。

如果信号中代表消息的信号参量(幅度或者频率)随消息作连续变化,则此信号就称为模拟信号,又称为连续信号。如代表消息的信号参量是幅度,则模拟信号的幅度应随消息连续变化,即幅度取值有无限多个,但在时间上可以连续,也可以离散。图1-1所示为时间连续和时间离散的模拟信号。

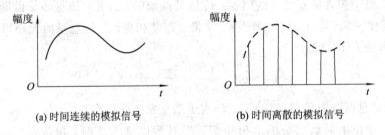

(a) 时间连续的模拟信号　　(b) 时间离散的模拟信号

图1-1　模拟信号

数字信号是指在时间上和幅度取值上均离散的信号。图1-2所示为二进制码和经过调制的数字信号。数字信号通常可由模拟信号获得。数字信号便于存储、处理、传输。与模

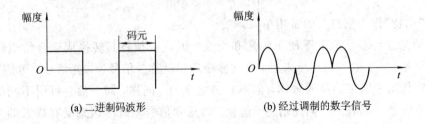

(a) 二进制码波形　　(b) 经过调制的数字信号

图1-2　数字信号

拟信号相比，数字信号最大的优点是抗干扰性强，噪声不积累。由于信号在通信中传输一段距离后，信号能量会受到损失，噪声的干扰会使波形变坏，因此为了提高其信噪比，要及时将变形的信号进行处理、放大。在模拟通信中，由于传输的信号是模拟信号（幅值是连续的），因此难以把噪声干扰分开而去掉，随着距离的增加，信号的传输质量会越来越恶化，如图1-3(a)所示。在数字通信中，传输的是数字脉冲信号，这些信号在传输过程中也同样会有能量损失，受到噪声干扰，但当信噪比还未恶化到一定程度时，可在适当距离或信号终端通过再生的方法，使之恢复为原来的脉冲信号波形，如图1-3(b)所示。由此可见，数字通信具有消除干扰和噪声积累的能力，可实现长距离、高质量的通信。因此现代通信是数字通信的时代。

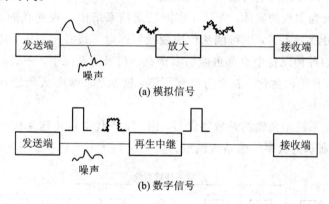

图1-3 两类通信方式抗干扰性能比较

1.1.3 电信传输系统模型

1973年，国际电信公约及规定将"电信"这一术语定义为：利用有线电、无线电、光学或其他电磁系统对符号、信号、文字、影像、声音或任何信息的传输、发射或接收。以上谈到的电信，就是本书谈到的通信。广义上讲，无论采用何种方法，使用何种传输媒质，只要把信息从一个地方传送到另一个地方，均称为通信。虽然通信系统种类繁多、形式各异，但实质都是完成从一个地方到另一个地方的信息传递或交换。一个简单的电信传输系统包括信息源、发送设备、信道、接收设备、受信者和噪声源等，如图1-4所示。

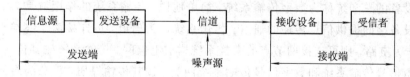

图1-4 电信传输系统基本模型

信息源是产生消息的源，把人或设备发出的信息变换为原始的电信号；发送设备负责将信息源发出的信号变成适合于信道传输的信号；接收端的接收设备与发送端的发送设备实现的功能相反，负责把从传输信道中接收的信号恢复成相应的原始信号，比如常用的信道编/解码器、调制/解调器都属于发送/接收设备；受信者是将复原的原始信号转换成相应的消息的宿端,也称为信宿。

信道是信号传输的通道,是通信系统的重要组成部分。信道由各种各样的传输媒质支撑,这些媒质包括明线、电缆、光缆及无线方面各波段的电磁波等。传输媒质是用于承载传输信息的物理媒体,是传递信号的通道,提供两地之间的传输通路。根据传输信号的特性,可将信道分为模拟信道和数字信道。根据传输距离的远近及作用,可将信道分为两类:距离比较近的称为用户线或接入信道(接入网),当前以金属电缆和无线传输为主;距离较远的称为中继或长途传输信道,当前主要由光缆、微波和卫星信道组成。根据传输媒质是否有形,可将信道分为两种:一种是电磁信号在自由空间中传输的无线信道;另一种是电磁信号在某种有形的传输线上传输的有线信道。

噪声源不是人为实现的实体,而是在实际的通信系统中客观存在的。实际上,干扰噪声可能在信息源处就混入了,也可能从构成变换器的电子设备中引入,传输信道中的电磁感应以及接收端的各种设备中也都可能引入干扰。在通信系统中,一般的噪声可以导致各种不良后果,如信号传输劣化,表现为语音不清、嘈杂等。噪声从产生方式上可分为内部噪声和外部噪声两大类。

由于目前通信系统中传输的是数字信号,因此,现代电信传输系统一般又称为数字传输系统。图1-5所示为数字传输系统模型。

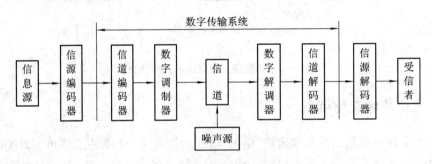

图1-5 数字传输系统模型

信息源提供的语音、数据、图像等待传递的信息经信源编码、信道编码和调制,将其频谱搬移到对应传输介质(导向传输介质和非导向传输介质)的传输频段内,通过传输介质传输至对方后,再经解调等逆变换,恢复成受信者适用的信息形式,这一全过程信息所通过的通信设备的总和统称为数字传输系统。简单地说,传输系统的作用就是为需要进行信息交互的设备之间提供信息传递的通道。传输系统作为信道,可连接两个终端设备构成电信系统;作为链路,则可连接网节点的交换系统构成电信网。传输系统按其传输信号性质,可分为模拟信号传输系统和数字信号传输系统两类;按其传输媒质,可分为有线传输系统和无线传输系统两类。

传输系统是通信网的重要组成部分,是各通信网元间连接的纽带,承载各网元间信息的传递,其系统性能的好坏直接制约通信网的发展。提高传输线路上的信号速率、扩宽传输频带是传输系统的不断追求。传输系统在通信网中的位置如图1-6所示。

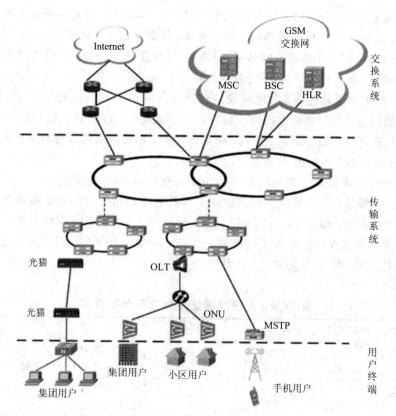

图 1-6 传输系统在通信网中的位置

1.2 电磁波及其波段划分

1.2.1 电磁波波段划分

随时间变化的电场、磁场互相激发,以波动的形式向周围扩散,形成电磁波。磁场或电场每秒钟内周期变化的次数就是电磁波的频率,用 f 表示,单位是赫兹(Hz);电磁波的传播速度称为波速,用 c 表示, $c=3\times10^8$ m/s。波速(c)和频率(f)的比值称为波长,用 λ 表示,单位是米(m),即

$$\lambda = \frac{c}{f} \tag{1-2}$$

由式(1-2)可知,波长与频率成反比,波长越长,频率越低;反之,频率越高,波长越短。在无线通信设备中,为了保证有效的发射和接收,天线的设计依据中最重要的参数就是波长。天线理论要求:为了得到尽可能高的发射效率,天线的长度 L 要与发射信号的波长 λ 相比拟,通常要求

$$L = \frac{\lambda}{4} \sim \frac{\lambda}{2} \tag{1-3}$$

另外,电磁波的能量与频率成正比,即频率越高,波长越短,能量越大。
电磁波是以波动的形式传播的电磁场,具有波粒二象性。电磁波不依靠介质传播,在

真空中的传播速度等同于光速。同频率的电磁波,在不同介质中的传播速度不同。不同频率的电磁波,在同一种介质中传播时,频率越高,折射率越大,速度越小。另外,且电磁波只有在同种均匀介质中才能沿直线传播,若同一种介质是不均匀的,电磁波在其中的折射率是不一样的,在这样的介质中是沿曲线传播的。通过不同介质时,电磁波会发生折射、反射、绕射、散射及吸收等现象。电磁波的传播方式有沿地面传播的地面波,还有从空中传播的空间波以及天波。电磁波的波长越长,其衰减越少,波长越长也越容易绕过障碍物继续传播。电磁波具有发生折射、反射、衍射的能力,因为所有的波都具有波粒二象性。折射、反射属于粒子性;衍射属于波动性。

将电磁波按照从低频率到高频率进行分类,就构成了电磁波谱。为了便于研究和管理,国际电信联盟(ITU)从提供不同的业务和传播特性相似等方面对电磁波加以划分,依次为:普通无线电波、微波、红外线、可见光、紫外线、X射线和γ射线。

从甚长波到米波都属于普通无线电波;微波又细分为分米波、厘米波、毫米波。人眼可接收到的电磁波,称为可见光(波长为380~780 nm)。具体各波段的名称及应用如表1-1所示。

表1-1 无线电波波段划分及典型应用

段号	频段名称	频率范围	波长范围	波段名称		传输介质	用途
1	甚低频(VLF)	3~30 kHz	100~10 km	甚长波		有线线对或长波无线电	音频、电话、数据终端长距离导航、时标
2	低频(LF)	30~300 kHz	10~1km	长波		有线线对或长波无线电	导航、信标、电力线通信
3	中频(MF)	300~3000 kHz	1000~100 m	中波		同轴电缆或短波无线电	调幅广播、移动陆地通信、业余无线电
4	高频(HF)	3~30 MHz	100~10 m	短波		同轴电缆或短波无线电	移动天线电话、短波广播定点军用通信、业余无线电
5	甚高频(VHF)	30~300 MHz	10~1 m	米波		同轴电缆或米波无线电	电视、调频广播、空中管制、车辆、通信、导航
6	特高频(UHF)	300~3000 MHz	100~10 cm	分米波	微波	波导或分米波无线电	微波接力、卫星和空间通信、雷达
7	超高频(SHF)	3~30 GHz	10~1 cm	厘米波		波导或厘米波无线电	微波接力、卫星和空间通信、雷达、无线宽带接入
8	极高频(EHF)	30~300 GHz	10~1 mm	毫米波		波导或毫米波无线电	雷达、微波接力、射电天文学
9	紫外、可见光、红外		380~760 nm			光纤或激光空间传播	光通信

在通信过程中,人们先把通信消息,例如,声音、图像、文字等转变为电信号,这些电信号以电磁波作为载体,由电磁波带着向周围空间传播。而在另一地点,人们利用接收机接收到这些电磁波后,又将其中的电信号还原成声音、图像、文字等消息,这就是信息传

播即通信的大致过程。通信所采用的传输线种类及传输方式是由电磁波的频率所决定的。电信的发展历程实际上就是所使用的载波频率由低到高的发展过程。通信容量几乎与所使用的频率成正比,人们对通信容量的要求越高,使用的频率就越高。

通信方式一般可分为两大类:一类称为有线通信,一类称为无线通信。有线通信方式是传输线引导电磁波按照一定方向进行传播,能量由发送方传送到接收方,传输效率较高;无线通信方式是利用天线将电磁波辐射到需要的空间区域进行信息交换。与有线通信方式相比,无线通信方式传输质量不稳定,信号易受干扰,易受自然因素等影响,但由于其具有不需要架设传输线路,不受通信距离限制,机动性好,建立迅速等优点,目前得到了快速的发展。

当电磁波频率不高时,如米波以上波长范围,广泛应用双线传输线来传输电信号,同轴线可用于较高频率,如分米波及厘米波波段;当频率更高时,如微波频段,就需用波导来传输电信号;当频率达到光波时,就选用光纤作为传输介质。本书章节安排也是根据从低频到高频的顺序进行的。常用的传输媒质与电磁波波段的对应关系如图1-7所示。

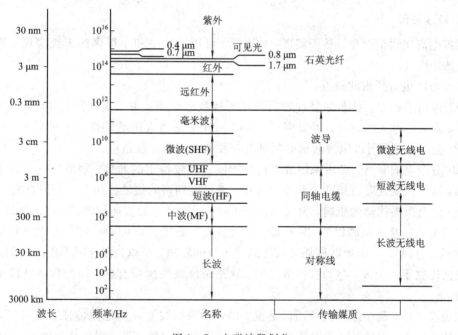

图1-7 电磁波段划分

1.2.2 各波段的特点及应用

1. 甚长波和长波波段

甚长波和长波波段可以用天波和地波传播,以地波传播方式为主。因地波传播频率越高,大地的吸收越大,故在无线电的早期是向低频率的方向发展。该波段主要用于无线电导航(航空和航海)、定点通信、海上移动通信和广播。

该波段的优点是:

(1) 传播距离长,在海水上应用数千瓦的功率可以实现3000公里的通信。所以目前还有很多海岸电台使用长波通信(30~200 kHz),或用10~30 kHz实现特远距离的通信。

(2) 电离层扰动的影响小。长波传播稳定,基本没有衰落现象。

(3) 波长越长,大地或海水的吸收越小,因此适宜于水下和地下通信。

该波段的缺点是:

(1) 容量小。长波整个频带宽度只有 200 kHz,因此容量有限,不能容纳多个电台在同一地区工作。

(2) 大气噪声干扰大。因为频率越低,大气噪声干扰越大(大气干扰也和地理位置有关,越近赤道,干扰越大)。

(3) 需要大的天线。

2. 中波波段

在中波波段,电磁波主要的传播方式是地波传播。在这一频段的低端比高端传播得更好。由于频率增高,地面的情况差别已不太显著。该波段主要用于广播、无线电导航(航空和航海)、海上移动通信。由于中波传播的特点,特别适宜于地区性的广播业务,在该频段信号稳定。

3. 短波波段

短波电离层通信简单,易于实现,成本低,可用小功率和小得多的天线实现远距离通信,这是其优点。

但是短波也有严重的缺点:

(1) 通信不稳定。要维持全日通信必须更换数个频率。由于电离层的 11 年周期的影响,当太阳活动性大的时候,可以用到 3~30 MHz,而当太阳活动性最小的时候只有 3~15 MHz 能够应用。所以短波通信必须具有全波段的频率才能适应。

(2) 有严重的衰落,必须采用分集接收才能得到较稳定的通信。短波通信通常采用频率分集,这就是说需要占用两个频率,这对本来已经拥挤的短波波段是一个困难的问题。

(3) 受电离层扰动的影响,大气等自然干扰也比较大。短波通信时,使用某一频率,利用天波只能到达某一距离以外(因为如果距离再近,必须提高仰角,这时电磁波将穿过电离层而不反射回来),而地波传播又只能到达较近的距离。所以,在这两个距离之间,既收不到地波也收不到天波,称为盲区或静区。这是短波波段所特有的,因此短波波段不能用于导航。

在短波波段,利用地波传播通信是很少的,因为短波波段的地波传播距离极近,稍远一点衰减就极大。因此,除军用战术小型电台还采用短波地波通信外,其他地方很少采用。

4. 米波、分米波的一部分波段

这一波段是一个"中间"波段。它基本上不能被电离层反射,地波传播的距离非常短,因此该波段主要的传播方式是视距内的空间波传播,以及对流层散射和电离层散射。

该频段的优点是:对于低容量系统可以用小尺寸天线。明显地,这种特点特别适宜于移动通信。在无线电中继系统中,采用较高一些的频率,虽然传播损耗增加,但是高的天线增益可以补偿这部分损耗。因此,采用这个频段的高频端是合适的,而且容量也可增大,可以通过更多的路数。对流层散射在某些场合代替了无线电接力系统,因为它可以不用中继站,一跳数百公里,同时还可具有大容量(多路传输),而这在低频率是不可能的。该频段频率主要分配在广播、陆上移动通信、航空移动通信、海上移动通信、定点通信、空间通信、雷达等。

5. 厘米波波段

厘米波波段的传播特点是视距传播，大气噪声低，但在某些频率区域(3 cm 波长)，大气(水汽)吸收比较大。另外，该频段也用散射方式传播。由于该频段尚不太拥挤，因此，目前的分配问题不大。

在该频段中，由于没有大气噪声的干扰，同时波长短的天线的波束容易做得很窄，所以无线电导航和雷达特别适合。目前已将此波段分配给定点及移动通信、导航、雷达、气象、无线电天文学、空间通信、业余无线电等使用。

6. 毫米波波段

毫米波波段的优点是：
(1) 具有极宽的带宽。
(2) 波束窄。
(3) 与激光相比，毫米波的传播受气候的影响要小得多，可以认为具有全天候特性。
(4) 与微波相比，毫米波元器件的尺寸要小得多。
因此毫米波系统具有更容易小型化的优点。
该波段的缺点是：
(1) 大气中传播衰减严重。
(2) 器件加工精度要求高。
毫米波在通信、雷达、制导、遥感技术、射电天文学、临床医学和波谱学方面都有重大的意义。利用大气窗口的毫米波频率可实现大容量的卫星-地面通信或地面中继通信。

从 40 GHz 到 3000 GHz(这是光波的下限)，除了激光以外，还未能很好地加以利用，有待于以后的研究和发展。

1.3 微波和光波

1.3.1 微波及其特点

由于微波频率高，提供的通信容量大，因此在目前得到了快速发展。本节单独对微波进行介绍。

微波是一个非常特殊的电磁波段，其频率为 300 MHz～300 GHz，波长在 0.1 mm～1 m 之间。微波介于无线电波和红外辐射之间，但不能仅依靠将低频无线电波和高频红外辐射加以推广的办法导出微波的产生、传输和应用的原理。微波波段之所以要从射频频谱中分离出来单独进行研究，是由于微波波段有着不同于其他波段的重要特点。

1. 似光性和似声性

微波波长很短，比地球上的一般物体(如飞机、舰船、汽车建筑物等)尺寸相对要小得多。这使得微波的特点与几何光学相似，即所谓的似光性。因此使用微波工作，能使电路元件尺寸减小，使系统更加紧凑，可以制成体积小、波束窄、方向性很强、增益很高的天线系统，接收来自地面或空间各种物体反射回来的微弱信号，从而确定物体方位和距离，分析目标特征。

由于微波波长与物体(实验室中无线设备)的尺寸有相同的量级,使得微波的特点又与声波相似,即所谓的似声性。例如,微波波导类似于声学中的传声筒,喇叭天线和缝隙天线类似于声学喇叭、箫与笛,微波谐振腔类似于声学共鸣腔。

2. 频率高,提供的容量大

微波频率比一般的无线电波频率高,通常也称为"超高频电磁波"。由于微波频率很高,所以在不大的相对带宽下,其可用的频带很宽,可达数百甚至上千兆赫兹。这是低频无线电波无法比拟的。这意味着微波的信息容量大,所以现代多路通信系统,包括卫星通信系统,几乎无例外都是工作在微波波段。

3. 微波能穿透电离层传播

微波辐照于介质物体时,能深入到该物体内部的特点称为穿透性。微波是射频波谱中除光波外唯一能穿透电离层的电磁波,因而成为人类开发卫星通信和宇航通信的重要手段。微波能穿透云雾、雨、植被、积雪和地表层,具有全天候和全天时工作的能力,成为遥感技术的重要波段;微波波段中的毫米波还能穿透离子体,是远程导弹末端制导和航天器重返大气层时实现通信的重要手段。但另一方面,也正是因为微波不能为电离层所反射,所以利用微波的地面通信只限于天线的视距范围之内,远距离微波通信需要中继站接力。

4. 散射特性

当电磁波入射到某物体上时,波除了会沿入射波的相反方向产生部分反射外,还会在其他方向上产生散射,我们称该物体为散射体。散射是入射波与散射体相互作用的结果,故散射波中携带有关于散射体的频域、时域、相位、极化等多种信息,人们可通过对不同物体散射特性的检测,从中提取目标信息,从而进行目标识别,这是实现微波遥感、雷达成像等的基础。

在实际工作中,为了方便起见,常把微波波段划分为:分米波段、厘米波段、毫米波段。在雷达、通信及常规微波技术中,常用英文字母来表示更为详尽的微波分波段,如表1-2所示。

表1-2 微波波段的代号及对应的频率范围

名称	频率范围/GHz	下/上行载波频率/GHz	单向带宽/MHz	适用业务
UHF频段	0.3~1	0.2/0.4	500~800	
L频段	1~2	1.5/1.6		移动通信、声音广播
S频段	2~4	2.5/2.6		移动通信、图像广播
C频段	4~8	4/6	500~700	固定通信、声音广播
X频段	8~12	7/8		固定通信(通常用于政府和军方业务)
Ku频段	12~18	12/14 或 11/14	500~1000	固定通信、电视广播
Ka频段	27~40	20/30	高达3500	固定通信、移动通信、电视广播

微波在通信中的作用就是利用微波作为信息的载体来传输信息。在发信方,用振荡器产生微波,再用调制器使微波携带信息,然后将它们放大,最后送到天线上辐射出去。带有信息的微波被远方的接收机所接收,再用解调器将信息取出,微波便完成了传输的任务。

随着信息科学技术的不断发展,人们对通信业务也提出了更高的要求,因此对通信容量的需求也越来越高,微波是一个有限的频带范围,它提供的带宽已远远不能满足人们对通信容量的要求,开发利用更高频段的电磁波已成为发展方向,因此在近年来光波得到了迅猛的发展。

1.3.2 光波

光波是指波长在 $0.3\sim3\ \mu m$ 之间的电磁波。因为光是电磁波的一种,故有此称。光具有波粒二象性,也就是说微观来看,由光子组成,具有粒子性;但是宏观来看,又表现出波动性。光波的传播实际是电磁波的传播,光波在大气中传播时,受到大气的吸收、散射、折射和闪烁等影响,影响程度与光波波长有密切关系。作为一种波,光波向外辐射能量。光纤通信就是利用光波作为载频、光纤作为传输媒质的一种通信方式,它是以激光作为信息的载体,光波工作在电磁波频谱图中的近红外区,即波长是 $0.8\sim1.8\ \mu m$,对应的频率为 $167\sim375\ THz$。

1.4 电信传输信道

1.4.1 信息传输

由前述可知,通信的目的是为了实现信息的传送与交流。因此,没有信息的传输就谈不上通信。在整个通信系统中,信息传输是其中一个重要的组成部分。信息传输就是将携带信息的信号经信道由一端传送到另一端的过程。信源提供的语音、数据、图像等需要传递的信息由用户终端设备变换成需要的信号形式,经传输终端设备进行调制,将其频谱搬移到对应传输媒质的传输频段内,通过信道传输到对方后,再经解调等逆变换,恢复成信宿适合的消息形式。信息本身并不能被传送或接收,必须有载体,如电信号、光信号等。

1.4.2 信道概念及分类

信道是信号传输的通道。通信的目的就是传递信息,在传递信息过程中,除了发送信号的发送端和接收信号的接收端,位于中间的信道是必不可少的,信道是由明线、电缆、光缆及无线方面的各波段的电磁波等传输媒质支撑。

根据传输媒质是否有形,信道分为两种:一种是电磁信号在某种有形的传输线上传输的有线信道,目前主要由电缆、光缆构成;另一种是电磁信号在自由空间中传输的无线信道,主要由微波、卫星、移动无线信道组成。

根据信道的传输性质(参数)随时间变化的特性,信道可分为恒参信道和随参信道。如果实际信道的性质(参数)不随时间变化,或者基本不随时间变化,或者变化极慢,则可以认为是恒参信道。有线信道是典型的恒参信道。随参信道又称变参信道,随参信道的性质

(参数)随时间随机变化,其特性比恒参信道要复杂得多,对信号的影响比恒参信道也要严重得多。从对信号传输影响来看,传输媒质的影响是主要的,属于随参信道的有短波电离层信道、微波对流层散射信道、超短波电离层散射信道等。这些信道的传输媒质参数受天文与气象条件而随机变动,会使通信时接收到的信号强度也发生随机变化,引起衰落。

恒参信道对信号传输的影响是引起幅频特性和相频特性的畸变,从而最终导致产生码间干扰,克服方法主要是采用均衡技术。随参信道对信号传输的影响是引起衰落,克服方法主要是分集接收。

1.4.3 有线传输信道

不同的通信媒质具有不同的属性,应针对不同的用途应用在不同的场合,发挥不同通信媒质的最佳效能。有线信道的电磁能量被约束在某种传输线上传输,包括平行导体传输线、同轴电缆传输线、微带传输线、波导传输线、光纤传输线等。

1. 架空明线和平行双线电缆

架空明线是利用金属裸导线捆扎在固定的线担上的绝缘子上,是架设在电线杆上的一种通信线路。它主要由导线、电杆、线担、绝缘子和拉线等组成,如图1-8(a)所示。金属裸导线用于传输电信号。

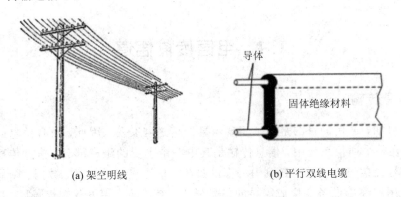

(a) 架空明线　　　　　　　　(b) 平行双线电缆

图1-8 架空明线和平行双线电缆

架空明线暴露在大自然环境中,它的唯一优点是结构简单,因为没有屏蔽,所以明线传输线辐射损耗高并且易受噪声及外界电磁场的干扰。当传输信号频率较高时,具有一定的辐射性,使线路衰耗和串音增大,所以它的复用程度较低。早期用来开通12路载波电话,传输频率为150 kHz,多用于专网通信。目前除了在一些农村地区、山区外,已很少使用架空明线。

平行双线电缆是一种双线平行导体传输线,两个导体承载电流,其中一个导体承载发出的信号,另一个承载返回的信号,任何一对传输线都可以在平衡模式下工作,如图1-8(b)所示。双线电缆通常称为带状电缆。除了两导体间的衬垫用固体绝缘体取代以外,双导线与明线传输线本质上极为相似,这可以确保沿整个电缆均衡间隔。电视传输电缆两导体间的距离是5~16英寸。通常,绝缘体的材料是特氟龙和聚乙烯。

2. 对称电缆

对称电缆是由若干条扭绞成对(或组)的导电芯线加绝缘层组合而成的缆芯,以及在缆芯外面缠绕的金属编织物等构成的。导电芯线必须具有良好的导电性、柔软性和足够的机械强度。绝缘层是为保证芯线之间和芯线与护层之间具有良好的绝缘性能，在每根导线外包裹绝缘纸带、聚苯乙烯或聚烯烃塑料层。编织物要连接到地，起屏蔽作用，以减少辐射损耗和干扰，金属编织物可以避免信号辐射出去，也可以阻止电磁干扰到内部的信号导体。编织物外面再覆盖用于保护的塑料外套，外面再包裹护层，组成一个整体，如图1-9(a)所示。目前，最常用的是软铜线，也有采用半硬铝线，对称电缆主要用于市话用户的电话线。

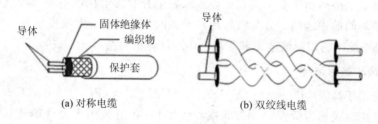

图1-9 对称电缆和双绞线电缆

3. 双绞线电缆

在计算机网络中应用最多的是双绞线电缆(简称双绞线)。双绞线电缆是由两根绝缘的导体扭绞封装在一个绝缘外套中而形成的一种传输介质，通常以对为单位，并把它作为电缆的内核，根据用途不同，其芯线要覆以不同的护套。相邻的线对要以不同的节距(扭绞长度)进行扭绞，以减少由于相互感应而形成的干扰。双绞线电缆的主要常数是电参数(阻抗、感抗、电容和电导率)，电参数会随物理环境，如温度、湿度和机械压力以及制造工艺误差等因素的变化而变化。双绞线电缆如图1-9(b)所示。

双绞线是目前局域网最常用到的一种电缆，它既可以传输模拟信号又可以传输数字信号。由于电缆中的每一对双绞线一般是由两根绝缘铜导线相互扭绕而成的，每一根导线在传输中辐射的电波会被另一根线上发出的电波抵消，从而使信号的干扰程度降低(使电磁辐射和外部电磁干扰减到最小)。双绞线的缺点是容易受到外部高频电磁波干扰，且线路本身会产生一定的噪声，误码率较高，不支持速率非常高的数据传输。如果用作数据通信网络的传输介质，每隔一定距离需要使用中继器或放大器。

4. 同轴电缆

前面介绍的平行导体传输线适合于低频应用，在高频段它们的辐射损耗和绝缘损耗很大。因此，在高频应用中同轴导体被广泛地采用以减少损耗并隔绝传输线路。基本的同轴电缆包括一个中心导体，周围是同心的(与中心距离相同)外部导体。在相对高的频段上，同轴外部导体提供极好的屏蔽以防止外部干扰。

同轴电缆的中心导体直径为1.2～5 mm，外管直径为4.4～18 mm，外部导体被物理隔绝，由间隔器与中心导体隔离，属于不对称的结构。间隔器由耐热玻璃、聚苯乙烯和其他一些绝缘体组成。图1-10给出的是固态柔韧型

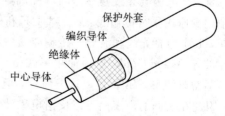

图1-10 同轴电缆(固态柔韧型)

同轴电缆，外部导体是柔韧的编织物，并与中心导体同轴，绝缘体是固态绝缘聚乙烯材料，以保证内外导体的电隔离。内导体是柔韧的铜线，可以是实心的也可以是空心的。空气填充型同轴电缆造价相对昂贵，为减少损耗，空气绝缘体必须对湿度无严格限制。固态柔韧型同轴电缆有较低损耗并且易于构造、安装和维护。

同轴电缆主要有两种：一种是阻抗为 50 Ω 的基带同轴电缆，主要用于传输数字信号；另一种是阻抗为 75 Ω 的宽带同轴电缆，主要用于传输模拟信号，如闭路电视信号等。在相对高的频段上，同轴电缆提供极好的屏蔽，以防止高频电波辐射及外部干扰。同轴电缆的主要缺点是昂贵且必须用于非平衡模式，其低频串音及抗干扰性不如双绞线电缆。同轴电缆主要用在端局间的中继线、交换机与传输设备间的连接线、无线发射机与天线之间的馈线、有线电视系统中的用户线电缆和馈线、环形计算机网络等。

5. 微带线和矩形波导

微带线应用于高频(300～3000 MHz)。在印制电路板(PC，Printed Circuit)上使用铜线构成的特殊传输线称为微带或带状线，已在 PC 板上被用于元件的连接。同样，当传输线源端和负载端的距离只有几英寸或更小时，标准的同轴电缆传输线是不适用的，因为连接件、终接器和电缆本身都太大了。微带线仅仅是一个由绝缘体隔离的、与接地板分离的平面导体。图 1-11(a)给出了一个简化的单轨微带线路。接地板作为电路的公共点，必须至少是上层导体宽度的 10 倍，而且要连接到地。微带线的长度在工作频率上通常是 1/4 或 1/2 波长，并等效于非平衡传输线。短路线通常优于开路线，因为开路线有较大的辐射。标准的传输线对于实际作为电抗元件或是调谐电路来使用是太长了。微带传输线可以用于构成传输线、电感、电容、调谐电路、滤波器、移相器和阻抗匹配设备。

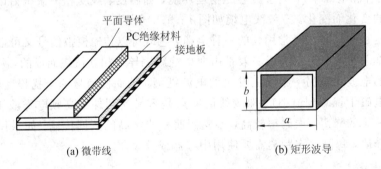

(a) 微带线　　　　　　　(b) 矩形波导

图 1-11　微带线和矩形波导

平行传输线，包括同轴电缆，都不能有效地传输 20 GHz 以上的电磁波，这是由于集肤效应和辐射损耗造成了严重的衰减。另外，平行传输线也不能用于传输较高功率的信号，因为高电压会导致两导体间的隔离绝缘材料的损坏。因此，在高于 UHF 的频率及微波中很少应用平行传输线。对于 UHF 和微波波段，除了微带线外，还有多种传输线可供选择，其中包括光缆和波导等传输介质，光纤实际上也是一个圆柱波导。

波导(Wave Guide)的最简单形式是一个空心导管，可以限定电磁波能量的边界，其横截面通常是矩形，如图 1-11(b)所示，但也有圆形或椭圆形波导。由于波导管的管壁是导体，因此在它们的内表面可以反射电磁波。如果波导管壁是良导体且很薄，则壁内无电流流过，因此能量损耗很少。在波导管内，并不是依靠管壁传导能量的，而是通过波导管内的电介质传播能量,其电介质通常是干燥的空气。本质上,波导就是将同轴双导体传输线中的内导体抽出去而得到的单导体传输线。电磁波的能量在波导管内以"Z"字形来回反射并不断向前传播。在讨论波导的传输特性时,不再使用传输线的电压电流概念,而需要依据电磁场的概念(如电场和磁场),最常用的波导是矩形波导。

6. 光纤

金属电缆具有使用方便、价格便宜、寿命长、技术成熟等特点,主要应用于速率较低的短距离信息传输(局域网、用户接入网、用户线和一些专用网),但是金属电缆具有传输衰耗较大,容易受噪声干扰等缺点。前香港中文大学校长,英籍华裔学者高锟博士首先提出光纤(Optical Fiber)可以用于通信传输的设想,高锟因此获得 2009 年诺贝尔物理学奖。光纤(光缆)具有重量轻、传输容量大、频带宽、抗干扰能力强等优点,已在长途通信网、市话通信网中取代原用的电缆,并正在努力实现全网光纤化、光纤到路边、光纤到家的宽带通信的理想。

随着光通信技术的飞速发展,现在人们可以利用光导纤维来传输数据。光纤是利用光的全反射特性来导光的。光纤是由中心的纤芯和外围的包层同轴组成的圆柱形细丝,其结构图如图 1-12 所示。在通信中,光纤和原来传电话的明线、电缆一样,是一种信息传输介质,只是它传输的信息量要比电缆高出成千上万倍,可达到几百兆比特/秒,且传输衰耗极低。纤芯的折射

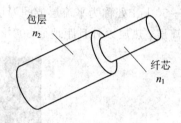

图 1-12 光纤结构图

率比包层稍高,损耗比包层更低,光能量主要在纤芯内传播。通过提高材料纯度和改进制造工艺,可以在宽波长范围内获得很小的损耗。包层为光的传输提供反射面和光隔离,并起一定的机械保护作用。

由于光纤纤芯细如发丝,由 SiO_2 玻璃纤维组成,质地脆弱,为了使光纤能在工程中实用化,能承受工程中拉伸、侧压和各种外力作用,且具有一定的机械强度而使性能稳定,因此,工程应用中需增加填充物、护套、涂敷处理及加强件,使光纤的强度提高,并将光纤制成不同结构、不同形状和不同种类的光缆,才能适应不同环境下光纤通信的需要。光纤结构及剖面示意图如图 1-13 所示。

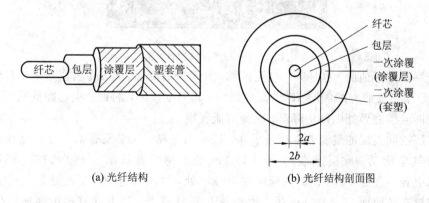

(a) 光纤结构　　　　　(b) 光纤结构剖面图

图 1-13 光纤结构及剖面示意图

1.4.4 无线传输信道

无线传输信道的介质是自由空间,电磁波在大气层、电离层或外层空间传送,如短波电离层、散射信道、微波视距信道、卫星远程自由空间的恒定参数信道等。

在无线信道中信号的传递是利用电磁波在大气层的传播来实现的。原则上,任何频率的电磁波都可以产生,但是,为了构成一条无线传输信道,实现有效地发射或接收电磁波尤为重要,其中一点就是要求天线的长度(L)不小于电磁波波长(λ)的 $1/4\sim1/2$。因此,如果电磁波频率过低,波长过长,则天线难于实现。例如,若电磁波的频率等于 3000 Hz,则其波长等于 100 km。这时,要求天线的尺寸大于 $25\sim50$ km,这样大的天线虽然可以实现,但是并不经济和方便。所以,通常用于无线通信的电磁波频率都比较高。

1. 大气层结构

大气层结构主要可分成五层,如图 1-14 所示。离地面 $10\sim18$ km 处称为对流层,$18\sim50$ km 处称为平流层或同温层,$50\sim80$ km 处称为中间层,80 km 以上则称为热层或电离层,热层以外且距地面 800 km 以上称为散逸层或者磁层。

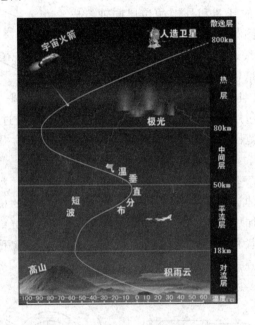

图 1-14 大气分层结构图

对流层最接近地面,也是天气变化区域,几乎所有降雪、降雨、云层形成,都在此区进行,是气象学主要研究的气层。随着高度增加,其温度递减,约每公里会降低 6.5°,但在与平流层或同温层交界处则停止降温,称为对流顶层。

平流层或同温层的气流非常稳定平静,且相当干燥,几乎没有垂直方向运动,并几乎没有任何气象活动。此层下端约 $10\sim18$ km 处维持恒温状态,气温约在 -63℃。上层 25 km 以上处,温度开始上升,离地面约 49 km 处,气温可达 20℃,此处为平流层顶。

中间层在离地面 $50\sim80$ km 处,由于氧及臭氧减少,气温随着高度递减,在离地面 75 km 处气温为 -100℃,是大气层中最冷的地方。

热层或电离层在中间层之上，离地面 80 km 以上，由于空气分子会吸收太阳紫外线，气温再度回升。80～120 km 处，气温从 −70℃ 上升至 80℃，而 300 km 以上，气温可高达数千度。

磁层是电离层最外层，约离地面 400 km 处至高层大气外限。此区域因为电子、质子与离子运动及分布受地球磁场控制，因而得名。

大气层与无线电波传播示意图如图 1-15 所示。

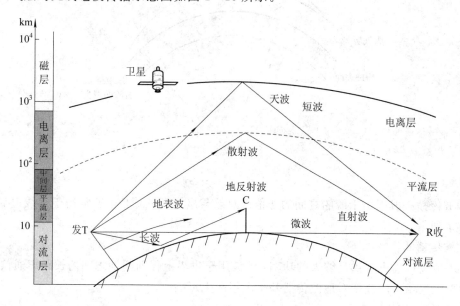

图 1-15　大气层与无线电波传播

2. 无线电波的传播方式

在地球大气层以内传播的电磁波称为陆地波（Terrestrial Wave），因此，在地球上两点或多点之间的通信称为地面无线电通信。陆地波会受到大气层以及地球表面的影响。在地面无线电通信中，电磁波的传播有若干种传播形式，究竟以哪种形式传播取决于系统的类型及外界条件。除地球大气引起传播路径改变外，电磁波总是以直线传播。实际上，在地球大气层内的电磁波有三种传播方式：地波、空间波（包括直射波和大地反射波）以及天波。

1) 地波

沿地面传播的无线电波叫地波，又叫表面波。由于地球表面也存在着电阻损耗和介质损耗，因此地波在传播过程中也必然产生衰减。电波的波长越短，越容易被地面吸收，因此只有长波和中波能在地面传播。地波传播的特点是信号比较稳定，基本上不受天气的影响。地波最适于在良导体的表面上进行传播，如海面，而在干燥的沙漠地区则很难传播。随着频率的增高，地波的衰减急剧增加，因此，对于地波的传播一般将频率限制在 2 MHz 以下。在无线信道通信中，频率较低的电磁波趋于沿弯曲的地球表面传播，有一定的绕射能力。在低频和甚低频段，地波能够传播超过数百千米或数千千米。

地波的绕射能力与其波长和地形的起伏有关，波长越长，绕射能力越强；障碍物越高，绕射能力越弱。在地面波通信中，长波的绕射能力最强，中波次之，短波较小，超短波最弱。

地球的大气密度存在着密度梯度（Gradient Density），即随着地波离开地球表面距离的增大,大气密度逐渐减小,由此造成波阵面的倾斜,倾斜角度也逐渐增大,如图1-16所示。因此,地波能够保持贴近地球表面并绕着地球表面传播,在能够提供足够的发射功率时,波阵面沿着地平面可以传播得很远,甚至达到地球的整个周长。

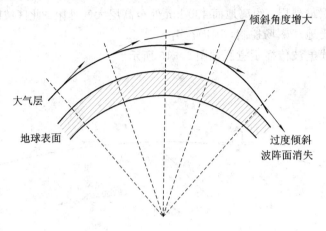

图1-16 地波传播

地波传播一般多用于舰船之间的通信以及船与岸之间的通信,还常用于无线电导航和海上移动通信。

地波传播的优点如下:

(1) 地波传播可提供足够大的功率,地波用于世界上任何两地之间的长距离通信。

(2) 大气条件的改变对地波传播基本上不产生影响。

地波传播的缺点如下:

(1) 地波传播需要很大的发射功率。

(2) 地波传播的频率限制在甚低频(VLF)、低频(LF)以及中频(MF)范围内,并且需要大尺寸的天线。

(3) 地面损耗随表面材料不同会发生明显变化。

2) 空间波

空间波包括直射波和地面反射波,如图1-17所示。直射波(Direct Wave)在发射天线与接收天线之间以直线传播。以直射波传播的空间波一般称为视距(LOS,Line Of Sight)传输。因此,空间波的传播受到地球表面曲率的限制。地面反射波(Ground Reflected Wave)是在发射机和接收机之间靠地球表面对波的反射进行传播。

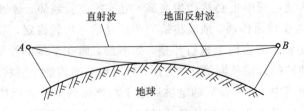

图1-17 空间波的传播

从图1-17中可以看出,接收天线处的电场强度取决于两个天线之间的距离(衰减和吸收),以及直射波与地面反射波在接收天线处的相位是否同相(干涉)。

地球表面的曲率使空间波的传播呈现水平线，一般称为无线电地平线（Radio Horizon）。由于大气的折射，在普通标准大气下，无线电地平线的延伸超过光学地平线（Optical Horizon）的延伸。无线电地平线的延伸几乎是光学地平线延伸的 4/3。由对流层引起的折射会随着对流层的密度、温度、水蒸气的含量以及相对传导率的改变而改变。加高地球表面上铁塔的高度使发射天线或接收天线（或两者）的高度提升，或将天线架设在高大建筑物或山顶上，这样可以有效地延长无线电地平线的长度。

3）天波

天波（Sky Wave）一般是指在某一方向上相对于地球仰起一个很大的角度来辐射的电磁波。天波是朝着天空辐射并凭借电离层反射或折射回地面。正是由于这个原因，天波传播的这种形式有时也称为电离层传播。电离层位于地球上空约 50~400 km（30~250 英里）空间区域内。电离层是地球大气层的最上面的一部分，因此，电离层吸收了大量的太阳辐射的能量，使空气中的分子电离而产生自由电子。当无线电波进入到电离层时，电离层中的自由电子就会受到电磁波中电场的作用力，使自由电子产生振动。振动的电子会减少电流的流动，这相当于介电常数的降低。介电常数的减小可以增加传播速度，并且使电磁波从电子的高密度区域向低密度区域发生弯折（即增大了折射）。

天波的传播离地球越远，电离作用就越强，只有很少的分子被电离。因此，在大气层的高层区域，分子电离的比例要比大气层的低层区域高很多。电离的密度越高，折射率越大。另外，由于电离层的非均匀结构以及它的温度和密度都是变量，一般将电离层进行分层分析。电离层通常分为 D、E、F 三层，如图 1-18 所示。从图中可以看出，电离层的分层在同一天的不同时间有不同的高度和不同的电离密度。在一年中电离密度随季节呈周期性波动，并且这种周期性的变化还随着太阳黑子活动以大约 11 年为一个周期发生着变化。在太阳光最强的时期电离层的密度最大（在夏天的中午时段）。

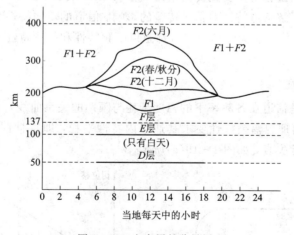

图 1-18 电离层的分导层

D 层是电离层的最底层，距地球表面大约 50~100 km。由于离太阳的距离最远，电离的程度最弱，因此电离层的 D 层对无线电波的传播方向影响最小。然而，D 层中的离子对电磁能量有明显的吸收作用。在 D 层中的电离程度取决于朝向太阳时在地平线上的海拔高度，所以在日落之后电离消失。电离层的 D 层主要对 VLF 波和 LF 波有反射作用，对 MF 波和 HF 波会产生吸收现象。

E 层距地球表面大约 $100\sim140$ km。由于它是由两名科学家首先发现的,因此电离层的 E 层有时也称为肯内利-亥维赛(Kennelly-Heaviside)层。正午时期,E 层在距地面大约 112 千米处出现最大密度。与 D 层一样,在日落之后 E 层电离几乎全部消失。电离层的 E 层有助于 MF 表面波的传播,并对 HF 波有部分反射。由于 E 层上层部分电离的出现和消失不可预料,有时需要单独考虑它,并将其称为不规则的 E 层。太阳耀斑(Solar Flare)和太阳黑子的活动性(Sunspot Activity)引起了不规则 E 层的出现。不规则 E 层很薄,却有很高的电离密度。出现不规则 E 层时,远距离的无线电传播在该处通常会出现异常。

F 层实际上是由 $F1$ 和 $F2$ 两层组成的。在白天,$F1$ 层位于距地球表面约 $140\sim250$ km 的上空;$F2$ 层在冬季距地球表面约 $140\sim300$ km,而在夏季距地球表面约 $230\sim250$ km。在夜晚 $F1$ 层和 $F2$ 层合为一层。某些 HF 波在 $F1$ 层会被吸收及衰减,尽管大部分的 HF 波可传播到 $F2$ 层,但在该处它们都将被折射回地面。

综上所述:中、长波均利用地波方式进行传播;超短波用空间波方式进行传播;短波主要靠天波传播。不同波长电磁波的传播方式如表 1-3 所示。

表 1-3 不同波长电磁波的传播方式

电磁波段	超长波	长波	中波	短波	米波	分米波	微波
传播方式	空间波为主	地波为主	地波与天波	天波与地波	空间波	空间波	空间波、天波

1.5 信道的传输特性

1.5.1 幅频与相频传输特性

信号在信道传输过程中要受到传输信道质量及噪声干扰的影响,因此讨论信道传输特性的目的就是为了了解信道特性对信号传输的影响。信道的传输特性分为幅频传输特性和相频传输特性。有线信道和无线信道二者都是以幅频特性和相频特性来描述信道对通信信号的影响。

1. 幅频传输特性

幅频传输特性是信道在各频率下的幅度衰耗与频率的关系曲线,它将影响信号的幅度衰减量。理想信道的理想幅频特性要求其通带内特性平稳,即特性曲线是一条水平直线,否则将导致信号幅度失真,如图 1-19(a)所示。

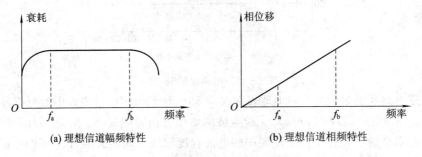

图 1-19 理想有线信道的传输特性

2. 相频传输特性

相频传输特性是信道在各频率下的相位移与频率的关系曲线，它将影响被传输信号的相位移。信道相频非线性会使信号产生非线性相位失真，如电视画面上的图像镶边、图像的边缘抖动。对相位无要求的通信不需考虑。理想相频特性是一条通过 $f=0$ Hz 原点的斜直线，如图 1-19(b) 所示。频率分量高的信号相移大，频率分量小的信号相移小。

1.5.2 信道的衰减

在信道中传递的信号，由于传输介质的特性，信号传输中必然会产生能量的损失，这种能量的损失，我们称之为衰减或衰耗。在通信工程中称之为固有衰减，这种衰减随信道种类不同而不同，传输信道距离越长衰减越大，其度量一般用 dB 电平表示。dB 采用信号输入输出端功率比值取 10 倍常用对数来表示，称之为分贝，即

$$\text{dB} = 10\lg \frac{P_\text{入}}{P_\text{出}} \tag{1-4}$$

在通信系统中，信号其传输一般用相对电平来表示，如果式(1-4)中参考点为 P_o，输出点为 P_i，若 P_o 的单位用 mW 表示，则电平为 dBm，称为 dB 毫瓦；如 P_o 单位用 W 表示，则电平为 dBW，称为 dB 瓦。

$$(\alpha)_\text{dBm} = 10\lg \frac{P_\text{i}}{P_\text{o}} \tag{1-5}$$

此种单位在传输工程上普遍采用。衰减值允许有多大，要根据规定的发送电平和接收机灵敏度来确定。例如，CCITT V.2 建议规定用户设备加到线路上的功率电平在任何频率都不得大于 0 dBm，即 1 毫瓦。数据电路设备(如 Modem)接收机灵敏度在不同的应用场合有不同的值，大约在 -43 dBm ~ 26 dBm 的范围内。

1.5.3 信道中的噪声与干扰

信号在信道传输过程中，会遇到各种情况的干扰和噪声。通信系统中没有传输信号时也有噪声，噪声永远存在于通信系统中。传输中最主要的一种噪声是加性白高斯噪声，加性是指噪声与传送的信号遵从简单的线性叠加关系，白噪声是指噪声的频谱是平坦的，高斯噪声是指噪声的分布服从正态分布。仅含有这类噪声的信道称为加性白高斯噪声信道，如图 1-20 所示。在加性白高斯噪声信道中，接收信号为

$$s(t) = u(t) + v(t)$$

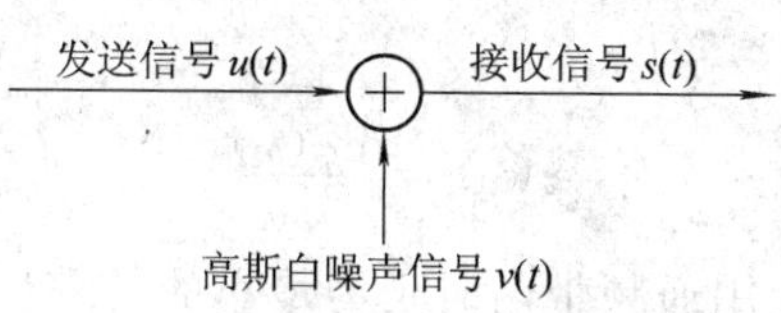

图 1-20 加性白高斯噪声信道

具体来说，按照来源，噪声和干扰可分为系统内部的噪声与系统外部的干扰。

(1) 系统内部的噪声。系统内部半导体器件中的少数载流子的随机扩散与电子-空穴对的随机复合运动产生散弹噪声；通信设备中的元器件的热运动(绝对温度零度以上都有)

产生白噪声。以上两种噪声是不可避免的，只能通过改良通信设备的工艺来避免或改善。

(2) 系统外部的干扰。通信设备工作时，处于强电磁环境中，一方面受到自然界雷电、太阳黑子活动等引起的电磁暴；另一方面受到其他无线电设备发射的电磁波、市电 50 Hz 信号等干扰。这种外界干扰，可通过降低外界干扰源的干扰和增强通信设备的屏蔽能力来改善。

信号在信道中传输时，信道特性的不理想及受到各种各样的噪声和干扰的影响，都会使信号产生畸变（失真），常见的信号衰减与失真度量参数有：幅度衰减、幅度突变、相位抖动、群时延-频率失真、频率偏移等。

(1) 幅度衰减。幅度衰减是指信道对不同频率信号的幅度衰减变化。由于信道的频带是有限的，不同频率的信号通过信道时衰减值往往是不一样的，没有频率衰减失真特性的信道是不存在的。例如，在恒定参数的电话信道中，在频率小于 300 Hz 时，每倍频程衰减增加 15～25 dB；在 300～1100 Hz 范围内衰减比较平坦；在 1100～2900 Hz 之间衰减通常是线性上升的(2600 Hz 处的衰减比 1100 Hz 处的衰减高 8 dB)；在 2900 Hz 以上，衰减增加很快，每倍频程增加 80～90 dB。

为了减小幅度衰减，在设计信道的传输特性时，一般要求把幅度-频率失真控制在一个允许范围内，使衰减的特性曲线变得平坦，这种措施也称为"均衡"。实际应用中，通常以 800 Hz 为参考频率，信道对其他频率的衰减和对参考频率的衰减之差称为衰减-频率失真 $\Delta \alpha - f$，CCITT M.1020 建议规定了衰减-频率失真的容限范围。

(2) 幅度突变。幅度突变是指接收信号幅度突然变化（增加或减小）的数值，一般要求门限值在 1～6 dB 范围内选择。CCITT M.1020 建议规定，超过 ±2 dB 的幅度突变在 15 分钟内应少于 10 次。当瞬断的门限电平定为比正常值电平低 10 dB 时，CCITT M.1060 建议规定，在 15 分钟内应不出现 3 ms 以上的瞬断，如有出现，则在 1 小时内瞬断不得超过 2 次。

(3) 相位抖动。数字信号传输中的码元是一个接一个地传输的，每个码元都有特定（标准）的参考时间位置，如果接收信号的参考位置前后不断摆动，就称为相位抖动（或相位畸变）。相位抖动对模拟语音通信影响并不显著，是因为人耳对相位畸变不太灵敏，但对接收数字信号则不然，当数字信号传输速率较高时，相位畸变会引起严重的码间干扰，降低了抗干扰和抗失真的能力，严重时还会造成误码。CCITT M.1020 建议规定优质电路的相位抖动极限值为：峰-峰抖动 15°，一般不超过峰-峰 10°。相位抖动也会引起信号的畸变和失真，是一种线性畸变，通信系统可以采用"均衡"措施补偿。

(4) 群时延-频率失真。信道的相位-频率特性也经常用群时延-频率失真来衡量。所谓群时延-频率失真是相位-频率特性对频率的导数，若相位-频率特性用 $\varphi(\omega)$ 表示，则群时延-频率特性 $\tau(\omega)$ 为

$$\tau(\omega) = \frac{d\varphi(\omega)}{d\omega} \tag{1-6}$$

群时延-频率失真通常选用通频带内时延为最小的频率作为参考频率点，其他频率点的时延值与参考频率点的最小时延值之差 $\Delta \tau$ 随频率的变化就称为群时延失真 $(\Delta \tau - f)$。CCITT M.1020 建议也规定了 $\Delta \tau - f$ 的容限范围。

(5) 频率偏移。当数字传输经过长途信道时，由于调制和解调过程所用的载波频率不一致，接收端收到的信号就会和发端发送的信号不相同，这称为频率偏移。不同的终端设备对频率偏移的要求不相同，CCITT M.1020 建议规定的频偏容限为 ±5 Hz。

在噪声和干扰不可避免的情况下,需要对通信信号进行调制、编码等变换措施,保证通信质量不下降。从这个意义上讲,传输技术不仅为了传输信号,更需要提高信息传输的有效性与可靠性。

1.5.4 电信传输系统的性能指标

现代通信中传递和交流的基本上都是数字化的信息,数字化技术是现代通信的基本特征。从数字信号传输的角度看,电信传输系统的主要性能指标分为有效性指标和可靠性指标,其中有效性指标常用信息传输速率、码元传输速率(符号速率)、频带利用率等表示,可靠性指标常用误码率和抖动容限表示。

1. 信息传输速率

信息传输速率是指在单位时间(每秒)传送的信息量,也称传信率。信息量是消息多少的一种度量,消息的不确定程度越大,则其信息量也越大。在信息论中,对数字传输信息量的度量单位为"比特",即一个二进制符号("1"或"0")所含的信息量是一个"比特"。所以,数字信号信息传输速率单位是比特/秒(b/s),单位还有 kb/s、Mb/s、Gb/s、Tb/s,一般用符号 f_b 表示。

【例 1-1】 某数字通信系统每秒钟传输 2048×10^3 个二进制码元,则它的信息传输速率为多少?

解:该系统信息传输速率为

$$f_b = 2048 \times 10^3 \text{ b/s}$$

2. 码元传输速率

码元传输速率也称为符号传输速率或码元速率。它是指单位时间(每秒)所传输的码元数目,其单位称为波特。这里的码元一般指多进制,如二进制、四进制等,它和信息速率是有区别的,码元速率可折合为信息速率进行计算。其转换公式为

$$f_b = f_B \log_2 M \tag{1-7}$$

式中,f_b 为信息传输速率(二进制传输速率);f_B 表示波特数(码元速率),其单位为波特(Bd 或 Baud);M 为符号进制数(码元进制数)。

这里应注意,M 为二进制时波特率与信息率数值是相等的,但两者概念意义是不同的。

【例 1-2】 已知某系统的码元传输速率为 600 Baud,系统传输二进制和四进制码元时对应的信息传输速率分别为多少?

解:传输二进制码元时,$M=2$,代入公式(1-7),计算出信息传输速率 $f_b = 600$ b/s;传输四进制码元时,$M=4$,信息传输速率 $f_b = 1200$ b/s。

3. 频带利用率

频带利用率是指单位频带内的传输速率。传输的速率越高,所占用的信道频带越宽。通常用 η 来表示数字信道频带的利用情况,即频带利用率为

$$\eta = \frac{传输速率}{频带宽度} \tag{1-8}$$

当传输速率是码元传输速率时,其单位为波特/赫兹(Baud/Hz);当传输速率是信息传输速率时,其单位为比特/秒/赫兹(b/s/Hz)。

4. 误码率

在数字通信中是用脉冲信号，即"1"和"0"携带信息。由于通信系统中噪声、串音、码间干扰以及其他突发因素的影响，当干扰幅度超过脉冲信号再生判决的某一门限值时，将会造成误判，成为误码，如图1-21所示。

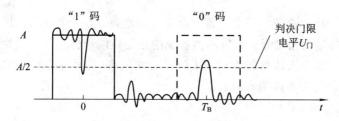

图1-21　噪声叠加在数字信号上的波形

在传输过程中受干扰(叠加了噪声)的数字信号在判决点处会出现两种情况：以单极性信号为例，可能把"1"码误判为"0"码，称为减码；也可能把"0"码误判为"1"码，称为增码。无论是增码还是减码都称为误码，误码用误码率来表征，其定义为：在一定统计时间内，数字信号在传输过程中，发生错误的码元数与传输的总码元数之比，用符号P_e表示，即

$$P_e = \lim_{n \to \infty} \frac{产生错误的码元(个数)}{传输的总码元(个数)} \tag{1-9}$$

这个指标是统计结果的平均值，所以这里指的是平均误码率。显然，误码率越小，通信的质量越高。

【例1-3】 某数字通信系统中传输"1"和"0"等概率的码元，则每码元含有的信息量为1 bit。现有一数据通信系统每秒传送144 kb的"1"和"0"码元，则此系统信息传输速率为多少比特/秒？如果此系统在传输过程中每5秒传错2码元，则系统的误码率又为多少？

解： 在二进制码系统中，直接计算系统信息传输速率$f_b = 144$ kb/s；由于系统5秒内传送的信息比特数为：144 kb×5 = 720 kb，则根据公式(1-9)计算系统误码率为：$P_e = 2/720$ k $= 2.778 \times 10^{-6}$。

在实际的数字通信系统中，含有多个再生中继段，上面讲的误判产生的误码率，是指在一个中继段内产生的，当它继续传到下一个中继段，也有可能再产生误判，但这种误判把原来误码纠正过来的可能性极少。因此，一个传输系统的误码率，应与每个再生中继段的误码率相关，即具有累积特性。如一个传输系统有m个再生中继段，则总误码率为

$$P_{eB} = \sum_{i=1}^{m} P_{eBi} \tag{1-10}$$

式中，P_{eB}代表总误码率；i表示再生中继段序号；P_{eBi}表示第i个再生中继段的误码率。

当每个再生中继段误码率相同，即都为P_{eBi}时，则m个再生中继段的误码率为

$$P_{eB} = m P_{eBi} \tag{1-11}$$

5. 抖动容限

所谓抖动，是指数字信号的有效瞬间与其理想时间位置的短时偏离。它是数字通信系统中数字信号传输的一种不稳定现象，也即数字信号在传输过程中，脉冲信号在时间间隔上不再是等间隔的，而是随时间变化的一种现象，抖动现象如图1-22所示。

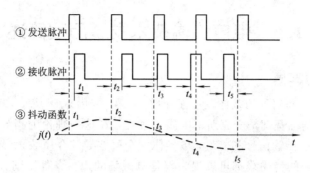

图 1-22 脉冲抖动示意图

抖动是由于噪声、定时恢复电路调谐不准或系统复用设备的复接、分接过程中引入的时间误差,以及传输信道质量变化等多种因素引起的。当多个中继站连接时,抖动会产生累积,会对数字传输系统产生影响,因此,一般都有规定的限度,常用抖动容限参数来限制抖动值。

抖动容限一般是用峰-峰抖动 J_{p-p} 来描述的。它是指某个特定的抖动比特的时间位置相对于该比特抖动时的时间位置的最大部分偏离。设数字脉冲 1 bit 宽度为 T,偏离位置用 $\Delta\tau$ 表示,则抖动容限即为 $\Delta\tau/T\times100\%$ (UI)。如果产生 1 bit 的偏离,即为 1UI(100%UI)。

抖动对各类业务的影响不同,例如在传输语音和数据信号时,系统的抖动容限一般为 $\leqslant 4\%$ UI。由于人眼对相位变化的敏感性,对于用数字系统传输的彩色电视信号,其系统抖动容限一般为 $\leqslant 0.2\%$ UI 或者更高。抖动容限随数字信号传输的比特速率高低及对不同的数字系统要求而有所区别。

1.5.5 信道容量

在信息论中,信道无差错传输信息的最大信息速率为信道容量,记为 C,它表征信道最大运载信息的能力。假设连续信道的加性高斯白噪声功率为 $N(\omega)$,信道的带宽为 $B(\text{Hz})$,信号功率为 $S(\omega)$,则该信道的信道容量为

$$C = B \log_2 \left(1 + \frac{S}{N}\right) \quad \text{b/s} \tag{1-12}$$

式(1-12)就是著名的香农公式。由该式可知,信道容量受 B、S、N 三要素的限制,只要这三要素确定,信道容量就确定。

式(1-12)表明,在一定带宽和信噪比下,借助某种编码方案实现无差错传输时可以达到的最大速率是一个上界,在实际应用中,传输速率一定不能大于信道容量。信道容量考量的对象主要是物理信道,而非传输技术。

载波频率越高,提供的传输带宽越宽,能容纳的信号带宽越大,系统传输信息的能力也就越强。通常,信道带宽大概是信号的载波频率的 10%。所以,如果一个微波信道使用 10 GHz 的载波频率,那么其带宽大约为 1000 MHz。

【例 1-4】 已知某系统的信噪比为 1000 (30 dB),标准语音频带通信信道带宽为 3.4 kHz,试求该系统的信息速率极限值。

解:根据信息容量的香农极限公式,$C = 3400\times\log_2(1+1000) = 33.89$ kb/s,这个值就是该信道传输信息的理论极限速率值。

1.6 电信传输技术发展历程简述

1.6.1 传输线的发展

传输线作为能量和信息的载体及传播介质，在架空明线、电缆、波导等方面受到了广泛关注。传输线的理论基础是麦克斯韦电磁场理论。在这一理论的指导下可以得出，不仅双导体的传输线可以传输信号和能量，单导体的金属波导及介质波导（光纤）也可以传输信号和能量。所有种类的传输线都可以视为仅是电磁场的边界条件不同，它们都共同遵循麦克斯韦方程。

对传输线的研究是随着电报技术的发展而发展起来的。1837年最先由英国科学家库克和惠斯通发明了电报机，随后，欧美大陆上普遍铺设了双线传输线网来传输电报，因此传输线方程又称为电报方程。当时由于发报机和收报机之间的距离很短（几十公里），所传信号的频率很低，导线只起着简单的连接作用，没有考虑信号的衰减和延迟。随后，随着传输距离的不断增加和信号的频率越来越高，信号在传递过程中出现了延迟、畸变、衰减等现象。为了确保信号远距离的最佳传输，1854～1856年凯尔文提出了"海底电缆理论"，即不带电感项的电报方程。1876年亥维赛利用Maxwell方程组中的两个旋度方程，导出了包含电感项的经典电报方程，奠定了传输线的理论基础。此后围绕电报方程开展了一系列研究，来分析信号在传输线上的传播和衰减。目前，对于平行双导线和同轴电缆采用"电路分析理论"，推出"电波方程"来分析。但它仅适用于高频和微波的低频段，对金属波导可利用"电磁场分析理论"来进行分析，对光纤可采用射线理论来进行分析。

矩形波导是最早用于传输微波信号的传输线类型之一，主要应用类型为耦合器、检波器、隔离器、衰减器等，其工作频率范围从1 GHz到超过220 GHz。亥维赛在1893年提出过电磁波在封闭的空管中传播，到了1897年英国物理学家瑞利从数学上证明了波在波导中传播是可能的，无论横截面是圆形的还是矩形的。瑞利猜测可能同时有无穷多个TE和TM模式，而且存在截止频率，但在当时没有验证。此后波导的研究被搁置，直到1932年AT&T公司的George. C. Southworth在实验的基础上发表了一篇相关的论文。

在目前，移动通信、微波通信、卫星通信这三种无线通信方式都属于微波频段，微波传输线也得到了广泛应用。就频段来说，移动通信为分米波，使用同轴线为微波传输线的情况居多；微波和卫星通信工作在厘米波和毫米波，采用金属波导作为导波系统的居多。在上面的三种通信系统中，微波传输线主要作为天馈线在使用。

由于光纤通信具有损耗低、传输频带宽、容量大、体积小、重量轻、抗电磁干扰、不易串音等优点，光纤被用作长距离的信息传递，发展非常迅速。

1870年的一天，英国物理学家丁达尔到皇家学会的演讲厅讲光的全反射原理，他做了一个简单的实验：在装满水的木桶上钻个孔，然后用灯从桶上边把水照亮。结果人们看到，放光的水从水桶的小孔里流了出来，水流弯曲，光线也跟着弯曲，经过丁达尔的研究，发现这是全反射的作用，即光从水中射向空气，当入射角大于某一角度时，折射光线消失，全部光线都反射回水中。后来人们制造出一种透明度很高、粗细像蜘蛛丝一样的玻璃丝——玻璃纤维，当光线以合适的角度射入玻璃纤维时，光就沿着弯弯曲曲的玻璃纤维前进。由于这种纤维能够用来传输光线，所以称它为光导纤维。

到1960年，美国科学家Maiman发明了世界上第一台激光器后，为光通信提供了良好的光源。随后二十多年，人们对光传输介质进行了攻关，终于制成了低损耗光纤，从此，光通信进入了飞速发展的阶段。

目前长途干线使用光纤作为传输线，接入网尽可能地使光纤到户，这样适于引入各种新业务，是最理想的业务透明网络，是网络发展的最终方式。

传输线作为信号的传输媒介，从提供低容量、窄带宽到高容量、大带宽，从短距离到长距离，它的发展决定了通信的发展。没有传输就没有真正意义上的通信。

1.6.2 电信传输技术的发展

人类进行通信的历史已很悠久。早在远古时期，人们就通过简单的语言、壁画等方式交换信息。千百年来，人们一直在用语言、图符、钟鼓、烟火、竹简、纸书等传递信息，古代人的烽火狼烟、飞鸽传信、驿马邮递就是这方面的例子。在现代社会中，交通警的指挥手语、航海中的旗语等不过是古老通信方式进一步发展的结果。这些信息传递的基本方式都是依靠人的视觉与听觉。

19世纪中叶以后，随着电报、电话的出现及电磁波的发现，人类通信领域产生了根本性的巨大变革，实现了利用金属导线来传递信息，甚至通过电磁波来进行无线通信。从此，人类的信息传递可以脱离常规的视听觉方式，用电信号作为新的载体，由此带来了一系列的技术革新，开始了人类通信的新时代。

1753年2月17日，在《苏格兰人》杂志上发表了一封署名C·M的书信。在这封信中，作者提出了用电流进行通信的大胆设想。虽然在当时还不十分成熟，而且缺乏应用推广的经济环境，却使人们看到了电信时代的一缕曙光。

1793年，法国的查佩兄弟俩在巴黎和里尔之间架设了一条230 km长的接力方式传送信息的托架式线路。据说两兄弟是第一个使用"电报"这个词的人。

1832年，俄国外交家希林在当时著名物理学家奥斯特电磁感应理论的启发下，制作出了用电流计指针偏转来接收信息的电报机。

自从人类发明电以后，就有人想利用电来进行通信。18世纪后期以来，随着人们对电的不断认识，欧洲的不少科学家们试图发明一种通过电进行的文字通信工具。所有的这些努力在1837年最先由英国科学家库克和惠斯通发明了一种电报机，并在英国取得了专利，投入使用。

然而，真正具有革命性的发明是由美国的莫尔斯所研制的电磁式有线电报。莫尔斯经过潜心研究，1835年获得了在实验室内架设有线电报机的成功。1937年，莫尔斯在纽约大学的会议室里，架设了518 m长的导线，获得通报实验成功，电报机由此诞生，这是人类历史上第一次进行电信联系，也是电信传输线路的最早应用。为了进一步实验，莫尔斯经过多次研究考察，又于1843年修建成了从华盛顿到巴尔的摩的电报线路，全长64.4 km，并完成了电报的成功传送。从1845年到1853年欧洲各国普遍建立起自己的电报线路，采用双导体传输线。

1851年11月，世界第一条海底电缆建成，该电缆全长仅33 km，从英国多佛尔到法国加莱，横跨英吉利海峡。该电缆包含4根直径为1.65 mm的铜线，并涂有天然橡胶，4根相互绝缘的铜线装在一起，包上用沥青浸过的亚麻，外装用镀锌铁丝制成的铠装层。1858

年，横跨大西洋连接欧美两洲的海底电缆铺设成功。1866年第二条海底电缆铺成，从此海缆成为通信上的一种正规的通信工具。1875年，法国的巴特发明了多路电报，它能以一条导线传送8路电报。1915年美国的甘培尔和德国的瓦格纳发明了滤波器，从而能用一条导线传送几十路电报，并由此产生出能够同时发报的载波电报的设想。

1876年，美国人亚力山大·格雷厄姆·贝尔(Alexander Graham Bell)发明了电话，通过一条几百英尺长的铜线电缆，在一个单方向上用电流传送了声音，并在1877年用双铜线架设了电话线路，从此开始了有线语音通信的新时代。

1889年，阿尔蒙·B·斯特罗杰发明了第一台无须话务员接线的自动交换机，标志着通信技术开始走向自动化。

1888年，德国物理学家海因里希·鲁道夫·赫兹(Heinrich Rudolf Hertz)首先证实了电磁波的存在。1894年，俄国科学家波波夫、意大利工程师马可尼在麦克斯韦电磁波理论和赫兹电磁波实验的基础上，采用电磁波作为传播介质，分别发明了能够远距离、快速传输信息的无线电报，实现了信息的无线电传播，开创了人类现代通信事业的新纪元。

1904年英国电气工程师弗莱明发明了二极管。1907年美国物理学家福莱斯特发明了真空三极管，它对微弱电信号具有放大作用，被用于长、中、短波的电报和电话，推动了无线电通信和无线电广播的发展。

1906年美国物理学家费森登成功地研究出无线电广播，设立了世界上第一个广播站，开始了人类无线电广播的历史。

1920年美国无线电专家康拉德在匹兹堡建立了世界上第一家商业无线电广播电台，从此广播事业在世界各地蓬勃发展，收音机成为人们了解时事新闻的方便途径。

1924年第一条短波通信线路在瑙恩和布宜诺斯艾利斯之间建立，1933年法国人克拉维尔建立了英法之间的第一条商用微波无线电线路，推动了无线电技术的进一步发展。

电磁波的发现也促使图像传播技术迅速发展起来。1935年美国纽约帝国大厦设立了一座电视台，次年就成功地把电视节目发送到70 km以外的地方，标志着一个新时代由此开始。

图像传真也是一项重要的通信。自从1925年美国无线电公司研制出第一部实用的传真机以后，传真技术不断革新。1972年以前，该技术主要用于新闻、出版、气象和广播行业；1972年至1980年间，传真技术已完成从模拟向数字、从机械扫描向电子扫描、从低速向高速的转变，除代替电报和用于传送气象图、新闻稿、照片、卫星云图外，还在医疗、图书馆管理、情报咨询、金融数据、电子邮政等方面得到应用；1980年后，传真技术向综合处理终端设备过渡，除承担通信任务外，它还具备图像处理和数据处理的能力，成为综合性处理终端。

20世纪30～50年代是微波大发展的时期，如测量、雷达、微波中继等发展迅速，开创了无线电信号传输的新时代。1948年，美国建设了从纽约到波士顿的微波中继线路，中间设7个站，可传送480路电话及1路电视信号。

1945年10月，英国科学家阿瑟·克拉克发表文章，提出利用同步卫星进行全球无线电通信的科学设想。通过不断研究和试验，1964年8月美国发射的第三颗"新康姆"卫星定位于东经155°的赤道上空，通过它成功地进行了电话、电视和传真的传输试验，并于1964年秋用它向美国转播了在日本东京举行的奥林匹克运动会实况，开创了卫星通信新纪元。

在移动通信方面，1946年，美国在圣路易斯城建立了世界上第一个公用汽车电话业务，频率为150~450 MHz。1978年以后，美国、日本、瑞典等国利用这一技术先后开通了大容量小区制的蜂窝移动电话实验系统。

20世纪70年代中期至80年代中期是第一代蜂窝网络移动通信系统发展的阶段。第一代蜂窝网络移动通信系统(1G)是基于模拟传输的。

1978年底，美国贝尔实验室成功研制了先进移动电话系统(AMPS, Advanced Mobile Phone System)，建成了蜂窝状移动通信网，这是第一种真正意义上的具有随时随地通信的大容量的蜂窝状移动通信系统。

1983年，AMPS首次在芝加哥投入商用，1985年，已经扩展到47个地区。

20世纪80年代中期至20世纪末，是第二代(2G)移动通信系统——数字蜂窝移动通信系统逐渐成熟和发展的时期。

欧洲1992年提出了第一个数字蜂窝网络标准GSM(Global Standard for Mobile Communications)，它基于时分多址(TDMA, Time Division Multiple Access)方式。1991年7月，GSM系统在德国首次部署，它是世界上第一个数字蜂窝移动通信系统。GSM开始脱颖而出成为最广泛采用的移动通信制式。

20世纪90年代末开始是第三代移动通信技术(3G)发展和应用的阶段，同时4G移动通信也进入了研究阶段。自2000年左右开始，伴随着对第三代移动通信的大量论述，以及2.5G(B2G)产品GPRS(通用无线分组业务)系统的过渡，3G走上了通信舞台的前沿。

2010年5月25日，爱立信和瑞典运营商Teliasonera在北欧率先完成了4G网络的建设，并宣布开始在瑞典首都斯德哥尔摩、挪威首都奥斯陆提供4G服务，标志着移动通信进入4G时代。

2013年12月4日我国工信部正式向三大运营商发布TD-LTE牌照。12月18日，中国移动在深圳、广州正式开启4G商用，同时宣布，将建成全球最大4G网络。

2014年1月，京津城际高铁作为全国首条实现移动4G网络全覆盖的铁路，实现了300公里时速高铁场景下的数据业务高速下载，一部2G大小的电影只需要几分钟。6月27日，工信部批准电信、联通在16个城市开展TD-LTE/LTE FDD混合组网试验；2015年2月27日，工信部正式向联通、电信发放FDD-LTE牌照。

截至2015年底，我国4G基建建设接近200万个，其中，中国移动4G基站建设了110万个，占比56%，覆盖人口超过12亿；中国联通4G基站规模达到40万个，占比20%，实现城区和县城以上区域的基本连续覆盖和乡镇标志性覆盖；中国电信4G基站建设46万个，占比24%，全国4G网络覆盖率达到95%以上。

思考与练习题

1. 什么是信息、消息、信号、通信？
2. 信道分几类？各自有什么特点？
3. 常用的传输介质有哪些？其结构及用途分别是什么？
4. 无线传播有哪些传播方式？
5. 简述信道的传输特性。
6. 信道的噪声有哪些？

第 2 章 金属传输线理论

从广义概念来说，能够引导高频或微波电磁波能量朝一定方向传输的装置，都可以称之为传输线。它们起着引导能量和传输信息的作用。金属传输线在不同频率范围内使用时，对于同一传输线而言，其传输特性也会有差别。因此，同一传输线不能应用在不同的频率场合，只能在某些情况下应用。无论在什么场合下使用，对传输线的基本要求是一致的，即：传输效率高，工作频带宽（或者传输容量大），工作特性稳定；传输损耗小，几何尺寸和成本低等。

本章主要介绍电信传输系统中常用的通信传输电缆的应用场合以及主要参数指标。

2.1 通信传输电缆的分类及特点

2.1.1 通信传输电缆的分类

通信传输电缆可按敷设和运行方式、传输频谱、电缆芯线结构、电缆的绝缘材料和绝缘结构以及电缆护层类型等几个方面来分类。

按敷设和运行方式可分为架空电缆、直埋电缆、管道电缆和水底电缆；按传输频谱可分为低频电缆、高频电缆；按电缆芯线结构可分为对称电缆和不对称电缆；按电缆的绝缘材料和绝缘结构可分为实心聚乙烯电缆、泡沫聚乙烯电缆、泡沫实心皮聚乙烯绝缘电缆、聚乙烯垫片绝缘电缆；按电缆护层类型可分为塑套电缆、钢丝钢带铠装电缆、组合护套电缆。

2.1.2 全色谱全塑电缆的型号及规格

1. 市话全塑电缆的型号及规格

1）全塑电缆型号

为了区别不同电缆的结构和用途，通常按电缆用途、芯线结构、导线材料、绝缘材料、护套材料以及外护层材料等的不同，分别以不同的汉语拼音字母及数字表示，称为电缆的型号。一般常用的全塑电缆型号的排列位置如图 2-1 所示。电缆型号中各字母及数字所代表的含义如表 2-1 所示。

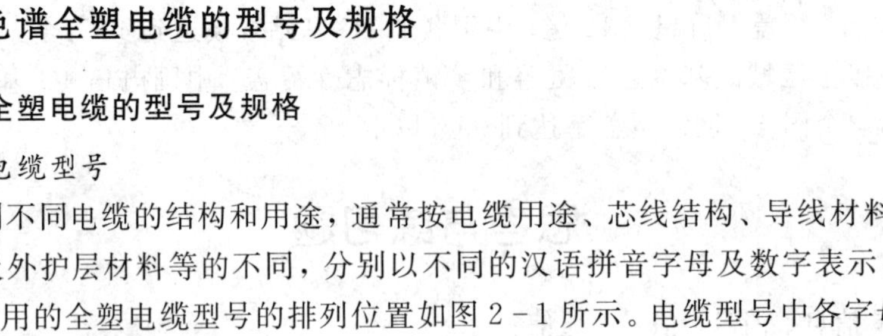

| 分类代号(用途) | + | 导体 | + | 绝缘层 | + | 内护层 | + | 特征 | + | 外护层 | + | 派生 |

图 2-1 电缆型号组成格式

表 2-1 电缆型号中各代号的意义

分类代号	导体代号	绝缘层代号	内护层	特征	外护层	派生
H(市话电缆) HP(配线电缆) HJ(局用电缆)	T(铜，一般省略) L(铝)	Y(实心聚烯烃绝缘) YF(泡沫聚烯烃绝缘) YP(泡沫/实心聚烯烃绝缘)	A(涂塑铝带黏结屏蔽聚乙烯护套) S(铝、钢双层金属带屏蔽聚乙烯护套) V(聚氯乙烯护套)	T(石油填充) G(高频隔离) C(自承式)	23(双层防腐钢带绕包铠装聚乙烯外被层) 33(单层细钢丝铠装聚乙烯外被层) 43(单层粗钢丝铠装聚乙烯外被层) 53(单层钢带皱纹纵包铠装聚乙烯外被层) 553(双层钢带皱纹纵包铠装聚乙烯外被层)	

2) 常用全塑电缆规格代号的意义

一般常用全塑电缆规格代号排在电缆型号的后面，常用数字表示。

对于星绞式电缆，其排列顺序为：星绞组数×每组芯线数×导线直径(mm)，如 50×4×0.5-100 对电缆。

对于对绞式电缆，其排列顺序为：芯线对数×每对芯线数×导线直径(mm)，如 100×2×0.5-100 对电缆。

3) 电缆型号实例

广泛用于架空、管道、墙壁的典型型号为 HYA、HYFA、HYPA 三大类。

例如，HYFA-400×2×0.5 型号的电缆的读法是 400 对线径为 0.5 mm 的铜芯线，泡沫聚烯烃绝缘涂塑铝带黏结屏蔽聚乙烯护套市话电缆。

目前在本地网中大多使用石油膏填充的全塑电缆，主要用于无需进行充气维护或对防水性能要求较高的场合。主要型号为 HYAT、HYFAT、HYPAT、HYAGT 以及与以上相匹配的铠装电缆。例如，HYAGT-600×2×0.4 电缆的读法是 600 对线径为 0.4 mm 的铜芯线，实心聚烯烃绝缘涂塑铝带黏结屏蔽聚乙烯护套石油填充高频隔离市话电缆。

全塑市话电缆的实物图如图 2-2 所示。

图 2-2 全塑市话电缆的实物图

2. 全色谱全塑双绞通信电缆的结构

凡是电缆的芯线绝缘层、缆芯包带层和护套，均采用高分子聚合物塑料制成的，就称为全塑电缆。全塑市话电缆属于宽频对称电缆，广泛用于传送语音、电报和数据等业务电信号。

(1) 全色谱双绞通信电缆的芯线由纯电解铜制成，一般为软铜线。其部颁标称线径有：0.32 mm、0.4 mm、0.5 mm、0.6 mm、0.8 mm 五种。此外，曾出现过 0.63 mm、0.65 mm、0.7 mm、0.9 mm 的线径，现已逐步减少。

(2) 芯线的绝缘材料有高密度聚乙烯、聚丙烯、乙烯丙烯共聚物等高分子聚合物塑料（聚烯烃塑料）。芯线的绝缘形式分为：实心绝缘、泡沫绝缘、泡沫/实心皮绝缘。

(3) 绝缘后的芯线采用对绞形式进行扭绞，即由 a、b 两线构成一对。线组内绝缘芯线的色谱分为普通色谱和全色谱两种。普通色谱标志线对为蓝/白，其他线对为红/白，这种电缆现在已使用不多。全色谱由十种颜色两两组合成 25 个组合（即一个基本单元 U）。a 线颜色为白、红、黑、黄、紫，b 线颜色为蓝、橙、绿、棕、灰。在一个基本单元 U 中，全色谱线对编号如表 2-2 所示。

表 2-2 全色谱线对编号与色谱

线对序号	颜色 a	颜色 b	线对序号	颜色 a	颜色 b	线对序号	颜色 a	颜色 b	线对序号	颜色 a	颜色 b	线对序号	颜色 a	颜色 b
1	白	蓝	6	红	蓝	11	黑	蓝	16	黄	蓝	21	紫	蓝
2	白	橙	7	红	橙	12	黑	橙	17	黄	橙	22	紫	橙
3	白	绿	8	红	绿	13	黑	绿	18	黄	绿	23	紫	绿
4	白	棕	9	红	棕	14	黑	棕	19	黄	棕	24	紫	棕
5	白	灰	10	红	灰	15	黑	灰	20	黄	灰	25	紫	灰

(4) 全塑电缆由线对按缆芯形成原则组合而成。缆芯有同心式缆芯和单位式缆芯。当缆芯的层数较多时，同心式缆芯的成缆不方便，故同心式缆芯只用于部分小对数（50 对以下）的全塑电缆。大于 100 对的电缆的缆芯都采用单位式缆芯，即以 25 对为基本单元，超过 25 对的电缆基本单元按一定的原则组合成 S 单元（超单元 1 是指 50 对为一个 S 单元）或 SD 单元（超单元 2 是指 100 对为一个 SD 单元）。基本单元、S 单元、SD 单元都用规定颜色的扎带捆扎，然后按缆芯的成缆原则成缆。100 对以上的电缆加有预备线对（用 SP 表示），预备线对的数量一般为标称对数的 1%，但最多不超过 6 对。预备线对的序号与色谱如表 2-3 所示。

表 2-3 全色谱单位式市话电缆预备线对序号与色谱

预备线对序号	颜色 a 线	颜色 b 线	预备线对序号	颜色 a 线	颜色 b 线
SP1	白	红	SP4	白	紫
SP2	白	黑	SP5	红	黄
SP3	白	黄	SP6	红	黑

(5) 在全塑电缆的缆芯之外，重叠包覆非吸湿性的电介质材料带（如聚乙烯或聚酯薄

膜带等），以保证缆芯结构的稳定和改善电气、机械、物理等性能。

（6）屏蔽层的主要作用是防止外界电磁场的干扰。全塑电缆的金属屏蔽层介于塑料护套和缆芯包带之间。其结构有纵包和绕包两种。屏蔽层类型有裸铝带、双面涂塑铝带、铜带（使用较少）、钢包不锈钢带、高强度硬性钢带、裸铝裸钢双层金属带、双面涂塑铝裸钢双层金属带七种。其中裸铝带、双面涂塑铝带两种是本地网中用得最多的屏蔽层类型，其他类型均用于一些特殊场合。全塑电缆的护套在屏蔽层外面。护套有单层护套、双层护套、综合护套、粘接护套（层）、特殊护套（层）五大类型。

3. 自承式电缆的结构

自承式全塑电缆（HYAC、HYPAC）有同心式结构和葫芦形结构两种，常用的HYAC型自承式全塑电缆为葫芦形结构。HYAGC型自承式全塑电缆是专为高频隔离用的PCM电缆。

（1）导线是退火裸铜线，直径分别为0.32 mm、0.4 mm、0.5 mm、0.6 mm、0.7 mm、0.8 mm、0.9 mm；按照全色谱标准标明绝缘线的颜色，并把单根绝缘线按不同节距扭绞成对，以最大限度地减少串音，同时还采用规定的色谱组合，以便识别线对。

（2）缆芯结构以25对为基本位，超过25对的电缆按单元组合，每个单元用规定色谱的单元扎带包扎，以便识别不同单元。100对以上的电缆加有1%的预备线对。

（3）屏蔽层采用轧纹金属带纵包于缆芯包带的外面并两边搭接牢固。屏蔽层的金属带表面涂敷塑料薄膜，便于与护套粘接，以防屏蔽层受到腐蚀。

（4）护套为黑色低密度聚乙烯，可根据需要采用双护套。

（5）吊线为7股钢绞线，标称直径为6.3 mm和4.75 mm两种，其抗张强度分别不小于3000 kg和1800 kg，吊线用热塑材料涂敷，以防钢丝锈蚀。

2.1.3 双屏蔽数字同轴电缆

1. 双屏蔽数字同轴电缆型号示例

双屏蔽数字同轴电缆 SZYV-75-x-2 的型号示意图如图2-3所示。

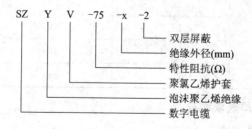

图2-3 双屏蔽数字同轴电缆型号组成图

2. 技术要求

电缆的安装敷设温度为-5~+50℃，储存和工作温度为-30~+70℃。电缆安装与运行的最小弯曲半径为电缆最大外径的7.5倍。在同轴电缆的中心部位有一铜导体，塑料层提供中心导体和网状金属屏蔽之间的绝缘。金属屏蔽帮助阻挡来自荧光灯、电机和其他计算机的任何外部干扰。尽管同轴电缆安装比较困难，但它具有很高的抗信号干扰能力，它所支持的网络设备之间的电缆长度比双绞线电缆要长。

2.1.4 五类双绞电缆的分类与特点

常用的双绞电缆分 100Ω 和 150Ω 两类。100Ω 电缆分为三类、四类、五类及六类/E 级几种。150Ω 双绞电缆目前只有五类一种。

1. 五类 4 对 100 Ω 非屏蔽双绞电缆

这种电缆是美国线缆规格为 24(直径为 0.511 mm)的实心裸铜导体,以氟化乙烯做绝缘材料,传输频率达 100 MHz。线对色谱及序号如表 2-4 所示。电气特性如表 2-5 所示。

表 2-4 五类 4 对双绞电缆线对编号及色谱

线对序号	色 谱	线对序号	色 谱
1	白/蓝//蓝	3	白/绿//绿
2	白/橙//橙	4	白/棕//棕

表 2-5 五类 4 对非屏蔽双绞电缆电气特性

频率/Hz	特性阻抗/Ω	最大衰减/(dB/100 m)	近端串音衰减/dB	直流电阻/Ω
256 k		1.1		
512 k		1.5		
772 k		1.8	66	
1 M		2.1	64	
4 M		4.3	55	9.38 Ω(在 20℃ 的恒定温度下,每 100 m 双绞电缆的电阻值)
10 M	85~115	6.6	49	
16 M		8.2	46	
20 M		9.2	44	
31.25 M		11.8	42	
62.5 M		17.1	37	
100 M		22.0	34	

2. 五类 4 对 100 Ω 屏蔽双绞电缆

这种电缆是美国线缆规格为 24(直径为 0.511 mm)的实心裸铜导体,以氟化乙烯做绝缘材料,内有一根 0.511 mm TPG 漏电线,传输频率达 100 MHz。线对色谱及序号、电气特性均与五类 4 对 100Ω 非屏蔽双绞电缆相同。

3. 五类 4 对屏蔽双绞电缆软线

它是由 4 对双绞线和一根 0.404 mm TPG 漏电线构成,传输频率为 100 MHz。线对色谱及序号与五类 4 对 100Ω 非屏蔽双绞电缆相同。电气特性如表 2-6 所示。

表 2-6 五类 4 对屏蔽双绞电缆软线电气特性

频率/Hz	特性阻抗/Ω	最大衰减/(dB/100 m)	近端串音衰减/dB	直流电阻/Ω
256 k				
512 k				
772 k		2.5	66	
1 M		2.8	64	
4 M		5.6	55	
10 M		9.2	49	14.0 Ω(在 20℃的恒定温度下,每 100 m 双绞电缆的电阻值)
16 M	85～115	11.5	46	
20 M		12.5	44	
31.25 M		15.7	42	
62.5 M		22.0	37	
100 M		27.9	34	

从表 2-6 可以看出,随着五类 4 对屏蔽双绞电缆软线的工作频率的增高,每 100 m 的最大衰减逐渐增大,近端串音损耗逐渐减小。传输频率介于 1～100 MHz 时,特性阻抗值约为 85～115 Ω。

4. 五类 4 对非屏蔽双绞电缆软线

它是由 4 对双绞线组成,用于高速数据传输,适用于扩展传输距离,应用于互连或跳接线。传输频率为 100 MHz。线对色谱及序号与五类 4 对 100 Ω 非屏蔽双绞电缆相同。电气特性如表 2-7 所示。

表 2-7 五类 4 对非屏蔽双绞电缆软线电气特性

频率/Hz	特性阻抗/Ω	最大衰减/(dB/100 m)	近端串音衰减/dB	直流电阻/Ω
256 k				
512 k				
772 k		2.0	66	
1 M		2.3	64	
4 M		5.3	55	
10 M		8.2	49	8.8 Ω(在 20℃的恒定温度下,每 100 m 双绞电缆的电阻值)
16 M	85～115	10.5	46	
20 M		11.8	44	
31.25 M		15.4	42	
62.5 M		22.3	37	
100 M		28.9	34	

从表 2-7 可以看出,伴随着频率的升高,五类 4 对非屏蔽电缆软线的最大衰减逐渐升高,近端串音衰减逐渐降低。

5. 超五类双绞电缆

超五类双绞电缆与普通的五类双绞电缆相比,它的近端串音、衰减和结构回波损耗等主要指标都有很大的提高。它的优点是:能够满足大多数应用的要求,并且满足低综合近端串扰的要求;有足够的性能余量,给安装和测试带来方便。在 100 MHz 的频率下运行时,为应用系统提供 8 dB 近端串扰的余量,应用系统设备受到的干扰只有普通五类双绞电缆的 1/4,使应用系统具有更强的独立性和可靠性。双绞线的实物图如图 2-4 所示。

图 2-4 双绞线实物图

2.2 同轴电缆的技术特性及应用

同轴电缆具有良好的电磁屏蔽性能,信号传输损耗小,易匹配,波阻抗值稳定。在广播电视技术中,利用同轴电缆传输高频率的电信号,被广泛应用。同轴电缆从用途上分可分为 50 Ω 基带同轴电缆和 75 Ω 宽带同轴电缆(即网络同轴电缆和视频同轴电缆)两类。基带电缆又分细同轴电缆和粗同轴电缆。基带电缆仅仅用于数字传输,数据率可达 10 Mb/s。

2.2.1 同轴电缆的结构

同轴电缆主要由内导体、绝缘介质、铝箔屏蔽、外导体和护套组成,如图 2-5 所示。之所以称其为同轴电缆,就是因为电缆中的两根导体线的轴心保持重合。

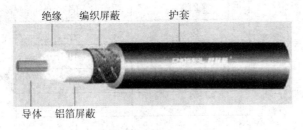

图 2-5 同轴电缆实物图

1. 内导体

内导体通常由一根实心导体构成,利用高频信号的集肤效应,可采用空铜管,也可用镀铜铝棒，对不需供电的用户网采用铜包钢线，对于需要供电的分配网或主干线采用铜包铝线，这样既能保证电缆的传输性能，又可以满足供电及机械性能的要求，减轻了电缆的重量，也降低了电力电缆的造价。

2. 绝缘介质

同轴电缆中的绝缘介质有两个作用：一是对内、外导体起支撑作用；二是阻止沿径向的漏电流。因此，绝缘介质的介电常数越小，电缆的衰减量和温度系数就越小，性能就越好。

3. 铝箔屏蔽

同轴电缆中起重要屏蔽作用的是铝箔，它在防止外来开路信号干扰与有线电视信号混淆方面具有重要作用。同轴电缆用铝箔可分为两类：单面铝箔和双面铝箔。通常对屏蔽性能要求不高的场合采用单面铝箔，对屏蔽性能要求高的场合采用双面铝箔。

4. 外导体

同轴电缆中的外导体也有两个作用：一是传送射频信号和电源馈电的地线，与内导体一起构成完整的传输回路；二是防止自身的射频信号泄漏和外界的干扰射频信号入侵，即起屏蔽作用。一般较细的电缆外导体是由金属丝编织的网构成，较粗的电缆外导体则是由铝管构成。另外，外导体的屏蔽能力与导体的密度和厚度成正比。

5. 护套

同轴电缆的护套起保护作用，一般用塑料做成，用以增强电缆的抗磨损、抗机械损伤、抗化学腐蚀等能力。

同轴电缆的物理结构示意图如图 2-6 所示，d 为芯线直径，D 为屏蔽层的物理直径。同轴电缆具有足够的可柔性，能支持 254 mm 的弯曲半径。

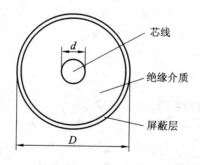

图 2-6 同轴电缆的物理结构示意图

2.2.2 同轴电缆的技术特性

1. 同轴电缆的特性阻抗

同轴电缆的特性阻抗是其重要的技术参数。同轴电缆根据其工作频带的差异，可分为两种基本类型：基带同轴电缆和宽带同轴电缆。目前基带同轴电缆的屏蔽线常用铜质网状结构，特性阻抗为 50 Ω（如 RG-8、RG-58 等）；宽带同轴电缆常用的电缆屏蔽层通常是用铝冲压而成的，特性阻抗为 75 Ω（如 RG-59 等）。特性阻抗是指在无线电技术中，某特定信号经过双口网络时，网络两侧的阻抗特性。为了使电缆所传输的信号在整个频带内都能与负载阻抗相匹配，希望同轴电缆的特性阻抗为一纯电阻，以满足信号的不失真传输条件。在高频情况下，通过计算，忽略同轴电缆内分布电感和分布电容的影响，其特性阻抗可近似为一纯电阻，满足上面的条件，这时的特性阻抗仅与其内导体的芯线直径 d 和同轴电缆的屏蔽层的物理直径 D 以及绝缘介质的相对介电常数 ε_r 等参数有关，而与传输信号的频率无关。参照同轴电缆的结构图2-6，其特性阻抗理论计算公式为

$$Z_0 = \frac{138}{\sqrt{\varepsilon_r}} \lg \frac{D}{d} \ \Omega \tag{2-1}$$

式中，ε_r 为所填充绝缘介质的相对介电常数；D 为屏蔽层的物理直径；d 为芯线直径。

由式(2-1)可以看出，同轴电缆的特性阻抗值取决于电缆内、外导体间的相互距离，距离越远则阻抗越大。实用的同轴电缆的特性阻抗常有 50 Ω、75 Ω、100 Ω 三种，根据不同的工作环境选用。由于受制作工艺的限制，同轴电缆的特性阻抗与标称阻抗常有一定误差，在选用时应将特性阻抗作为一项技术标准，误差越小越好。

2. 同轴电缆的屏蔽效应

同轴电缆是一种常用的屏蔽电缆，能够抑制所传输电信号的电磁泄漏，屏蔽异常环境下的电磁干扰。屏蔽效能的高低主要取决于其外芯屏蔽层的效能，与屏蔽层的材料及其网编织密度有关，也与电缆屏蔽层的接地方式、信号源阻抗和负载的匹配等因素有关。我们常见或常用的金属丝编织层是一种使用方便、质量小、成本低的屏蔽层，应用非常广泛，但其屏蔽效能尚无精确计算公式，只能实测或由生产厂家提供，其屏蔽效能随网编织密度的增加而上升，随传输信号频率的升高而下降。

同轴电缆的屏蔽效能还与电缆安装时的弯曲程度有关，因为屏蔽网编织层的实际覆盖率随电缆弯曲程度的不同而产生变化。电缆弯曲时，靠近内侧的屏蔽网密度增加，而靠近外侧的屏蔽网密度则显著减小，这会影响同轴电缆的屏蔽效果。同时，电缆过度弯曲，会导致电缆芯线的位置偏移而引起特性阻抗的变化。所以电缆在安装时，室内使用要求最小弯曲半径应大于 5 倍的电缆外径，室外使用应不小于 10 倍的电缆外径。

3. 同轴电缆的衰减特性

同轴电缆本身具有衰减特性，高频电磁波在同轴电缆中传输时会产生一定量的衰减或损耗。高频下同轴电缆的衰减有两种：一种为金属损耗造成的衰减；另一种为介质损耗造成的衰减，频率超过几 MHz 时应不大于总衰减的 1‰。电缆中所传输电磁波的电压和电流的振幅值不是一个常量，而是按指数曲线 e^{-ax} 规律变化，随传输距离 x 的增大而衰减，a 为同轴电缆的衰减常数，公式表述比较复杂，它与传输信号的频率和同轴电缆的结构参数等有关，信号频率越低，衰减常数越小，传输距离越近，衰减量越小。

同轴电缆的衰减指标一般是指 500 m 长的电缆段的衰减值。当用 10 MHz 的正弦波进行测量时，它的值不超过 8.5 dB(17 dB/km)；当用 5 MHz 的正弦波进行测量时，它的值不超过 6.0 dB(12 dB/km)。

当频率超过几十 MHz 时，屏蔽层导体表面发生氧化会产生一种新的损耗，即视为介质损耗。氧化层一般很薄(约几 μm)，频率低时(几 MHz 以下)，电流透入深度有几十 μm，电流在氧化层部分流通得较小，氧化产生的影响不大，但频率高于几十 MHz 时，透入深度

较小,大部分电流在氧化层传输,氧化层的电阻率大于导体,使衰减增大,因此要尽可能避免屏蔽层发生氧化。

4. 同轴电缆的传输适用频率

同轴电缆常用来传输高频率的电信号,不适用于低频率信号传输。

当同轴电缆传输信号的频率足够高时,在屏蔽层两端接地的情况下,信号的返回电流几乎全部经过屏蔽层,流入地线的很少,芯线与屏蔽层中的电流大小近乎相等,方向相反,故往返电流在屏蔽层外的漏磁场相互抵消,以抑制外部的电磁干扰,同时防止内部的电磁泄漏。

在同轴电缆传输低频(小于 kHz)信号时,外屏蔽层将作为信号的返回导体,与内部的单根芯线一起构成一对信号线,信号的返回电流几乎全部由地线流过,屏蔽层对外部磁场的抑制能力很差,易引入低频传导性干扰。鉴于此,同轴电缆在工业控制中应用很少。然而,同轴电缆广泛应用于传输有线电视信号,工作频率从低频(音频)直到高频,那是通过正确的接地来实现信号的正常传输的。

2.2.3 同轴电缆的应用

在有线电视传输中,由于同轴电缆造价低、易施工,在中、小传输系统中得到了广泛的应用。特别是在 HFC(Hybrid Fiber-Coaxial,混合光纤同轴电缆)网络"最后 1 公里"传输中,是无法用其他电缆所代替的。许多无源器件、有源器件及用户都需电缆连接,凡是用同轴电缆连接的各个器件之间都需达到阻抗匹配。如果不匹配,会使信号在元器件与电缆之间产生反射,增加噪声及重影对传输图像的影响。现市场出售的不同厂家生产的同种规格电缆,质量相差很大。但是只要选择正规厂家生产的电缆(价格偏高),其原材料、电气性能及生产工艺都能得到保证,质量也值得信赖。同轴电缆在有线电视传输系统中的位置如图 2-7 所示。

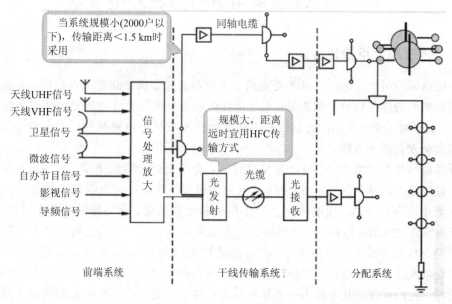

图 2-7 CATV 系统结构图

同轴电缆在使用中除保证特性阻抗尽可能接近 75 Ω、温度系数小、屏蔽性能好外，还应注意以下几点：

(1) 在数字传输系统中，特别是带用户回传信号的系统，为了减小回传信号噪声汇聚的影响，接入网中应使用四屏蔽电缆。四屏蔽电缆的屏蔽衰减系数在 110 dB 以上，具有很好的屏蔽性。

(2) 直流回路电阻要小。回路电阻是指单位长度内导体与外导体形成的回路的电阻值。一般干线放大器和支线放大器都采用同轴电缆供电。当需要考虑供电电源到放大器的电压降时，就要考虑回路电阻的影响。

(3) 最小弯曲半径。国内生产的各种电缆，其最小弯曲半径相差很大。为了避免破坏电缆的内部结构，在敷设电缆时，其弯曲半径不应小于其直径的 5～10 倍。

(4) 机械性能。内外导体要连成一个整体，耐折弯，不易变形。否则，电缆变形后会破坏其对称性和特性阻抗，使信号在传输中受到影响。

(5) 防水防潮性能。电缆受潮后会破坏绝缘介质的绝缘性能，会使导体受到腐蚀，这些都会使电缆的衰减增大，寿命降低。在室外要使用防雨箱或防雨罩，作接头时要加防潮胶圈或使用防雨接头。

(6) 老化。随时间的流失，电缆将老化，特别是敷设在室外的电缆的各项性能、指标都将变差，电缆的衰减特性有很大变化。3 年后电缆衰减大约增加 1.2 倍，6 年后增加 1.5 倍。

(7) 污染。电缆的防护套不应采用有毒的聚氯乙烯塑料，防止对大气产生污染。

因此，同轴电缆在有线电视系统中是不可缺少的重要组成部分，但其他器件也不可忽视，如放大器、分配器、分支器、均衡器等，它们是组成有线电视传输系统的整体，必须从系统的整体指标考虑。

2.3 传输线常用分析方法及电参数

2.3.1 传输线常用分析方法

传输线的分析理论基础是基于麦克斯韦电磁场理论。从该理论可以得出，不仅双导体结构的传输线能够传输信号和能量，而且单导体的金属波导及介质波导也能够传输信号和能量。因此，对于全部类型的传输线的不同之处可看成仅是电磁场的边界条件不同，相同点是都遵循麦克斯韦方程。

伴随信号频率的增大，信号通过传输线时，会产生分布参数效应。具体过程是：当传输线流过电流时，附近会产生高频磁场，导致传输线沿线会存在串联分布的电感 L_1，对于电导率大小有限的导线，通电流时会产生热量和集肤效应，会导致沿线分布电阻 R_1 的增大；当两导线之间加电压后，两导线间会产生高频电场，进而导线之间会产生并联分布电容 C_1；当导线间介质非理想绝缘时，将存在漏电流，因此会有分布导纳 G_1 的产生。对于工作在低频情况下的传输线，这些分布参数的影响可以忽略。相反，对于工作在高频情况下的传输线，我们可以将其等效为一个分布参数电路。进而，可以借助电学的相关知识来分析传输线的电压、电流或等效电压、电流沿传输线变化的纵向问题，这样可以避开分析传输线的结构和场的分布情况。所以,采用电路分析理论取代电磁场理论分析方法可以达到简化分析模型、降低分析难度和复杂度的目的。但该方法也有其局限性,只适用于高频和微波的低频段。

从以上分析可以得出,分析电信号沿传输线行进中的传输特性时,常用的有两种分析方法可供使用,即电路分析理论与电磁场理论分析方法。

"电路分析理论"方法的过程为:将传播电信号的传输线看成是由一系列的分布电阻 R_1、分布电感 L_1、分布电容 C_1、分布导纳 G_1 串并联等效成的电路。通过基尔霍夫定律可以较准确地列出传输线上任意一点的电压 V 和电流 I 的表达式。此分析方法容易理解,简单,在频率较低的情况下结论可以满足工程上的要求。

2.3.2 长线的分布参数和等效电路

假设传输线的几何长度为 L,其大小相对于工作波长段中最小的波长 λ_{min} 可以定义长线和短线的概念。当 $L \geqslant \lambda_{min}$ 时,传输线称为长线;当 $L \leqslant \lambda_{min}$ 时,传输线称为短线。在这里我们将 L/λ 称为电长度。需要注意的是,长线并不意味着几何长度 L 很大。如果工作在微米波段,传输线长度为分米时,即可称为长线。相反,传送市电的电力线,其工作频率为 50 Hz,等效于波长为 6000 km,此时即便传输线长度为几千米以上,也不能称为长线。

一个工作在低频的传输线(短线),由于工作频率低,传输线的分布参数效应很弱而被忽略。这时可认为传输线上所有的电场能都全部集中在了一个电容器 C 中;磁场能都全部集中在了一个电感器 L 中;把消耗的电磁能量集中在一个电阻元件 R 和一个电导元件 G 上;除了集总电容、电感和电阻外,其余的连接导线完全可认为是既无电阻又无电感的理想连接线。

我们常把这些独立存在的电阻 R、电容 C、电感 L、电导 G 称为集总参数元件,由它们构成的电路就称为集总参数电路,如图 2-8 所示。传输特性就由这些集总参数元件决定。

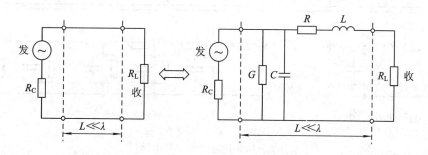

图 2-8 集总参数等效电路图

工作在高频的传输线相当于长线状态,当信号通过"长线"传输线时,会产生分布参数效应。传输线上的电压、电流不仅随时间变化而且还随传输线的长度变化。沿传输线上的电压、电流表达式要用偏微分方程来表示。传输线间的电阻、电感、电容以及电导不仅互不可分,而且沿线随机分布。把传输线单位长度上的电阻 R_1、电感 L_1、电容 C_1、电导 G_1 统称为传输线的分布参数。均匀传输线的分布参数也称为一次参数。

根据目前金属传输线所传输的信息容量,传输线几乎处于"长线"状态,多采用分布参数电路理论。分布参数电路理论的要点是:将整个传输线看成由许多尺寸极短的集总参数电路连接而成的,其中每个"小电路"为集总参数电路单元并遵循基尔霍夫定律,但在同一瞬间,各个"小电路"都具有不同的电压值和电流值,以此去模拟实际传输线,使其更逼近真实。图2-9给出了实际传输线的等效形式。

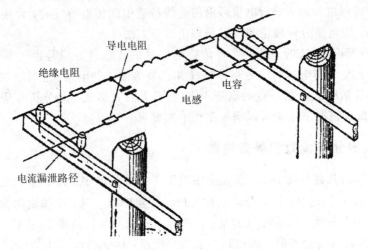

图2-9 实际传输线的等效图

有了分布参数的概念以后,我们就可以在均匀传输线上分割任意一段 $dz(dz \ll \lambda)$,每个微分段可看成集总参数电路,其参数分别为 $R_1 dz$、$L_1 dz$、$C_1 dz$、$G_1 dz$,如图2-10(a)所示。将整个传输线看成由许多尺寸极短的集总参数电路连接而成的分布参数等效电路,如图2-10(b)所示。

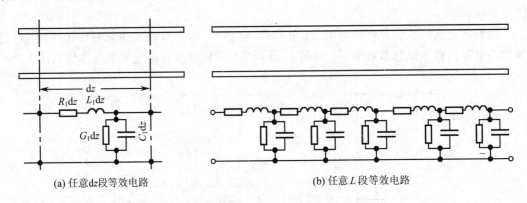

(a) 任意dz段等效电路　　　　　　(b) 任意L段等效电路

图2-10 传输线的等效电路

2.4 传输线的基本特性参数

本节主要介绍衡量传输线通信质量优劣的重要指标,包括:特性阻抗、传输常数、反射系数与驻波比。

2.4.1 特性阻抗

传输线上的电压波和电流波都不是孤立的,两者具有紧密的关系,这个关系就表现为特性阻抗。

1. 特性阻抗的定义

特性阻抗定义为传输线上的入射电压 $U^+ = A_1 e^{-\gamma x}$ 与入射电流 $I^+ = \dfrac{A_1}{Z_C} e^{-\gamma x}$ 之比，即

$$Z_C = \frac{U^+}{I^+} = \frac{R_1 + j\omega L_1}{\sqrt{(R_1 + j\omega L_1)(G_1 + j\omega C_1)}} \qquad (2-2)$$

特性阻抗通常是个复数，可表示为

$$Z_C = |Z_C| e^{j\varphi_C} \qquad (2-3)$$

式中，$|Z_C|$ 表示特性阻抗的模；φ_C 表示阻抗的辐角。并且模和辐角可表示为

$$|Z_C| = \sqrt[4]{\frac{R_1^2 + \omega^2 L_1^2}{G_1^2 + \omega^2 C_1^2}} \qquad (2-4)$$

$$\varphi_C = \frac{1}{2} \arctan \frac{\omega L_1 G_1 - \omega C_1 R_1}{R_1 G_1 + \omega^2 L_1 C_1} \qquad (2-5)$$

式(2-4)和(2-5)中，R_1、L_1、C_1、G_1 分别为传输线单位长度的电阻、电感、电容和电导。

以频率 f 为横坐标，$|Z_C|$、φ_C 为纵坐标绘制的特性曲线如图 2-11 所示。

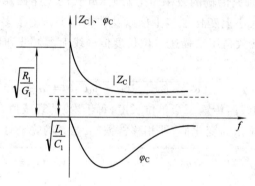

图 2-11　特性阻抗的幅频及相频特性曲线

2. 不同频率下特性阻抗 $|Z_C|$ 的计算公式

(1) 直流情况下，将 $\omega = 0$ 代入式(2-2)特性阻抗的计算公式，可得

$$Z_C = \sqrt{\frac{R_1}{G_1}} \angle 0° \qquad (2-6)$$

式(2-6)表明，在直流信号情况下，均匀传输线的特性阻抗是纯电阻特性。

(2) 低频($f<800$ Hz)条件下，传输线的电参数特点为 $R_1 \gg \omega L_1$，$G_1 \ll \omega C_1$，进而式(2-2)中的 ωL_1 和 G_1 可以忽略不计，则特性阻抗的计算公式可以写成

$$Z_C \approx \sqrt{\frac{R_1}{j\omega C_1}} = \sqrt{\frac{R_1}{\omega C_1}} \angle -45° \qquad (2-7)$$

(3) 高频($f>30$ kHz)条件下，传输线的电参数特点为 $R_1 \ll \omega L_1$，$G_1 \ll \omega C_1$，则由式(2-2)近似计算特性阻抗的模和辐角，可得

$$|Z_C| = \sqrt{\frac{L_1}{C_1}} \sqrt{1 + \frac{1}{2\omega^2}\left[\left(\frac{R_1}{L_1}\right)^2 - \left(\frac{G_1}{C_1}\right)^2\right] + \frac{1}{64\omega^2}\left(\frac{R_1}{L_1} - \frac{G_1}{C_1}\right)^2 \left(\frac{R_1}{L_1} + \frac{3G_1}{C_1}\right)^2} \qquad (2-8)$$

$$\varphi_C = \arctan \frac{-\frac{1}{2\omega}\left(\frac{R_1}{L_1} - \frac{G_1}{C_1}\right)}{1 + \frac{1}{8\omega^2}\left(\frac{R_1}{L_1} - \frac{G_1}{C_1}\right)\left(\frac{R_1}{L_1} + \frac{3G_1}{C_1}\right)} \quad (2-9)$$

式(2-8)和(2-9)表明，特性阻抗的模和辐角的大小随着频率的升高而降低。当频率趋于零时，Z_C 趋近于 $\sqrt{\frac{L_1}{C_1}}$，即

$$\lim_{\omega \to \infty} |Z_C| = \sqrt{\frac{L_1}{C_1}} \quad (2-10)$$

在实际工程应用中，当传输线的工作频率高于 30 kHz 时，可以保证工程计算分析所需的精度要求。

对于常见的平行双导线，其特性阻抗一般为 100~400 Ω，常用的是 100 Ω、120 Ω、150 Ω。同轴线的特性阻抗值一般为 40~100 Ω，常用的是 50 Ω 和 75 Ω。

2.4.2 传输常数

研究和分析传输常数的重要性在于，电信传输不仅要分析传输线的特性阻抗问题，还应当从能量的角度分析研究传输的效果。比如 1 km 长的线路两端之间，传输效果有什么规律，即电压或电流在大小上变化了多少倍以及在相位上移动了多少，以上都可以用传输常数来分析表达。传输常数是用来描述单位长度传输线上入射波和反射波的衰减与相位变化的参数。传输常数的表达式定义为

$$\gamma = \sqrt{(R_1 + j\omega L_1)(G_1 + j\omega C_1)} = \alpha + j\beta \quad (2-11)$$

式中，α 为电磁波沿均匀线路传输一个单位长度（每千米）的衰减值，即衰减常数；β 为电磁波相位在均匀线路上每千米的变化值，即相移常数。α 与 β 的完全计算表达式如下：

$$\alpha = \sqrt{\frac{1}{2}\left[\sqrt{(R_1^2 + \omega^2 L_1^2)(G_1^2 + \omega^2 C_1^2)} + (R_1 G_1 - \omega^2 L_1 C_1)\right]} \quad (2-12)$$

$$\beta = \sqrt{\frac{1}{2}\left[\sqrt{(R_1^2 + \omega^2 L_1^2)(G_1^2 + \omega^2 C_1^2)} - (R_1 G_1 - \omega^2 L_1 C_1)\right]} \quad (2-13)$$

以下给出在实际工程中常用的几种特殊频率下的取值。

(1) 在无损耗情况下，即 $R_1 = 0$，$G_1 = 0$，代入式(2-12)、式(2-13)，得

$$\gamma = \alpha + j\beta = j\omega \sqrt{L_1 C_1}$$

即

$$\alpha = 0, \quad \beta = \omega \sqrt{L_1 C_1} \text{ rad/km} \quad (2-14)$$

式(2-14)表明：无损耗传输线上所传输的电压波或电流波均为等幅波，其相移与所传信号频率有关。

(2) 在直流情况下（$f = 0$），可得

$$\gamma = \alpha + j\beta = \sqrt{R_1 G_1}$$

即

$$\alpha = \sqrt{R_1 G_1} \text{ Np/km}, \quad \beta = 0 \quad (2-15)$$

(3) 当频率较低时（$f < 800$ Hz），有 $R_1 \gg \omega L_1$，$G_1 \ll \omega C_1$，可以忽略 ωL_1 和 G_1，根据式

(2-12)和式(2-13),得

$$\gamma = \alpha + j\beta \approx \sqrt{\frac{\omega R_1 C_1}{2}} + j\sqrt{\frac{\omega R_1 C_1}{2}} = \sqrt{\omega R_1 C_1}\, e^{j45°} \quad (2-16)$$

由式(2-16)可得

$$\alpha = \sqrt{\frac{\omega R_1 C_1}{2}}\ \text{Np/km} \quad 或 \quad \alpha = \sqrt{\frac{\omega R_1 C_1}{2}} \times 8.686\ \text{dB/km} \quad (2-17)$$

$$\beta = \sqrt{\frac{\omega R_1 C_1}{2}}\ \text{rad/km} \quad (2-18)$$

(4) 当传输线的工作频率较高($f > 30$ kHz)时,计算公式如下:

$$\alpha = \frac{R_1}{2}\sqrt{\frac{C_1}{L_1}} + \frac{G_1}{2}\sqrt{\frac{L_1}{C_1}} \times 8.686\ \text{dB/km} \quad (2-19)$$

$$\beta = \omega\sqrt{L_1 C_1}\ \text{rad/km} \quad (2-20)$$

(5) 当工作频率范围在 800~30 000 Hz 时,必须采用完全公式(2-12)和(2-13)计算。

不同频率下的特性参数计算公式如表 2-8 所示。

表 2-8　不同频率下的特性参数计算公式

参数符号	频率/Hz			
	0	0~800	800~30 000	30 000~∞
α	$\sqrt{R_1 G_1}$	$\sqrt{\dfrac{\omega R_1 C_1}{2}}$	完全公式	$\dfrac{R_1}{2}\sqrt{\dfrac{C_1}{L_1}} + \dfrac{G_1}{2}\sqrt{\dfrac{L_1}{C_1}}$
β	0	$\sqrt{\dfrac{\omega R_1 C_1}{2}}$	完全公式	$\omega\sqrt{L_1 C_1}$
Z_C	$\sqrt{\dfrac{R_1}{G_1}}$	$\sqrt{\dfrac{R_1}{\omega C_1}}\, e^{-j45°}$		$\sqrt{\dfrac{L_1}{C_1}}$

传输线的衰减常数和相移常数与频率的关系曲线如图 2-12 所示。由图可知,传输线的衰减常数与导线传播的电磁波的频率关系表现为:在直流时,$\alpha = \sqrt{R_1 G_1}$;当频率在 0~800 Hz 范围时,α 按规律 $\sqrt{\dfrac{\omega R_1 C_1}{2}}$ 增加;当频率继续增大到集肤效应和邻近效应显著时,

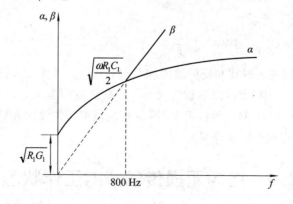

图 2-12　衰减常数和相移常数与频率的关系图

由于 C_1 值为常数，G_1 值极小，而 L_1 值又趋于常数，只是 R_1 值随频率而增大，所以 α 值按 $k\sqrt{f}$ 的规律随频率的增大而增加，但增加的速度又缓慢下来。相移常数与频率的关系从零开始($f=0$)随频率的增加在低频段($f<800$ Hz)内近似为 $\sqrt{\dfrac{\omega R_1 C_1}{2}}$ 规律增长，随后在高频范围内 C_1、L_1 的值又趋于常数，几乎按公式 $\beta=\omega\sqrt{L_1 C_1}$ 所确定的直线规律增长。

【例 2-1】 已知工作频率 $f=2.5$ MHz 时，同轴电缆回路单位长度的电阻、电感、电导、电容的大小分别为：$R_1=65.887$ Ω/km，$L_1=0.2654$ mH/km，$G_1=29.83$ μS/km，$C_1=48$ nF/km，求传输线的特性参数的大小。

解： 当频率 $f=2.5$ MHz 时，特性阻抗可按表(2-8)中的公式计算，即

$$Z_C = \sqrt{\dfrac{L_1}{C_1}} = \sqrt{\dfrac{0.2654\times 10^{-3}}{48\times 10^{-9}}} = 74.35\ \Omega$$

衰减常数和相移常数分别按式(2-19)和式(2-20)计算，得

$$\alpha = \dfrac{R_1}{2}\sqrt{\dfrac{C_1}{L_1}} + \dfrac{G_1}{2}\sqrt{\dfrac{L_1}{C_1}} \times 8.686$$

$$= \dfrac{65.887}{2}\sqrt{\dfrac{48\times 10^{-9}}{0.2654\times 10^{-3}}} + \dfrac{29.83\times 10^{-6}}{2}\sqrt{\dfrac{0.2654\times 10^{-3}}{48\times 10^{-9}}} \times 8.686$$

$$= 3.857\ \text{dB/km}$$

$$\beta = \omega\sqrt{L_1 C_1} = 2\pi\times 2.5\times 10^6 \times \sqrt{0.6254\times 10^{-3}\times 48\times 10^{-9}}$$

$$= 56.049\ \text{rad/km}$$

2.4.3 反射系数与驻波比

传输线上任意点的波形是由入射波和反射波叠加而成的。波的反射现象是传输线上最基本的物理现象，同时反射的情况也决定了传输线的工作状态，我们引出反射系数来表示传输线的反射特性。反射系数是指传输线上任意点的反射电压(或反射电流)与入射电压(或入射电流)之比，电压表示的反射系数为

$$\Gamma_U(z') = \dfrac{U^-(z')}{U^+(z')} \tag{2-21}$$

电压驻波比 VSWR(简称驻波比)定义为传输线上电压振幅的最大值与电压振幅的最小值之比，表达式为

$$\text{VSWR} = \dfrac{|U_{\max}|}{|U_{\min}|} = \dfrac{|U_2^+| + |U_2^-|}{|U_2^+| - |U_2^-|} \tag{2-22}$$

其中，$|U_{\max}|$ 出现在入射波和反射波同相位处，$|U_{\min}|$ 出现在入射波和反射波反相位处。VSWR 可以表示失配程度或反射程度大小，其取值范围为 $1<\text{VSWR}<\infty$，在实际工程中允许 VSWR 小于 1.5，取值越接近 1，匹配程度越好。驻波比和反射系数都是工程中常用的描述传输线工作状态的物理量。

2.5 均匀无损传输线的工作状态

我们知道传输线是一种可以引导电磁波，将能量或信息定向地从一处传输到另一处的

装置。当传输线的几何长度与线上传输电磁波的最小波长比值(电长度)大于或接近1时,我们可以忽略分布参数效应,使用集总参数分析方法来分析电路。但当情况相反的时候,传输线将不仅起到连接作用,它所形成的分布参数电路将影响整个电路的工作,分布参数效应无法忽略。

传输线的工作状态是指沿线电压、电流和阻抗的分布规律。传输线的工作状态有三种:行波状态、驻波状态和行驻波状态。它主要决定于传输线终端所接负载阻抗的大小和性质。分析这些工作状态下的特性对于微波电路的设计和分析很有意义。由于在实际的信息工程领域使用的大多数属于分布参数均匀的均匀无损传输线,所以本节将对此进行系统分析,并根据分析结果使用 Matlab 进行仿真。

2.5.1 均匀无损传输线

由式(2-14)可知,无损耗传输线上所传输的电压波或电流波均为等幅波,其相移与所传信号频率有关,即 $\alpha=0$,$\beta=\omega\sqrt{L_1 C_1}$。为了便于分析,假设某段传输线的电压与电流关系如图 2-13 所示。

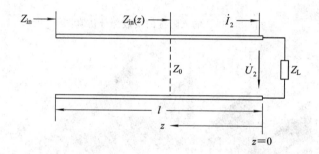

图 2-13 传输线电压与电流关系图

假设 x' 为传输线上一点到终端的距离。从距终端 x' 处向终端看进去的输入阻抗为

$$Z_{\text{in}} = \frac{\dot{U}}{\dot{I}} = \frac{Z_2 \cos(\beta x') + jZ_C \sin(\beta x')}{Z_C \cos(\beta x') + jZ_2 \sin(\beta x')} Z_C \tag{2-23}$$

其中 $Z_2 = \frac{\dot{U}}{\dot{I}}$ 为终端负载的阻抗。在 Matlab 仿真软件中得到无损条件下传输线的输入阻抗的实数部分和虚数部分特性参数图像分别如图 2-14、2-15 所示。

图 2-14、图 2-15 分别显示了输入阻抗的实数部分和虚数部分的特性参数,小结如下:

(1) 传播常数 $\gamma=j\beta$,$\beta=\omega\sqrt{L_1 C_1}$ 与频率成线性关系;

(2) 特性阻抗 $Z_C = \sqrt{\dfrac{L_1}{C_1}}$ 为实数,且与频率无关;

(3) 相速度 $V = \dfrac{\omega}{\beta} = \dfrac{1}{\sqrt{L_1 C_1}}$ 为常数;

(4) 反射系数 $\Gamma(z) = \dfrac{Z_{\text{in}}(z) - Z_0}{Z_{\text{in}}(z) + Z_0}$;

(5) 波长 $\lambda = \dfrac{\omega}{\beta} = \dfrac{1}{f\sqrt{L_1 C_1}}$ 与频率有关。

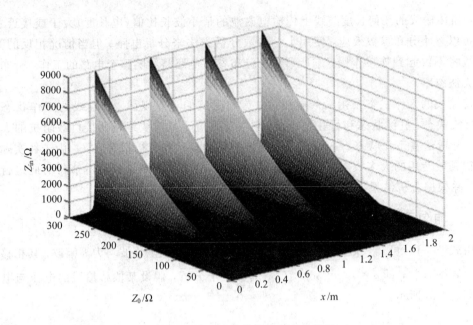

图 2-14 输入阻抗的实数部分仿真图

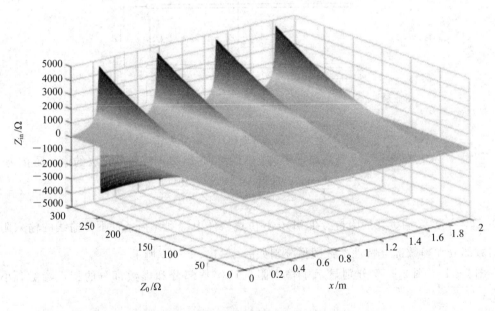

图 2-15 输入阻抗的虚数部分仿真图

2.5.2 均匀无损传输线的工作状态

1. 行波状态——无反射波

1) 产生条件

当终端负载与传输线特性阻抗相等，即 $Z_L = Z_C$ 时，产生行波状态。

2) 行波状态的特点

如图 2-16 所示，该仿真结果显示了负载匹配时无损传输线上终端处及距终端距离为

0.25λ处的电压和电流波形。行波状态的特点如下：

(1) 沿线电压和电流的振幅不变。

(2) 电压和电流在沿线上各点均同相，电压或电流的相位随 x 增加而连续滞后；

(3) 传输线上电压和电流既是时间 t 的函数，又是空间位置 x 的函数，传输线上任一点的电压和电流随时间作正弦变化。

(4) 终端匹配的传输线上任意一处的电压、电流均可用始端电压、电流表示。

(5) 由于沿线电压电流振幅不变且均同相，因此沿线各点的阻抗均等于传输线的特性阻抗。

(6) 无限长线与终端匹配的传输线的工作状态相同。因为当终端电阻趋向于无穷大时，电压电流均趋向于无穷大，但实际上传输线任何一处的电压、电流均应为有限值，故必有终端负载与传输线特性阻抗相等，即电压、电流无反射波存在。

(7) 电源发出的能量全部被负载吸收，传输效率最高。

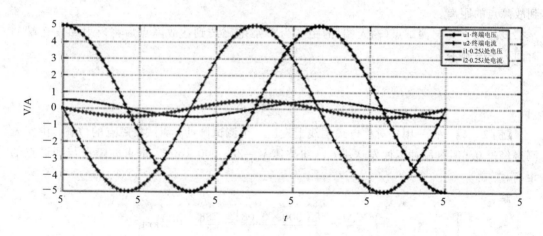

图 2-16 负载匹配时无损传输线上终端处及距终端距离为 0.25λ 处的电压和电流波仿真波形图

2. 驻波状态——全反射

1) 产生条件

当终端短路 $Z_L = 0$、开路 $Z_L = \infty$ 或接纯电抗负载 $Z_L = \pm jX_L$ 时，产生驻波状态。

2) 驻波状态的特点

(1) 电压、电流的振幅是位置的函数，具有固定不变的波节点和波腹点，两相邻波节点之间的距离为 λ/2。短路线终端是电压波节点、电流波腹点；开路线终端是电压波腹点、电流波节点。

(2) 沿线各点的电压和电流随时间和位置变化都有 π/2 相位差，因此线上既不能传输能量也不能消耗能量，电能与磁能在 λ/4 空间相互转换。

(3) 电压或电流波节点两侧各点相位相反，相邻两节点之间各点的相位相同。

(4) 传输线的输入阻抗为纯电抗，且随频率和长度变化；当频率一定时，不同长度的驻波线可分别等效为电感、电容、串联谐振电路或并联谐振电路。

3. 行驻波状态——部分反射

1) 产生条件

当终端接任意负载，即终端接小电阻、大电阻、感性复阻抗及容性复阻抗时，产生行驻波状态。

2) 行驻波状态的特点

$\Gamma<1$，终端产生部分反射，线上形成行驻波，沿线电压电流呈非正弦周期分布，无波节点，驻波最小值不等于零，驻波最大值不等于终端入射波振幅的两倍。

传输线的失配导致线路上出现电磁波的反射现象，这对于正常通信是有害的，但反射现象提供了一个最好的测量线路障碍的方法。比如，利用它可以测量故障点至测试点（输入端）的距离。测量过程如下：

在发生故障的线路上输入一个脉冲电压，当到达故障点后将反射脉冲返回发送端，由于已知电磁波的传输速度是一定的，所以可以测出电磁波的往返时间，进而计算出测试点到故障点的距离。

设故障点 x 与测试点（输入端）的距离为 L_x，电磁波到达故障点后将反射回发送端的时间为 Δt，则有

$$2L_x = V \times \Delta t$$

$$L_x = \frac{V \times \Delta t}{2} \text{ km} \tag{2-24}$$

【例 2-2】 在一用户对称电缆铜线上发出一个测试脉冲，测试故障点的位置，由实测测得经过 0.001 s 脉冲返回发送端，已知波速 $V = 288\,000$ km/s，试求故障点与测试点的距离。

解：

$$L_x = \frac{V \times \Delta t}{2} = \frac{288\,000 \times 0.001}{2} = \frac{288}{2} = 144 \text{ km}$$

2.6 其他常用传输线及应用

2.6.1 微带线

微带线是由支在介质基片上的单一导体带构成的微波传输线，适合制作微波集成电路的平面结构传输线。与金属波导相比，其主要优点有体积小、重量轻、使用频带宽、可靠性高和制造成本低等，但损耗稍大、功率容量小。20 世纪 60 年代前期，由于微波低损耗介质材料和微波半导体器件的发展，形成了微波集成电路，使微带线得到广泛应用，相继出现了各种类型的微带线。微带线一般用薄膜工艺制造，介质基片选用介电常数高、微波损耗低的材料，导体应具有导电率高、稳定性好、与基片的粘附性强等特点。微带线的结构图如图 2-17 所示。

微带线可用于功率放大器的设计，对于工作频率在 20 MHz 以上频段，微带线功率放大器具有的优点有：重复特性好，便于工厂生产，效率高，一般可以达到 43% 以上（C 类放大器），稳定性高，结构尺寸小。不足之处在于：设计和计算过程繁琐，制作有其特殊性。

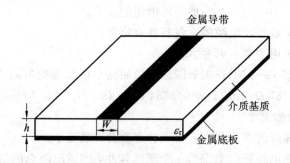

图 2-17 微带线结构图

除此之外,微带线也可用于微带滤波器的设计。微带滤波器是一种重要的微波元件,种类繁多,按照传输线的类型可分为:波导滤波器、同轴滤波器、带状线滤波器和微带线滤波器。因微带滤波器具有选频功能,即通过所需频率信号而抑制不需要的频率信号,因此得到广泛的应用。

2.6.2 带状线

带状线可以看成是由同轴线演变而成的,如图 2-18 所示。

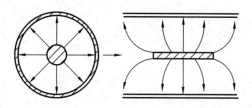

图 2-18 同轴线向带状线的演变

带状线的结构图和场结构图如图 2-19 所示。

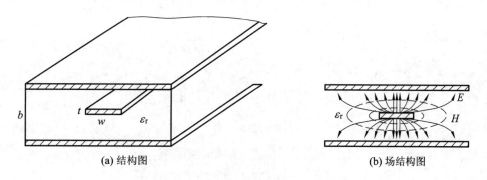

(a) 结构图　　　　　　　　　　(b) 场结构图

图 2-19 带状线的结构图和场结构图

带状线是一种宽带传输线,没有辐射,其损耗与同轴线相当,一般可用于制作 3 GHz 以下的中小功率微波元件,例如带状线滤波器、定向耦合器等。

思考与练习题

1. 通信电缆按敷设和运行方式可分为哪些?

2. 简述 HYFA-400×2×0.5 型号的电缆的读法。
3. 五类 4 对非屏蔽双绞电缆的电气特性有哪些？
4. 同轴电缆的应用主要在哪些方面？
5. 已知工作频率 $f=2$ MHz 时，同轴电缆回路单位长度的电阻、电感、电导、电容的大小分别为 $R_1=62.887$ Ω/km，$L_1=0.3654$ mH/km，$G_1=28.83$ μs/km，$C_1=46$ nF/km，求传输线的特性参数的大小。
6. 均匀无损传输线的工作状态有哪些？各有什么特点？
7. 在一用户对称电缆铜线上发出一个测试脉冲，测试故障点的位置，由实测测得经过 0.001 s 脉冲返回发送端，已知波速 $V=266\,000$ km/s，试求故障点与测试点的距离。
8. 微带线的应用有哪些？
9. 带状线的应用主要在哪些方面？

第3章 波导传输线理论

3.1 波导传输线及应用

3.1.1 波导传输线

在频率不高时，平行双导线被广泛用来传输电信号，但在微波波段，由于出现以下现象，它便失去了使用价值。

(1) 辐射大。平行双导线传输线敞露在空间，当频率高时，会将有用电磁能向外辐射形成辐射损耗。频率越高，辐射损耗越大。

(2) 集肤效应大。频率越高，信号电流就越趋向于导体表面，从而使电流流过的有效面积越小，金属中的热损耗就越大。

(3) 介质损耗大。平行双导线较长时要用绝缘介质或金属绝缘子（即四分之一波长短路线）作支架以固定导线，当频率很高时，介质损耗或金属绝缘子的热损耗也很大。

随着频率的升高，辐射损耗急剧增加，介质损耗和热损耗也有所增加，但没有辐射损耗严重。由于以上现象，平行双导线只能用于米波及其以上波长范围。

同轴线可用于较高频率，因为电磁场被屏蔽在内外导体之间，没有辐射损耗。同轴线可用在分米波及厘米波波段。当频率更高时，同轴线存在以下问题：

(1) 损耗大。由于内外导体是靠介质支撑的，有介质损耗，频率很高时，介质损耗会很大，集肤效应使得金属的热效应急剧增加。

(2) 为了保证同轴线传输横电磁波（TEM 波），必须满足条件

$$\lambda > \pi(a+b)$$

式中，λ 为工作波长，a、b 为内外导体半径。

当频率高（λ 小）时，同轴线的内外导体半径 a、b 必须减少，这就增加了电击穿的危险，容许传输的功率便受限制。

一般来说，$\lambda < 10$ cm 时就不能用同轴线了，但这不是绝对的。当距离短、传输功率小时，同轴线可用；当要求损耗很小、传输信号的功率大时，$\lambda < 10$ cm 就不可用同轴线了。

平行双导线、同轴线工作频率受限，促使人们寻求新的传输微波信号的元件，于是波导就诞生了。

波导是由空心金属管构成的导体，根据其截面形状不同，可以分为矩形波导、圆波导、脊形波导和椭圆波导等，如图 3-1 所示。

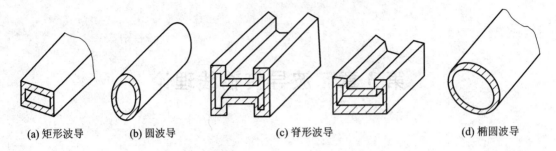

(a) 矩形波导　　(b) 圆波导　　　　(c) 脊形波导　　　　(d) 椭圆波导

图 3-1　金属波导传输线结构

我们先看一下波导如何传播电磁波。在图 3-2 所示波导内放入一个小天线，它将向四面八方辐射电磁波。由于天线周围是金属波导壁，电磁波遇到金属壁将发生反射，经多次反射，电磁波成"之"字形向波导轴向传输。

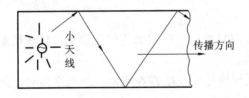

图 3-2　波导传输原理图

用波导传输电磁能具有以下优点：
(1) 辐射小。所传输的电磁能被屏蔽在金属管内，其辐射极微小。
(2) 可传大功率微波信号。因为没有内导体，提高了传输的功率容量，减少了热耗。
(3) 损耗小。一般波导内填充的是干燥的空气，因此介质损耗很小。
(4) 结构简单，均匀性好。

因此，在微波技术中，波导获得了广泛的应用。波导传输线上传输的波形是 TE 波和 TM 波，传输的频率是微波频段的电磁波，例如厘米波和毫米波，此频段是大、中功率微波传输线的主要形式。由于波导横截面的尺寸与传输信号载波波长有关，因此微波的低频波段不采用波导来传输能量，否则波导尺寸太大。

矩形波导及圆波导传输线较为广泛地应用于移动通信、微波通信、卫星通信及雷达天馈系统中的馈源及馈线等，故本章主要对其进行分析。

3.1.2　圆波导定向耦合器在高功率微波测量中的应用

对于采用了多孔耦合技术的圆波导耦合器，在微波取样处有较低的电场强度，所以，可以显著提高在线测量系统的功率容量。对 X 波段在线测量系统的标定、大功率考核、高功率比对以及高功率微波实验表明，在线测量系统测量结果稳定可靠，可以应用于 HPM 源功率测量和状态监测。

目前在高功率容量在线测量系统的研制过程中，已经建立了一套在线测量系统的设计规范，并且完善了相应的标定系统和考核方法，建立了不同频段的在线测量装置。同时，针对可调谐 HPM 源的需求，目前科研领域已经研制了具有大带宽的圆波导耦合器，其耦合度在 9.2～10.2 GHz 带宽范围内变化小于±0.1 dB；对于大尺寸过模波导输出的 HPM

源,研制了高功率选模定向耦合器。这些耦合器构建的在线测量系统在 HPM 源的研制中正发挥着重要作用。

3.1.3 波导在微波天馈线系统中的应用

微波馈线是微波天线和微波收发信机之间的传输媒质,它的质量如何,直接影响所传微波信号的质量。

在波导中传播的电磁波,其电磁场分布有许多形式,总共分为两类:第一类为横波,记为 TE 波(或磁波,记做 H 波);第二类为横磁波,记为 TM 波(或电波,记做 E 波)。在实际工作中大多数是采用单模情况,单模传输可以通过选择波导尺寸来实现。因为波导尺寸决定了截止频率的大小,选择波导尺寸大小,使它只能让最低模式,即 TE_{10} 波通过,而对其他高阶模式起截止作用,这样就可以实现单模传输。

电磁波在波导中的传输也存在反射和匹配问题,也有短路和开路特性。

微波馈线一般都分成主传输线和各种波导器件两大部分。传输线可以是矩形波导、圆形波导或椭圆波导。采用哪种截面的波导要根据具体情况来确定,例如馈线很长,要求损耗小,或要求正交极化传输,应选用圆波导;短馈线选用矩形波导;中等以上长度,铺设方便则采用椭圆波导。

微波馈线在信号传输中必须效率高、质量好、使用方便。收发信息合用一条馈线,对馈线提出隔离度大于 30 dB 的要求。另外馈线损耗越小越好,反射应该尽可能的低。

馈线中的另一部分,即波导器件,这些大都是变形波导,例如转弯用的弯波导、改善受力的软波导、改变极化的扭波导、用作波导间转换的过渡波导,还有些是实现各种电器保护功能的器件,如调整极化的极化旋转器和轴比补偿器、高次模滤除器、保护波导内部免受环境伤害的密封波导节等。

波导器件中的环形器是一种铁氧体,它利用磁场对传输信号的影响,形成一种旋转方向,好像环流一样。波导负载是用来吸收波导中的电磁波,它是由波导中装入一片锥形石墨吸收片制成,同时也是一个良好的匹配负载,在测量线上用它。调向器是使主波导两端的矩形波导中的极化方向一致。极化分离器的原理是正交极化,是指带有不同信息的两组微波信号的电场矢量相互垂直地在同一条圆形波导中传输,通过同一面天线发射或接收而不会相互干扰。电磁波的极化方式是指电磁波的电场取向,或者电场矢量的矢端轨迹,若这条轨迹在垂直于传播方向的平面上的投影是一条直线,则称为线极化。对于线极化来说,平行于地面的叫水平极化,垂直于地面的叫垂直极化。另外高站或低站是以该站的接收频率为标准划分的,当接收频率高于发射频率时为高站,反之为低站。

同时,波导的密封很重要,密封充气是保证馈线传输损耗减小的办法之一。首先要解决密封窗的问题。密封窗通常使用介质膜片,如四氟乙烯片、聚酯薄膜、石英片等。对于介质片的要求是机械强度高、损耗小、高频性能好。在主功率系统中,波导连接处的泄露一直是一个难题,常用带扼流槽的法兰和法兰的精密连接来达到使用要求。法兰端面要求平整光洁,这样可以防止因泄露造成的干扰和对人体的伤害。对于馈线加以密封和充气是必要的,这样馈线在适应环境条件的变化方面工作稳定,可持久地保持其规定电气性能。馈线密封的方法是两端装两个可以隔绝空气的密封节,并且在馈管中充入干燥空气或干燥氮气,使管内气压高于外部气压,达到管内渗透的允许程度,要求充入 0.1~0.3 个气压的空气。

3.1.4 波导滤波器的应用

微波电路中的滤波器一般采用波导滤波器。波导滤波器由于具有高 Q 值、低损耗及功率容量大等优点而被广泛应用在微波及毫米波系统中。采用传统的感性元件，如金属杆、横向金属条带和横向膜片等结构来实现的波导滤波器，由于其结构复杂，因此很难做到低成本大批量生产。为了克服这些问题，很多系统采用了微带电路结构的滤波器，但是微带滤波器将会带来较大的插入损耗等缺点，尤其在较高的频带。

2005 年，S. Hrabar，J. Bartolic 和 Z. Sipus 采用在标准矩形波导的 E 面加载单轴各向异性的具有横向负磁导率的超材料，经过理论分析、设计并研制了这种 E 面波导滤波器。这种加载超材料的矩形波导滤波器，当超材料的谐振单元的谐振频率在矩形波导的截止频率之下时，研究表明将会在截止频率之下产生一个通带，其传输模式为后向波传输，相位随传输线而出现超前的现象，这为波导滤波器的小型化设计提供了一定的理论基础；当超材料的谐振单元的谐振频率高于矩形波导的截止频率时，研究表明，将在矩形波导原本的通带内产生一个阻带。其实验样品如图 3-3 所示。

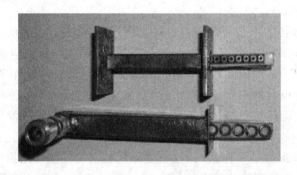

图 3-3 加载超材料的 E 面波导滤波器

2006 年，A. Shelkovnikov 和 D. Budimir 研究出了一种采用 SRR(Split Ring Resonator) 结构实现的基于左手材料(LHM, Left Hand Material)的矩形波导带阻滤波器。他们首先提出一个基于 LHM 材料的矩形波导单元结构，该结构中不仅包含上基板的 SRR 结构并且增加了在背面基板上的一条金属线；其次，将基于 LHM 材料的矩形波导单元结构进行级联构成一个三单元 LHM 矩形波导，并且与一个三单元 SRR 环加载波导滤波器进行了性能对比；最后，在三单元 LHM 矩形波导的单元结构周期位置处插入一个连接上下波导壁的矩形金属条，整个基板装配在矩形波导的 E 面，设计并仿真了这个基于 LHM 波导单元结构的波导带阻滤波器，如图 3-4 所示。

同年，B. Jitha，C. Nimisha，C. Aanandan 等人研制了具有可调阻带带宽的 SRR 加载波导带阻滤波器。将带有 SRR 阵列的基板平行于波导 E 面插入到标准矩形波导中，由于 SRR 谐振可在其谐振频带附近产生负的磁导率，因而产生阻带，级联多个 SRR 单元可改善阻带抑制特性，在此研究中通过改变基板在波导中的位置从而实现阻带带宽可调节性，其中 x 代表基板沿 x 轴的位置，如图 3-5 所示。

2007 年，S. Niranchanan，A. Shelkovnikov，D. Budimir 提出了一种可以应用于毫米

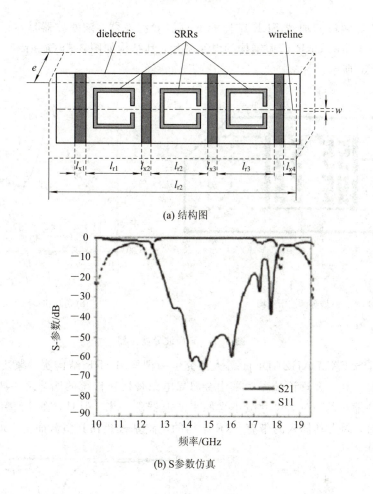

图 3-4 基于 LHM 波导单元结构的波导带阻滤波器

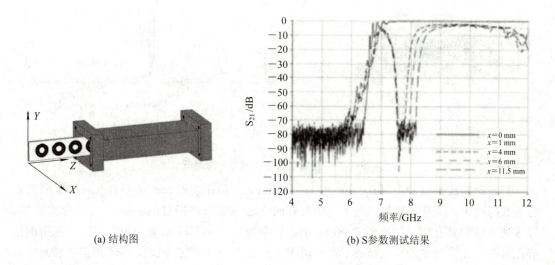

图 3-5 SRR 加载波导带阻滤波器

波、亚毫米波等频段的加载 SRR 结构的 E 面波导滤波器。该滤波器是在标准矩形波导的 E 面插入了一个带有 SRR 谐振结构的电路基片，其结构如图 3-6(a)所示，仿真和实测结果如图 3-6(b)所示。

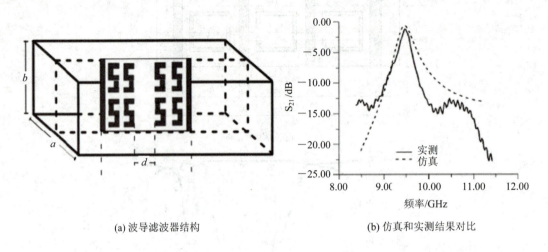

(a) 波导滤波器结构　　　　　　　　(b) 仿真和实测结果对比

图 3-6　E 面波导滤波器

2010 年，S. FALLAHZADEH 等人研究了一种采用 SRR 结构实现紧凑型波导带阻波导滤波器结构，其主要理论技术为采用金属导电条带代替传统的四分之一波长转换器，因而实现了尺寸缩小的目的，尺寸减小为原来滤波器的一半。但是，在此研究中，滤波器的实现较为困难，因为其插入的带有 SRR 结构的电路基板是在其横截面上，如图 3-7 所示。

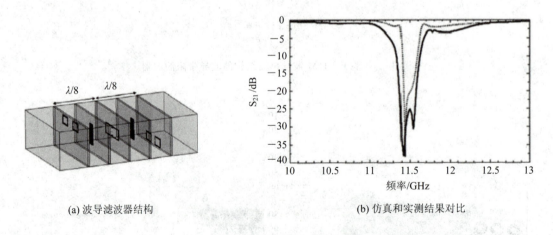

(a) 波导滤波器结构　　　　　　　　(b) 仿真和实测结果对比

图 3-7　紧凑型波导带阻波导滤波器

最新研究成果是 O. Glubokov 和 D. Budimir 采用在谐振和非谐振节点间提取广义耦合系数的技术，他们研究并只做了一个带有四分之一波长谐振器的三阶 E 面带通滤波器。该带通滤波器具有广义切比雪夫响应，中心频率为 9.45 GHz，带宽为 300 MHz。利用谐振节点可产生任意频点的零点特性，在其阻带上产生了三个零点，因此其带外抑制较好。其实物如图 3-8(a)所示，仿真和测试结果对比如图 3-8(b)所示。

(a) 波导滤波器实物

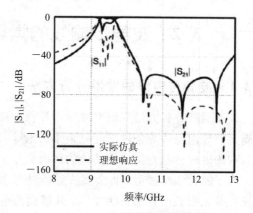
(b) 仿真和实测结果对比

图 3-8 三阶 E 面带通滤波器

3.1.5 常用波导的电参数

国内矩形波导和圆波导的电参数分别如表 3-1 和表 3-2 所示。

表 3-1 国内矩形波导电参数表

型号	主模频率范围/GHz	内截面尺寸/mm			主模衰减/(dB/m)	
		宽边 a	窄边 b	壁厚 t	频率/GHz	理论值/最大值
BJ22	1.72~2.61	109.22	54.61	2	2.06	0.00970/0.013
BJ32	2.6~3.95	72.14	34.04	2	3.12	0.0189/0.025
BJ70	5.38~8.17	34.85	15.799	1.5	6.46	0.0576/0.075
BJ100	8.20~12.5	22.86	10.16	1	9.84	0.110/0.143
BJ180	14.5~22.0	12.945	6.477	1	17.4	0.238/—
BB22	1.72~2.61	109.2	13.10	2	2.06	0.03018/0.039
BB58	4.64~7.06	40.40	5.00	1.5	5.57	0.13066/0.170
BJ100	8.20~12.5	22.86	5.00	1	9.84	0.1931/0.251

表 3-2 国内圆波导电参数表

型号	主模频率范围/GHz	内截面尺寸/mm		主模衰减/(dB/m)	
		直径	壁厚 t	频率/GHz	理论值/最大值
BY22	2.07~2.83	97.87	3.30	2.154	0.0115/0.015
BY30	2.83~3.88	71.42	3.30	2.952	0.0184/0.024
BY40	3.89~5.33	51.99	2.54	4.056	0.0297/0.039
BY56	5.30~7.27	38.10	2.03	5.534	0.0473/0.062
BY76	7.27~9.970	27.788	1.65	7.588	0.0759/0.099
BY104	9.97~13.7	20.244	1.27	10.42	0.1220/0.150
BY120	11.6~15.9	17.415	1.27	12.07	0.1524/0.150
BY190	18.2~24.9	11.125	1.015	18.95	0.3003/—

3.2 波导传输线的常用分析方法及一般特性

3.2.1 波导传输线的常用分析方法

采用"场"分析方法来研究波导中导行电磁波场的分布规律和传播规律,实质上就是求解满足波导内壁边界条件的麦克斯韦方程,具体做法是:首先求出电磁场中的纵向分量,然后利用纵向分量直接求出其他的横向分量,从而得到电磁场的全解。

为了简化求解过程,将金属波导假设为理想的波导,即规则金属波导。规则金属波导具有一条无限长而且笔直的波导,其横截面的形状、尺寸、管壁结构和所用材料在整个长度上保持不变,填充于波导管内的介质参数(ε,μ,σ)沿纵向均匀分布。规则金属波导如图3-9所示。

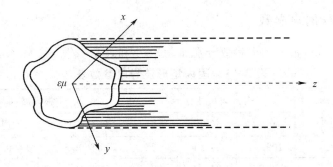

图 3-9 规则金属波导

对规则金属波导,作如下假设(理想波导的定义):
(1) 波导管的内壁电导率为无穷大,即认为波导管壁是理想导体。
(2) 波导内为各向同性、线性、无损耗的均匀介质。
(3) 波导内为无源区域,波导中远离信号波源和接收设备。
(4) 波导为无限长。
(5) 波导内的场随时间作简谐变化。

在工程应用上,采用最多的是时谐电磁场,即以一定角频率作时谐变化或正弦变化的电磁场。由麦克斯韦方程可以建立电磁场的波动方程,而时谐电磁场的矢量 **E** 和 **H** 在无源空间中所满足的波动方程,通常又称为亥姆霍兹方程。在直角坐标系中,矢量波动方程可以分解为三个标量方程。

在无源的充满理想介质的波导内,电磁波满足麦克斯韦方程组:

$$\begin{cases} \nabla \times \boldsymbol{E} = -j\omega\mu\boldsymbol{H} \\ \nabla \times \boldsymbol{H} = j\omega\mu\boldsymbol{E} \\ \nabla \cdot \boldsymbol{H} = 0 \\ \nabla \cdot \boldsymbol{E} = 0 \end{cases} \quad (3-1)$$

同时还满足矢量亥姆霍兹方程(矢量波动方程),即

$$\nabla^2 \boldsymbol{H} + k^2 \boldsymbol{H} = 0 \quad \nabla^2 \boldsymbol{E} + k^2 \boldsymbol{E} = 0 \quad (3-2)$$

式(3-2)中，$k = \omega\sqrt{\mu\varepsilon} = \omega\sqrt{\mu_0\mu_r\varepsilon_0\varepsilon_r} = k_0 n$，$k_0 = \omega\sqrt{\mu_0\varepsilon_0} = \dfrac{2\pi}{\lambda_0}$是真空中的波数，$\lambda_0$是真空中的波长，$n$是介质的折射率。

若采用直角坐标系(x, y, z)，矢量$\boldsymbol{E}$可分解为三个方向的分量：

$$\boldsymbol{E} = \boldsymbol{i}E_x + \boldsymbol{j}E_y + \boldsymbol{k}E_z$$
$$\boldsymbol{H} = \boldsymbol{i}H_x + \boldsymbol{j}H_y + \boldsymbol{k}H_z$$

式中，$\boldsymbol{i}$，$\boldsymbol{j}$，$\boldsymbol{k}$分别是x、y、z方向上的单位矢量。将分解后的矢量表达式代入式(3-2)，整理后可得

$$\begin{aligned}
\nabla^2 E_x + k^2 E_x &= 0 \\
\nabla^2 H_x + k^2 H_x &= 0 \\
\nabla^2 E_y + k^2 E_y &= 0 \\
\nabla^2 H_y + k^2 H_y &= 0 \\
\nabla^2 E_z + k^2 E_z &= 0 \\
\nabla^2 H_z + k^2 H_z &= 0
\end{aligned} \tag{3-3}$$

式(3-3)中的E_x、E_y、H_x、H_y、E_z和H_z都是空间坐标x、y、z的函数。波导系统内电场和磁场的各项分量都满足标量形式亥姆霍兹方程，或称标量的波动方程。

金属波导中$\boldsymbol{E}$、$\boldsymbol{H}$的一般求解步骤如下：

(1) 先从纵向分量的E_z和H_z的标量亥姆霍兹方程入手，采用分离变量法解出场的纵向分量E_z、H_z的常微分方程表达式。

(2) 利用麦克斯韦方程横向场与纵向场的关系式，解出横向场E_x、E_y、H_x、H_y的表达式。

(3) 讨论截止特性、传输特性、场结构和主要波型特点。

本章将在直角坐标系中求解各场分量。

如果规则金属波导为无限长，则波导内没有反射，可将电场和磁场分解为横向(x, y)分布函数和纵向(z)传输函数之积，即先对E_z和H_z进行分解，即

$$\begin{aligned}
E_z(x, y, z) &= E_z(x, y)Z_1(z) \\
H_z(x, y, z) &= H_z(x, y)Z_2(z)
\end{aligned} \tag{3-4}$$

将式(3-4)代入式(3-3)，整理可得

$$\nabla^2[E_z(x, y)Z_1(z)] + k^2 E_z(x, y)Z_1(z) = 0 \tag{3-5}$$

在直角坐标系中，三维拉普拉斯算子∇^2展开式为

$$\nabla^2 = \dfrac{\partial^2}{\partial x^2} + \dfrac{\partial^2}{\partial y^2} + \dfrac{\partial^2}{\partial z^2} \tag{3-6}$$

若用横向的拉普拉斯算子来代替式(3-6)右端的x，y两项，则有

$$\nabla^2 = \nabla_t^2 + \dfrac{\partial^2}{\partial z^2} \tag{3-7}$$

利用横向拉普拉斯算子，可得

$$\nabla_t^2[E_z(x, y)Z_1(z)] + \dfrac{\partial^2}{\partial z^2}[E_z(x, y)Z_1(z)] + k^2 E_z(x, y)Z_1(z) = 0 \tag{3-8}$$

式(3-8)中的第一项中$Z_1(z)$只与z有关，在∇_t^2运算中相当于是常数，因此可以将

$Z_1(z)$提到∇_t^2符号之前，式(3-8)的第二项只对z做两次偏微分，此时$E_z(x,y)$与z无关，可以将$E_z(x,y)$看作常数，因其只对z做两次偏微分，所以可以将偏微分的计算转化成普通的常微分运算，则式(3-8)可以简化成

$$Z_1(z)\nabla_t^2 E_z(x,y) + E_z(x,y)\frac{d^2 Z_1(z)}{dz^2} + k^2 E_z(x,y)Z_1(z) = 0 \quad (3-9)$$

式(3-9)两边同除以$E_z(x,y)Z_1(z)$并移项，得

$$\frac{\nabla_t^2 E_z(x,y)}{E_z(x,y)} = -\frac{1}{Z_1(z)}\frac{d^2 Z_1(z)}{dz^2} - k^2 \quad (3-10)$$

式(3-10)中，左端是关于x，y的函数，右端是关于变量z的函数，根据数学等式恒等条件可知，等式的两端必然同时等于一个相同的常数。假设这个常数是$-k_c^2$，则式(3-10)可转化成

$$\nabla_t^2 E_z(x,y) + k_c^2 E_z(x,y) = 0 \quad (3-11)$$

$$\frac{d^2 Z_1(z)}{dz^2} + (k^2 - k_c^2)Z_1(z) = 0 \quad (3-12)$$

同理可得磁场强度应该满足的两个独立微分方程：

$$\nabla_t^2 H_z(x,y) + k_c^2 H_z(x,y) = 0 \quad (3-13)$$

$$\frac{d^2 Z_2(z)}{dz^2} + (k^2 - k_c^2)Z_2(z) = 0 \quad (3-14)$$

式(3-11)和式(3-13)表明横向电场和磁场分量也满足标量亥姆赫兹方程。令

$$\begin{aligned}-\gamma^2 &= k^2 - k_c^2 \\ k_c^2 &= \omega^2\mu\varepsilon + \gamma^2\end{aligned} \quad (3-15)$$

从数学微分方程的观点来看，式(3-12)和式(3-14)具有相同的形式。因此可以写成统一的形式：

$$\frac{d^2 Z(z)}{d^2 z} - \gamma^2 Z(z) = 0 \quad (3-16)$$

从式(3-16)可以看出，电磁波在波导中沿z传播时，电场强度和磁场强度的传播规律是一种形式。

二阶常微分方程(3-16)的通解形式如下：

$$Z(z) = Ae^{-\gamma z} + Be^{\gamma z} \quad (3-17)$$

式(3-17)中的第一项表示入射波；第二项表示反射波。由于研究的是理想规则的金属波导，并且波导是无限长的，因此不存在反射波部分。所以，式(3-17)可以简化为

$$Z(z) = Ae^{-\gamma z} \quad (3-18)$$

现将式(3-18)代入式(3-4)，可得到波导中$\boldsymbol{E}$和$\boldsymbol{H}$以行波方式沿z方向传播解的初步形式：

$$\begin{aligned}E_z(x,y,z) &= A_1 E_z(x,y)e^{-\gamma z} \\ H_z(x,y,z) &= A_1 H_z(x,y)e^{-\gamma z}\end{aligned} \quad (3-19)$$

在直角坐标系条件下，将$\nabla\times\boldsymbol{E}$、$\nabla\times\boldsymbol{H}$展开成如下形式：

$$\nabla\times\boldsymbol{E} = \left[\frac{\partial E_z}{\partial y} - \frac{\partial E_y}{\partial z}\right]a_x + \left[\frac{\partial E_x}{\partial z} - \frac{\partial E_z}{\partial x}\right]a_y + \left[\frac{\partial E_y}{\partial x} - \frac{\partial E_x}{\partial y}\right]a_z$$

$$j\omega\mu H = j\omega\mu H_x a_x + j\omega\mu H_y a_y + j\omega\mu H_z a_z$$

同时将式(3-19)写成分量形式代入展开式中，可得

$$\begin{cases} \dfrac{\partial E_z}{\partial y} - \dfrac{\partial E_y}{\partial z} = -j\omega\mu H_x \\ \dfrac{\partial E_x}{\partial z} - \dfrac{\partial E_z}{\partial x} = -j\omega\mu H_y \\ \dfrac{\partial E_y}{\partial x} - \dfrac{\partial E_x}{\partial y} = -j\omega\mu H_z \end{cases} \quad (3-20)$$

$$\begin{cases} \dfrac{\partial H_z}{\partial y} - \dfrac{\partial H_y}{\partial z} = j\omega\varepsilon E_x \\ \dfrac{\partial H_x}{\partial z} - \dfrac{\partial H_z}{\partial x} = j\omega\varepsilon E_y \\ \dfrac{\partial H_y}{\partial x} - \dfrac{\partial H_x}{\partial y} = j\omega\varepsilon E_z \end{cases} \quad (3-21)$$

$$\begin{cases} (\nabla \times \boldsymbol{E})_x = \dfrac{\partial E_z}{\partial y} - \dfrac{\partial E_y}{\partial z} = -j\omega\mu H_x \\ (\nabla \times \boldsymbol{E})_y = \dfrac{\partial E_x}{\partial z} - \dfrac{\partial E_z}{\partial x} = -j\omega\mu H_y \\ (\nabla \times \boldsymbol{H})_x = \dfrac{\partial H_z}{\partial y} - \dfrac{\partial H_y}{\partial z} = -j\omega\varepsilon E_x \\ (\nabla \times \boldsymbol{H})_y = \dfrac{\partial H_x}{\partial z} - \dfrac{\partial H_z}{\partial x} = -j\omega\varepsilon E_y \end{cases} \quad (3-22)$$

解以上方程组，可得用纵向分量表示的横向分量的表达式：

$$\begin{cases} E_x = -\dfrac{1}{k_c^2}\left[\dot{\gamma}\dfrac{\partial E_z}{\partial x} + j\omega\mu\dfrac{\partial H_z}{\partial y}\right] \\ E_y = \dfrac{1}{k_c^2}\left[-\dot{\gamma}\dfrac{\partial E_z}{\partial y} + j\omega\mu\dfrac{\partial H_z}{\partial x}\right] \\ H_x = \dfrac{1}{k_c^2}\left[j\omega\varepsilon\dfrac{\partial E_z}{\partial y} - \dot{\gamma}\dfrac{\partial H_z}{\partial x}\right] \\ H_y = -\dfrac{1}{k_c^2}\left[j\omega\varepsilon\dfrac{\partial E_z}{\partial x} - \dot{\gamma}\dfrac{\partial H_z}{\partial y}\right] \end{cases} \quad (3-23)$$

$$\begin{cases} E_x = -\dfrac{1}{k_c^2}\left[\dot{\gamma}\dfrac{\partial E_z}{\partial x} + j\omega\mu\dfrac{\partial H_z}{\partial y}\right] \\ E_y = \dfrac{1}{k_c^2}\left[-\dot{\gamma}\dfrac{\partial E_z}{\partial y} + j\omega\mu\dfrac{\partial H_z}{\partial x}\right] \\ H_x = \dfrac{1}{k_c^2}\left[-\dot{\gamma}\dfrac{\partial H_z}{\partial x} + j\omega\varepsilon\dfrac{\partial E_z}{\partial y}\right] \\ H_y = -\dfrac{1}{k_c^2}\left[\dot{\gamma}\dfrac{\partial H_z}{\partial y} + j\omega\varepsilon\dfrac{\partial E_z}{\partial x}\right] \end{cases} \quad (3-24)$$

式(3-24)为横向分量与纵向分量间的关系式。解出纵向分量 E_z、H_z，由式(3-24)可求出全部横向分量。再根据具体波导的边界条件，决定纵向场中的常数项。

3.2.2 波导中电磁波的一般传输特性

1. 截止波长

截止波长是波导最重要的特性参数，电磁波能否在波导中传输，取决于信号波长是否低于截止波长。波导中可能产生许多高次模，一般仅希望传输一种模，不同模的截止波长是不同的，研究波导的截止波长对保证只传输所需模而抑制高次模有着极重要的作用。

由式(3-15)得
$$-\gamma^2 = k^2 - k_c^2$$

其中，$\gamma = \alpha + j\beta$ 是描述波沿波导轴向传播的传输常数，其意义与第2章中的 γ 相同。

设波导壁是理想导体，$\alpha = 0$，则传输常数变为
$$\gamma = j\beta \tag{3-25}$$

将式(3-25)代入(3-15)，得
$$\beta = \sqrt{\left(\frac{2\pi}{\lambda}\right)^2 - k_c^2} \tag{3-26}$$

讨论式(3-26)，可能有以下三种可能的结果：

(1) 当 $k_c^2 > k^2$ 时，β 为虚数，这时 γ 为实数，传播因子 $e^{-\gamma z}$ 是一个沿 z 衰减的因子。显然，β 为虚数时对应的不是沿 z 传输的波，或者说，这时波不能沿 z 向传播。

(2) 当 $k_c^2 < k^2$ 时，β 为实数，这时 γ 为虚数，传播因子 $e^{-\gamma z}$ 变为 $e^{-j\beta z}$，显然，这意味着是一个沿 z 传播的波。从物理意义上也可看出，相位常数 β 本身是实数，则传播一段距离相位必落后，这是波的传输特点。

(3) 当 $k_c^2 = k^2$ 时，$\beta = 0$，这是决定波能否在波导中传播的分界线。由此决定的频率为截止频率，用 f_c 表示，相应的波长为截止波长，用 λ_c 表示，即
$$\lambda_c = \frac{2\pi}{k_c} \tag{3-27}$$

将式(3-27)代入式(3-26)，得
$$\beta = \sqrt{\left(\frac{2\pi}{\lambda}\right)^2 - k_c^2} = \sqrt{\left(\frac{2\pi}{\lambda}\right)^2 - \left(\frac{2\pi}{\lambda_c}\right)^2} = \frac{2\pi}{\lambda}\sqrt{1 - \left(\frac{\lambda}{\lambda_c}\right)^2} \tag{3-28}$$

式中，λ 代表工作波长，λ_c 代表波导中某模式的截止波长。

式(3-28)表明，某模式波在波导中的传播条件是
$$\lambda < \lambda_c \quad \text{或} \quad f > f_c$$

因此，某个模式的波若能在波导中传播，则其工作波长小于该模式的截止波长，或工作频率大于该模式的截止频率。反之，在 $\lambda > \lambda_c$ 或 $f < f_c$ 时，此模式的电磁波不能沿波导传输，称为导波截止。

2. 相速度(波的速度)

相速度与第2章中定义的一样，为波型的等相位面沿波导纵向移动的速度。其表达式可由式(3-28)导出：
$$V_p = \frac{\omega}{\beta} = f\frac{\lambda}{\sqrt{1 - \left(\frac{\lambda}{\lambda_c}\right)^2}} = \frac{c}{\sqrt{1 - \left(\frac{\lambda}{\lambda_c}\right)^2}} \tag{3-29}$$

3. 波导波长

波导中某波型沿波导轴向相邻两个点相位面变化 2π(一个周期 T)的距离称为该波型的波导波长,以 λ_p 表示为

$$\lambda_p = \frac{V_p}{f} = \frac{\lambda}{\sqrt{1-\left(\frac{\lambda}{\lambda_c}\right)^2}} \quad (3-30)$$

4. 群速度

群速度的计算表达式为

$$V_g = \frac{d\omega}{d\beta} = c\sqrt{1-\left(\frac{\lambda}{\lambda_c}\right)^2} \quad (3-31)$$

5. 波阻抗

波导中的波型阻抗简称波阻抗,定义为该波形横向电场与横向磁场之比。

(1) 横电波的波阻抗 Z_{TE}:

$$Z_{TE} = \frac{|E_x|}{|H_y|} = \frac{\omega\mu}{\beta} = \frac{\eta}{\sqrt{1-\left(\frac{\lambda}{\lambda_c}\right)^2}} \quad (3-32)$$

(2) 横磁波的波阻抗 Z_{TM}:

$$Z_{TM} = \frac{|E_x|}{|H_y|} = \frac{\beta}{\omega\mu} = \eta\sqrt{1-\left(\frac{\lambda}{\lambda_c}\right)^2} \quad (3-33)$$

(3) 横电磁波的波阻抗 Z_{TEM}:

$$Z_{TEM} = \frac{E_x}{H_y} = \frac{\gamma}{j\omega\varepsilon} = \sqrt{\frac{\mu}{\varepsilon}} = \eta \quad (3-34)$$

3.3 矩形波导传输线及其传输特性

矩形波导是横截面为矩形的空心金属管,其轴线与 z 轴平行,如图 3-10 所示。a 和 b 分别是矩形波导内壁的宽边和窄边,管壁材料通常是铜、铝或其他金属材料。在微波技术中(微波通信、雷达、卫星通信等)矩形波导管是应用最多的一种波导管。

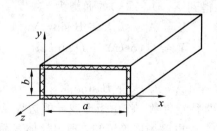

图 3-10 矩形波导结构图

因为矩形波导中只存在两种模式 TE 模、TM 模,场分析步骤如下:

(1) 建立 TM、TE 模的波动方程;

(2) 用分离变量法将偏微分方程变为两个独立的常微分方程,解常微分方程;

(3) 解出波导中场纵向分量 E_z 和 H_z 的表达式；

(4) 找出纵向场与横向场分量之间的关系；

(5) 解出各个横向场分量 E_x，E_y，H_x，H_y。

3.3.1 矩形波导中 TM、TE 波的场方程

1. TM 波的场分量求解

波导横截面上纵向分量 $E_z(x,y)$ 应满足波动方程：

$$\nabla_t^2 E_z(x,y) + k_c^2 E_z(x,y) = 0 \tag{3-35}$$

$$\left(\frac{\partial^2}{\partial x^2} + \frac{\partial^2}{\partial y^2}\right)E_z(x,y) + k_c^2 E_z(x,y) = 0 \tag{3-36}$$

分离变量，二维二阶偏微分方程变为两个常微分方程：

$$E_z(x,y) = X(x)Y(y) = XY \tag{3-37}$$

$$\left(\frac{\partial^2 E_z(x,y)}{\partial x^2} + \frac{\partial^2 E_z(x,y)}{\partial y^2}\right) + k_c^2 E_z(x,y)$$

$$= \frac{\partial^2 XY}{\partial^2 x} + \frac{\partial^2 XY}{\partial^2 y} + k_c^2 XY$$

$$= \frac{Y d^2 X}{d^2 x} + \frac{X d^2 Y}{d^2 y} + k_c^2 XY = 0 \tag{3-38}$$

等式两边同除以 XY，并移项整理，得

$$\frac{1}{X}\frac{d^2 X}{d^2 x} + \frac{1}{Y}\frac{d^2 Y}{d^2 y} = -k_c^2 \tag{3-39}$$

式(3-39)左边第一项 $\frac{1}{X}\frac{d^2 X}{d^2 x}$ 仅是 x 的函数，左边第二项 $\frac{1}{Y}\frac{d^2 Y}{d^2 y}$ 仅是 y 的函数。

要保证式(3-39)恒成立，由数学恒等条件可得

$$\frac{1}{X}\frac{d^2 X}{d^2 x} = -k_x^2 \tag{3-40a}$$

$$\frac{1}{Y}\frac{d^2 Y}{d^2 y} = -k_y^2 \tag{3-40b}$$

$$k_x^2 + k_y^2 = k_c^2 \tag{3-41}$$

式中，k_c 称为截止相位常数(波数)。

解标准二阶齐次方程，得到 $X(x)$、$Y(y)$ 的通解为

$$X = A\cos k_x X + B\sin k_x X \tag{3-42a}$$

$$Y = C\cos k_y Y + D\sin k_y Y \tag{3-42b}$$

因此，$E_z(x,y)$ 的通解为

$$E_z(X,Y) = XY = [A\cos k_x X + B\sin k_x X][C\cos k_y Y + D\sin k_y Y] \tag{3-43}$$

式中，A、B、C、D、k_x、k_y 是待定常数，将由矩形波导的边界条件决定。

利用边界条件确定常数，由电磁场理论可知，理想导体表面上的电场分量为零。

$$\begin{cases} x=0，从\ 0\leqslant y\leqslant b\ 处，E_z=0 \\ x=a，从\ 0\leqslant y\leqslant b\ 处，E_z=0 \\ y=0，从\ 0\leqslant x\leqslant a\ 处，E_z=0 \\ y=b，从\ 0\leqslant x\leqslant a\ 处，E_z=0 \end{cases}$$

将以上边界边界条件代入式(3-43),可得:$A=0$,$C=0$。

令 $B \times D = E_0$,矩形波导中 $E_z(x,y)$ 的表达式为

$$E_z(X,Y) = E_0 \sin\left(\frac{m\pi}{a}x\right) \sin\left(\frac{n\pi}{b}y\right) \tag{3-44}$$

式(3-44)中 $m \neq 0 (n \neq 0)$,如若 $m=0(n=0)$ 意味着 TM 波的所有场分量都为零,使 TM 波不存在。这里,m 和 n 是模式序号。

矩形波导中 TM 波的纵向电场 $E_z(x,y,z)$ 的表达式为

$$E_z(x,y,z) = E_0 \sin\left(\frac{m\pi}{a}x\right) \sin\left(\frac{n\pi}{b}y\right) e^{-\gamma z} \tag{3-45}$$

将式(3-45)代入式(3-24),得 TM 波其余场分量解的表达式为

$$\begin{cases} E_x(x,y,z) = -\frac{\gamma}{k_c^2} \frac{m\pi}{a} E_0 \cos\left(\frac{m\pi}{a}x\right) \sin\left(\frac{n\pi}{b}y\right) e^{-\gamma z} \\ E_y(x,y,z) = -\frac{\gamma}{k_c^2} \frac{n\pi}{b} E_0 \sin\left(\frac{m\pi}{a}x\right) \cos\left(\frac{n\pi}{b}y\right) e^{-\gamma z} \\ E_z(x,y,z) = E_0 \sin\left(\frac{m\pi}{a}x\right) \sin\left(\frac{n\pi}{b}y\right) e^{-\gamma z} \\ H_x(x,y,z) = \frac{j\omega\varepsilon}{k_c^2} \frac{n\pi}{b} E_0 \sin\left(\frac{m\pi}{a}x\right) \cos\left(\frac{n\pi}{b}y\right) e^{-\gamma z} \\ H_y(x,y,z) = -\frac{j\omega\varepsilon}{k_c^2} \frac{m\pi}{a} E_0 \cos\left(\frac{m\pi}{a}x\right) \sin\left(\frac{n\pi}{b}y\right) e^{-\gamma z} \\ H_z(x,y,z) = 0 \end{cases} \tag{3-46}$$

式(3-46)中,k_c 称为 TM 波的截止波数,即

$$k_c = \sqrt{k_x^2 + k_y^2} = \sqrt{\left(\frac{m\pi}{a}\right)^2 + \left(\frac{n\pi}{b}\right)^2} \tag{3-47}$$

显然,从式(3-47)可看出,k_c 与波导尺寸、传导波形有关。

关于波型(或模式)的概念。每一个 m、n 的值,就对应一组式(3-46)场分量的表达式,即在矩形波导中对应一种场结构,一种场结构称为一种波型或一种模式。m、n 分别表示沿 x 轴和 y 轴变化的半波个数,不同波形以 TM_{mn} 表示。TM_{11} 模式的结构如图 3-11 所示。

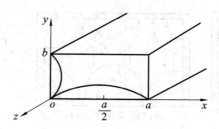

图 3-11 TM_{11} 模式的结构

m、n 均可取 $0 \sim \infty$ 内的正整数,TM_{mn} 有无穷多。当 $m=0$ 或 $n=0$ 时,由式(3-46)知,全部场强分量为零,故 TM_{00}、TM_{m0}、TM_{0n} 波均不存在。

由式(3-47)可知,截止波数 k_c 与 m、n 有关,即不同波形的 k_c 不同或截止波长不同,这意味着它们的传输参数也各不同。部分 TM 波的场结构如图 3-12 所示。

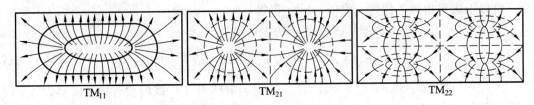

图 3-12　TM 波的场结构

2. TE 波的场分量表达式

TE 波的场分量求解过程类似于 TM 波的场分量求解，这里省略求解步骤，直接给出结果。

$$\begin{cases} E_x(x,y,z) = \dfrac{j\omega\mu}{k_c^2} \dfrac{n\pi}{b} H_0 \cos\left(\dfrac{m\pi}{a}x\right) \sin\left(\dfrac{n\pi}{b}y\right) e^{-\gamma z} \\ E_y(x,y,z) = -\dfrac{j\omega\mu}{k_c^2} \dfrac{m\pi}{a} H_0 \sin\left(\dfrac{m\pi}{a}x\right) \cos\left(\dfrac{n\pi}{b}y\right) e^{-\gamma z} \\ E_z(x,y,z) = 0 \\ H_x(x,y,z) = \dfrac{\gamma}{k_c^2} \dfrac{m\pi}{a} H_0 \sin\left(\dfrac{m\pi}{a}x\right) \cos\left(\dfrac{n\pi}{b}y\right) e^{-\gamma z} \\ H_y(x,y,z) = \dfrac{\gamma}{k_c^2} \dfrac{n\pi}{b} H_0 \cos\left(\dfrac{m\pi}{a}x\right) \sin\left(\dfrac{n\pi}{b}y\right) e^{-\gamma z} \\ H_z(x,y,z) = H_0 \cos\left(\dfrac{m\pi}{a}x\right) \cos\left(\dfrac{n\pi}{b}y\right) e^{-\gamma z} \end{cases}$$

TE 波和 TM 波一样，m、n 取值不同，电磁场结构就不同。不同波型用 TE_{mn} 表示，若 m、n 同时为零时，所有场强分量为零，故矩形波导中不存在 TE_{00} 波。TE_{m0}、TE_{0n} 和 TE_{mn} 波都能够在矩形波导中存在。

TE_{mn} 波中 m、n 的含义与 TM_{mn} 波类似，m、n 表明场强沿 x、y 方向变化的半波个数，即最大值的个数。每一组 m、n 值代表一个模式，各模式有独立的场分布。图 3-13 给出了部分 TE 波的场结构。

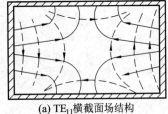
(a) TE_{11} 横截面场结构

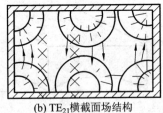
(b) TE_{21} 横截面场结构

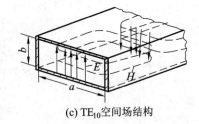
(c) TE_{10} 空间场结构

图 3-13　TE 波的场结构

3.3.2 矩形波导中电磁波的传输特性

1. 矩形波导中电磁波的传输特性

1）截止波长

不是任何模式的电磁波都能在波导中传播，当波导尺寸给定以后，只有工作频率高于某模式的截止频率(或工作波长低于某模式的截止波长),该模式才能在其中传播。

根据式(3-47)可得矩形波导中 TE_{mn} 和 TM_{mn} 模的截止波数均为

$$k_c = \sqrt{\left(\frac{m\pi}{a}\right)^2 + \left(\frac{n\pi}{b}\right)^2}$$

因此可得截止波长的计算表达式为

$$\lambda_{cTE_{mn}} = \lambda_{cTM_{mn}} = \frac{2\pi}{k_c} = \frac{2}{\sqrt{\left(\frac{m}{a}\right)^2 + \left(\frac{n}{b}\right)^2}} \quad (3-48)$$

根据波长与频率的关系 $\lambda = c/f$,可得截止频率的表达式为

$$f_c = \frac{c}{2}\sqrt{\left(\frac{m}{a}\right)^2 + \left(\frac{n}{b}\right)^2} \quad (3-49)$$

由式(3-48)可以看出,在矩形波导中,对于不同的模式,有不同的 m、n 取值,就有不同的截止波长,其中有一个最长的截止波长。下面进行讨论。

在 $a > 2b$ 条件下,当 $m=1$,$n=0$ 时(TE_{10} 模),其截止波长最长等于 $2a$,即

$$\lambda_c = \frac{2}{\sqrt{\left(\frac{1}{a}\right)^2 + \left(\frac{0}{b}\right)^2}} = 2a$$

TE_{10} 波称为主模或基模,又称低阶模。其他模式都为高次模。

根据式(3-48)可知,对于相同的 m 和 n,TE_{mn}、TM_{mn} 两种模式具有相同的截止波长。这意味着不同模式存在相同的截止波长,我们称这种现象为模式简并。尽管它们的场分布不同,但具有相同的传输特性。图 3-14 给出了(标准波导 BJ-32)波导在 $a=7.2$ cm 和 $b=3.4$ cm 时,各模式截止波长的分布图。其中 TE_{10} 模的 λ_c 值最大,称为主模或最低模,其余的统称为高次模。

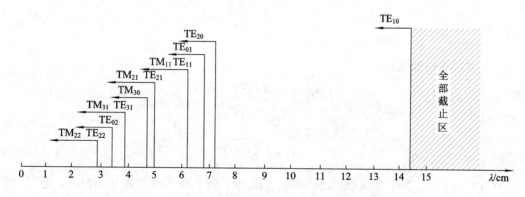

图 3-14 尺寸固定的波导各模式截止波长分布图

【例 3-1】 设某矩形波导的尺寸为 $a=7.2$ cm,$b=3.4$ cm,试求工作频率在 3 GHz 时,该波导能传输的模式。

解:因为工作频率 $f=3$ GHz,可得工作波长为

$$\lambda = \frac{c}{f} = \frac{3 \times 10^8}{3 \times 10^9} = 0.1 \text{ m} = 10 \text{ cm}$$

结合图 3-14 以及波的传输条件可得,只有 TE_{10} 模能够传输。

因此,对于一个截面尺寸已经给定的波导管,如果工作波长比较短,则会有 n 个模式

同时满足传输条件,导致这 n 个模式可以同时在一个波导管中传输,这种现象称为"多模传输"。

如果工作波长选得比较合适(或者在工作波长固定时,波导管的截面尺寸选得比较恰当),保证波导中只有主模能满足传输条件,这种现象我们称为"单模传输"。

在实际工程应用上多要求工作在单模传输状态,原因在于不同导模的传输速度不同,会导致同一信号到达接收端时出现时延差,或者说,产生了信号失真。因此,为了保证通信的质量,对通信系统来说,不希望出现多模传输。

实现单模传输的方法可借助图 3-14 进行分析,图中主模 TE_{10} 截止波长为 14.4 cm (即 $2a$),第一个高次模 TE_{20} 截止波长为 7.2 cm (即 a)。若只允许传输一种模(即 TE_{10} 模),在 $a>2b$ 条件下,则单模传输条件为

$$a < \lambda < 2a$$

2) 相速度 V_p 和波导波长 λ_p

矩形波导中的相速度 V_p 为

$$V_p = \frac{\omega}{\beta} = f\frac{\lambda}{\sqrt{1-\left(\frac{\lambda}{\lambda_c}\right)^2}} = \frac{c}{\sqrt{1-\left(\frac{\lambda}{\lambda_c}\right)^2}} \tag{3-50}$$

矩形波导的波导波长 λ_p 为

$$\lambda_p = \frac{\lambda}{\sqrt{1-\left(\frac{\lambda}{\lambda_c}\right)^2}} \tag{3-51}$$

3) 群速度

矩形波导中的群速度为

$$V_g = c\sqrt{1-\left(\frac{\lambda}{\lambda_c}\right)^2} \tag{3-52}$$

4) 波阻抗

矩形波导中的波阻抗为

$$Z_{TE} = \frac{120\pi}{\sqrt{1-\left(\frac{\lambda}{\lambda_c}\right)^2}} \tag{3-53}$$

$$Z_{TM} = 120\pi\sqrt{1-\left(\frac{\lambda}{\lambda_c}\right)^2} \tag{3-54}$$

在 TE_{mn}、TM_{mn} 模中应用最广泛的波是 TE_{10} 模,因该模式具有场结构简单、稳定、频带宽和损耗小等特点,所以工程上几乎毫无例外地应用 TE_{10} 模式。接下来重点讨论 TE_{10} 模式的场分布及其工作特性。

2. TE_{10} 模式的场分布及其工作特性

1) TE_{10} 模的场分布

将 $m=1$, $n=0$, $\lambda_{cTE_{10}}=2a$ 和 $k_c=\pi/a$ 代入推导公式,可得

$$E_y(x,y,z) = -\frac{j\omega\mu a}{\pi}H_0\sin\left(\frac{\pi}{a}x\right)e^{-\gamma z}$$

$$H_x(x,\ y,\ z) = \frac{\gamma a}{\pi} H_0 \sin\left(\frac{\pi}{a}x\right) e^{-\gamma z}$$

$$H_z(x,\ y,\ z) = H_0 \cos\left(\frac{\pi}{a}x\right) e^{-\gamma z}$$

$$H_y(x,\ y,\ z) = E_x(x,\ y,\ z) = E_z(x,\ y,\ z) = 0$$

TE_{10} 模的场结构图如图 3-15 所示。从图中可以看出，横向电场只有 E_y，沿 y 轴大小无变化，沿 x 轴呈正弦分布。

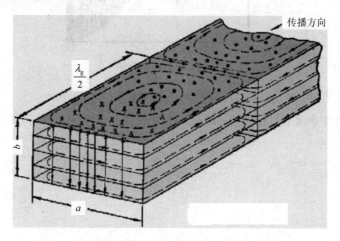

图 3-15　TE_{10} 模的场结构图

TE_{10} 模的场结构模型如图 3-16 所示，场结构仿真图如图 3-17 所示。TE_{10} 模的 H_z 波导横截面的振幅结构图如图 3-18 所示。从图中可以看出，H_z 沿纵向呈余弦分布，在横截面上沿 x 方向呈正弦分布；H_z 和 H_x 在波导纵截面上构成闭合的磁力线。

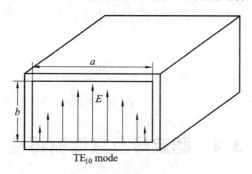

图 3-16　TE_{10} 模的场结构模型

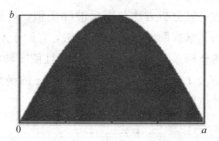

图 3-17　TE_{10} 模的场结构仿真图

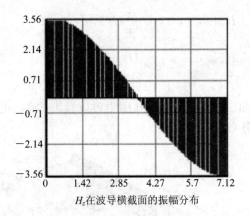

H_z 在波导横截面的振幅分布

图 3-18 TE$_{10}$ 模的 H_z 波导横截面的振幅结构图

2）TE$_{10}$ 模的波导波长、相速度、群速度和波阻抗

波导波长为

$$\lambda_p = \frac{\lambda}{\sqrt{1-\left(\frac{\lambda}{2a}\right)^2}}$$

相速度为

$$V_p = \frac{\omega}{\beta} = f\frac{\lambda}{\sqrt{1-\left(\frac{\lambda}{2a}\right)^2}} = \frac{c}{\sqrt{1-\left(\frac{\lambda}{2a}\right)^2}}$$

群速度为

$$V_g = c\sqrt{1-\left(\frac{\lambda}{2a}\right)^2}$$

波阻抗为

$$Z_{TE_{10}} = \frac{120\pi}{\sqrt{1-\left(\frac{\lambda}{2a}\right)^2}}$$

3.4 圆波导及其传输特性

规则金属波导除了矩形波导外，常用的还有圆波导，其结构如图 3-19 所示。圆波导也只能传输 TE 波和 TM 波，其分析方法与矩形波导类似。只是由于横截面形状不同，采用的是圆柱坐标系（$r、\theta、z$）。掌握圆波导的分析方法，有助于对光导纤维的分析和理解。

对于圆波导，利用圆柱坐标系 $r、\theta、z$ 最方便，并且使 z 轴与管轴一致。圆柱坐标下 $\boldsymbol{E}$ 和 $\boldsymbol{H}$ 的场分量为 $E_r、E_\theta、E_z、H_r、H_\theta、H_z$，都是 $r、\theta、z$ 的函数。

在圆柱坐标系中，拉普拉斯算子 ∇^2 的形式为

$$\nabla^2 = \frac{\partial^2}{\partial r^2} + \frac{1}{r}\frac{\partial}{\partial r} + \frac{1}{r^2}\frac{\partial^2}{\partial \theta^2} + \frac{\partial^2}{\partial z^2} \tag{3-55}$$

横向分量 $E_z(r,\theta)$ 和 $H_z(r,\theta)$ 也满足标量的亥姆霍兹方程，即

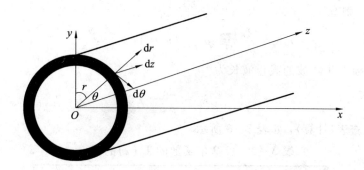

图 3-19 金属圆波导示意图

$$\frac{\partial^2 E_z}{\partial r^2} + \frac{1}{r}\frac{\partial E_z}{\partial r} + \frac{1}{r^2}\frac{\partial^2 E_z}{\partial \theta^2} + k_c^2 E_z = 0 \tag{3-56}$$

$$\frac{\partial^2 H_z}{\partial r^2} + \frac{1}{r}\frac{\partial H_z}{\partial r} + \frac{1}{r^2}\frac{\partial^2 H_z}{\partial \theta^2} + k_c^2 H_z = 0 \tag{3-57}$$

3.4.1 圆波导中 TM、TE 波的方程

1. TM 波($E_z \neq 0$, $H_z = 0$)

针对 TM 波有

$$E_z(r, \theta, z) = AE_z(r, \theta)\mathrm{e}^{-\gamma z} \neq 0$$

采用横向分离变量法，可得

$$E_z(r, \theta) = R(r)\Theta(\theta) \tag{3-58}$$

即 $E_z(r, \theta, z) = AR(r)\Theta(\theta)\mathrm{e}^{-\gamma z} \neq 0$。由式(3-56)可得 $E_z(r, \theta)$ 的横向标量亥姆霍兹方程，即

$$\Theta(\theta)\frac{\partial^2 R(r)}{\partial r^2} + \frac{\Theta(\theta)}{r}\frac{\partial R(r)}{\partial r} + \frac{R(r)}{r^2}\frac{\partial^2 \Theta(\theta)}{\partial \theta^2} + k_c^2 R(r)\Theta(\theta) = 0 \tag{3-59}$$

等式(3-59)两边同时除以 $\dfrac{r^2}{R(r)\Theta(\theta)}$，整理后得

$$\frac{r^2}{R}\frac{\mathrm{d}^2 R}{\mathrm{d}r^2} + \frac{r}{R}\frac{\mathrm{d}R}{\mathrm{d}r} + k_c^2 r^2 = -\frac{1}{\Theta}\frac{\mathrm{d}^2 \Theta}{\mathrm{d}\theta^2} = m^2 \tag{3-60}$$

式(3-60)左边仅是变量 r 的函数，右边仅是变量 θ 的函数。要保证等式恒成立，只能令该式等于同一个常数，假设该常数等于 m^2。则等式(3-60)可拆分成以下两个等式：

$$\begin{cases} \dfrac{\mathrm{d}^2 \Theta}{\mathrm{d}\theta^2} + m^2 \Theta = 0 \\ r^2 \dfrac{\mathrm{d}^2 R}{\mathrm{d}r^2} + r \dfrac{\mathrm{d}R}{\mathrm{d}r} + (k_c^2 r^2 - m^2)R = 0 \end{cases} \tag{3-61}$$

求解方程(3-61)，可得

$$\Theta(\theta) = A_1 \cos m\theta + A_2 \sin m\theta = A_m \cos(m\theta + \theta_0) \tag{3-62}$$

$$R(r) = A_3 \mathrm{J}_m(k_c r) + A_4 \mathrm{N}_m(k_c r) \tag{3-63}$$

式中，A_1、A_2、A_3、A_4 为任意常数，θ_0 为初相，$\mathrm{J}_m(k_c r)$、$\mathrm{N}_m(k_c r)$ 分别为 m 阶第一、二类贝塞尔函数。

根据边界条件以及 $\mathrm{N}_m(x)$ 曲线的特点，设第 m 阶第一类贝塞尔函数 $\mathrm{J}_m(k_c r)$ 的第 n 个

根为 $\mu_{mn} = k_c a$,则有

$$k_c a = \frac{2\pi}{\lambda_c} a = \mu_{mn} \quad (n = 1, 2, 3, \cdots)$$

进而可得圆波导中 TM 波的截止波长为

$$\lambda_c = \frac{2\pi a}{\mu_{mn}} \tag{3-64}$$

其中,μ_{mn} 值可查表(计算),如表 3-3 所示。

表 3-3 贝塞尔函数的 $J_m(x)$ 的根 μ_{mn}

n m	1	2	3	4
0	2.405	5.520	8.650	11.79
1	3.382	7.016	10.17	13.32
2	5.136	8.417	11.62	14.80
3	6.379	9.761	13.02	16.22

圆波导中 TM 波的截止波长决定于 m 阶第一类贝塞尔函数 $J_m(k_c a)$ n 个根的值,将 μ_{mn} 值代入式(3-64)计算,得到表 3-4 所示的一些 TM 波形的截止波长值。

表 3-4 TM 波的截止波长

波形	μ_{mn}	λ_c	波形	μ_{mn}	λ_c
TM$_{01}$	2.405	2.62a	TM$_{12}$	7.016	0.90a
TM$_{11}$	3.832	1.64a	TM$_{22}$	8.417	0.75a
TM$_{21}$	5.135	1.22a	TM$_{03}$	8.650	0.72a
TM$_{02}$	5.520	1.14a	TM$_{13}$	10.173	0.62a

TM 波所有的场分量表达式如下:

$$\begin{cases} E_r(r, \theta, z) = -\frac{\gamma}{k_c^2} E_0 J_m' \left(\frac{\mu_{mn}}{a} r\right) \begin{cases} \cos m\theta \\ \sin m\theta \end{cases} e^{-\gamma z} \\ E_\theta(r, \theta, z) = \frac{\gamma m}{k_c^2 r} E_0 J_m \left(\frac{\mu_{mn}}{a} r\right) \begin{cases} \sin m\theta \\ \cos m\theta \end{cases} e^{-\gamma z} \\ E_z(r, \theta, z) = E_0 J_m \left(\frac{\mu_{mn}}{a} r\right) \begin{cases} \cos m\theta \\ \sin m\theta \end{cases} e^{-\gamma z} \\ H_r(r, \theta, z) = -\frac{j\omega\varepsilon m}{k_c^2 r} E_0 J_m \left(\frac{\mu_{mn}}{a} r\right) \begin{cases} \sin m\theta \\ \cos m\theta \end{cases} e^{-\gamma z} \\ H_\theta(r, \theta, z) = -\frac{j\omega\varepsilon}{k_c^2} E_0 J_m' \left(\frac{\mu_{mn}}{a} r\right) \begin{cases} \cos m\theta \\ \sin m\theta \end{cases} e^{-\gamma z} \\ H_z(r, \theta, z) = 0 \end{cases} \tag{3-65}$$

由式(3-65)可知,圆波导中的 TM 模有无数多个,以 TM$_{mn}$ 模表示。对应于不同的 m 和 n 值,可以得到不同的波型。圆波导中不存在 TM$_{m0}$ 模,但存在 TM$_{0n}$ 模和 TM$_{mn}$ 模。

2. TE 波 ($H_z \neq 0$, $E_z = 0$)

TE 波的求解的方法与 TM 波的情况一样,步骤如下:

(1) 先求纵向分量 H_z;

(2) 然后利用麦克斯韦方程求场分量与纵向分量的关系;

(3) 最后求 TE 模式所有场分量。

这里只给出重要结论。

圆波导中 TE 波的截止波长为

$$\lambda_c = \frac{2\pi a}{v_{mn}} \tag{3-66}$$

式(3-66)中,v_{mn} 是 m 阶第一类贝塞尔函数的一阶导数 $J'_m(k_c a)=0$ 的第 n 个根。圆波导中 TE 波的截止波长决定于 m 阶第一类贝塞尔函数 $J'_m(k_c a)$ n 个根的值,将 v_{mn} 值代入式(3-66)计算,得到如表 3-5 所示的一些 TE 波形的截止波长值。

表 3-5 TE 波的截止波长

模式	v_{mn}	λ_c	模式	v_{mn}	λ_c
TE_{11}	1.841	3.41a	TE_{12}	5.332	1.18a
TE_{21}	3.054	2.06a	TE_{22}	6.705	0.94a
TE_{01}	3.832	1.64a	TE_{02}	7.016	0.90a
TE_{31}	4.201	1.50a	TE_{13}	8.536	0.74a

同理,求得圆波导中 TE 波所有场分量表达式如下:

$$\begin{cases} E_r(r, \theta, z) = j\frac{\omega \mu m}{k_c^2 r} H_0 J_m\left(\frac{v_{mn}}{a}r\right) \begin{Bmatrix} \sin m\theta \\ \cos m\theta \end{Bmatrix} e^{-\gamma z} \\ E_\theta(r, \theta, z) = j\frac{\omega \mu}{k_c^2 r} H_0 J'_m\left(\frac{v_{mn}}{a}r\right) \begin{Bmatrix} \cos m\theta \\ \sin m\theta \end{Bmatrix} e^{-\gamma z} \\ E_z(r, \theta, z) = 0 \\ H_r(r, \theta, z) = -\frac{\gamma}{k_c^2 r} H_0 J'_m\left(\frac{v_{mn}}{a}r\right) \begin{Bmatrix} \cos m\theta \\ \sin m\theta \end{Bmatrix} e^{-\gamma z} \\ H_\theta(r, \theta, z) = -\frac{\gamma M}{k_c^2 r} H_0 J_m\left(\frac{v_{mn}}{a}r\right) \begin{Bmatrix} \sin m\theta \\ \cos m\theta \end{Bmatrix} e^{-\gamma z} \\ H_z(r, \theta, z) = H_0 J_m\left(\frac{v_{mn}}{a}r\right) \begin{Bmatrix} \cos m\theta \\ \sin m\theta \end{Bmatrix} e^{-\gamma z} \end{cases}$$

3. 圆波导中 TM、TE 波的模式特点

(1) TM、TE 各场分量的表达式与 m、n 有关。m 是从零起的正整数,n 是从 1 开始的正整数,并且每一对 m、n 值都对应着某一种确定的场分布状态。

(2) 在圆波导中场分量的 m、n 值可以有无穷多,所以,可能存在无穷多个导模 TM_{mn}、TE_{mn}。

(3) TM_{m0}、TE_{m0} 不能在圆波导中存在,原因是 $n \neq 0$,否则将无意义。

3.4.2 圆波导中电磁波的传输特性

1. 截止波长

圆波导 TM_{mn}、TE_{mn} 波的截止波长为

$$\lambda_{cTM_{mn}} = \frac{2\pi a}{\mu_{mn}}, \quad \lambda_{cTE_{mn}} = \frac{2\pi a}{v_{mn}}$$

图 3-20 给出了一些圆波导中各模式用半径来表示的截止波长的分布图。从图可以看出，在所有模式中，TE_{11} 模的截止波长最长，为 $3.41a$，是圆波导中的最低次（主）模。

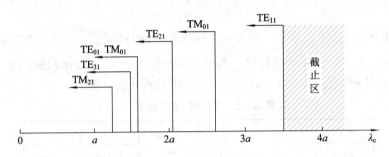

图 3-20 圆波导中各模式截止波长的分布图

根据图 3-20 可以得出圆波导中单模传输的条件：

$$2.62a < \lambda < 3.41a$$

2. 圆波导中的两种模式简并

(1) TM_{1n} 模与 TE_{0n} 模的场结构不同，但它们的截止波长却相同，称为简并波。它们在波导中出现的条件相同（要么同时出现，要么同时消失），就好像是一个模式一样，这就叫简并。

(2) 各场分量表达式中有 $\cos m\theta$ 和 $\sin m\theta$ 两部分，这两部分场分布模式中的 m、n 和场结构在形式是完全相同的，就好像是一个模式一样，只是极化面旋转 $90°$ 而已，所以这种情况也叫简并，并称为极化简并。因此，圆波导中除了不同模式间存在简并外，而且每种 TM_{mn} 或 TE_{mn} 模本身也都存在着这种简并现象。

3. 波导波长、相速度和群速度

因圆波导中这三个物理量的求解形式与矩形波导一致，因此，此处不再重复。

思考与练习题

1. 波导波长与工作波长有何区别？
2. 列举矩形波导的应用实例。
3. 列举圆波导的应用实例。
4. 已知一空气填充的矩形波导，其截面尺寸 $a=8$ cm，$b=4$ cm，试画出截止波长 λ_c 的分布图，同时说明工作频率 $f_1=3$ GHz 和 $f_2=5$ GHz 的电磁波在该波导中可以传输哪些模式？
5. 若将 3 cm 标准矩形波导 BJ-100 型（$a=22.86$ mm，$b=10.16$ mm）用来传输工作

波长 $\lambda_0 = 5$ cm 的电磁波，问是否可能实现？若换成 BJ-58 型（$a = 40.4$ mm，$b = 20.2$ mm）用来传输波长 $\lambda_0 = 3$ cm 的电磁波是否可行？会不会带来什么问题？

6. 假设有标准矩形波导 BJ-32 型，$a = 72.12$ mm，$b = 34.04$ mm。

（1）当工作波长 $\lambda = 6$ cm 时，该波导中可能传输哪些模式？

（2）设 $\lambda_0 = 10$ cm 并工作于主模条件下，求相位常数、波导波长、相速度、群速度以及波阻抗。

7. 已知在 BJ-100 型的矩形波导中传输频率 $f = 10$ GHz 的 TE_{10} 模式的电磁波。

（1）求截止波长、相速度、波导波长和波阻抗。

（2）若波导宽边 a 增大一倍，上述各量是如何变化的？

（3）若波导窄边 b 增大一倍，上述各量是如何变化的？

（4）若波导截面尺寸不变，工作频率变为 15 MHz，上述各量是如何变化的？

8. 已知一空气填充的矩形波导工作于 TE_{10} 模式，其工作频率为 10 MHz，已经测到波导波长大小为 4 cm，求：

（1）截止频率和截止波长的大小。

（2）相速度、群速度和波阻抗大小。

9. 已知有一空气填充的矩形波导，$b < a < 2b$，为确保在单模传输的前提下，TE_{10} 模工作在 3 GHz，若要求工作频率至少高于主模（TE_{10} 模）截止频率的 20% 且至少低于次主模截止频率的 20%，试设计该波导的截面尺寸 a 和 b。

10. 假设有空气填充的内直径为 5 cm 的圆形波导，求 TE_{11} 和 TE_{01} 模式的截止波长。

第 4 章　光纤传输原理

光纤传输，即以光信号作为信息载体，光导纤维作为传输媒介进行信息传输的通信方式，属于有线通信的一种。光纤通信系统可以传送数字信号也可传送模拟信号，传送的信息有语音、图像、数据和多媒体业务。光纤传输一般使用光缆进行传输，最新数据显示，单根光导纤维的数据传输速率最高可达每秒太比特量级，在不使用中继器的情况下，传输距离可达上千公里。光纤通信有着无可比拟的优越性，具有传输容量大、保密性好、抗干扰能力强、损耗小等一系列优点，是目前通信网络中最主要的传输技术。

本章结合光纤通信系统的基本单元，重点介绍光纤的导光原理以及实现高速大容量的光传输技术。

4.1　光纤通信系统的构成

4.1.1　光纤通信系统模型

光纤通信系统由光发送机、光接收机、光中继器、光纤连接器及耦合器等五个部分组成。目前，实用的光纤通信系统一般采用的是数字编码、强度调制/直接检测(IM/DD)的光纤通信系统，如图 4-1 所示。

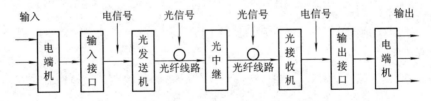

图 4-1　光纤通信系统组成

电端机就是一般的电信号设备，例如载波机或电视图像发送与接收设备等。光纤通信系统中将来自信息源的信号传送至光发送机，光发送机将光源通过电信号调制成光信号，输入光纤传输至远方；对于长距离的光纤通信系统还需中继器，其作用是将经过长距离传输衰减和畸变后的微弱光信号进行放大，对失真的脉冲波形进行整形、校正，生成一定强度的光信号，继续向前方传输，以保证良好的通信质量；光接收机内有光检测器将来自光纤的光信号还原成电信号，经放大、整形、再生后恢复还原输出，这就是整个光纤通信的过程。

光纤通信系统中各部分的功能作用如下。

1. 光发送机

光发送机是实现电/光信号转换的光端机,它由光源、驱动器和调制器组成。其功能是将来自于信号源(视频、音频或射频)的电信号对光源发出的光波进行调制,成为已调光波,然后再将已调的光信号耦合到光纤中传输。

目前,光纤传输链路均采用半导体发光二极管(LED)或半导体激光器(LD)作为光源,因为这两种光源可以简单地按需要的传输速率改变其偏置电流以实现对输出光的调制,从而获得所需光信号。光发送机的输入电流信号既可以是模拟信号也可以是数字信号。一般铺设好光缆以后,光源应有与光纤纤芯相匹配的尺寸,以便于将光功率注入光纤,减小耦合损耗。图4-2给出了半导体发光二极管(LED)和半导体激光器(LD)的实例。

(a) 半导体发光二极管(LED)　　　　　(b) 半导体激光器(LD)

图4-2　光源实例图

2. 光接收机

光接收机是实现光/电转换的光端机,它由光检测器和光放大器组成。其功能是将光纤或光缆传输来的光信号,经光检测器转变为电信号(视频、音频或射频),然后,再将这微弱的电信号经放大电路放大到足够的电平,送至用户接收端。目前光纤传输系统中的光电检测器主要有PIN光电二极管和APD雪崩光电二极管。

光接收机设计从本质上要比光发送机更为复杂,这是因为该设备必须处理由光检测器收到的极微弱并有所损失的信号。光接收机最主要的指标参数是接收灵敏度,即在设计数据速率上满足数字系统给定的误码率指标或模拟系统给定的信噪比指标条件的最小接收光功率。

3. 光纤或光缆

在实际的通信信道中,是把光纤制成光缆,在工程上,使其组成光的传输通路。其功能是将发送端发出的已调光信号,经过光纤或光缆的远距离传输后,耦合到接收端的光检测器上去,完成传送信息的任务。与铜缆类似,光缆可以架空铺设,也可以铺设在管道内、铺设于海底或直埋于地下,如图4-3所示。由于铺设和制造的原因,单盘光缆的长度一般从几百米到数千米。线轴的尺寸和重量决定了单盘光缆的长度,较短的光缆适用于管道铺设,较长的光缆则适用于架空、直埋或铺设于海底。利用熔接技术,可以将不同的光缆段连接成连续的长途线路。对于海底铺设,光纤的熔接和中继器安装是在特别设计的铺缆船的甲板上完成的。

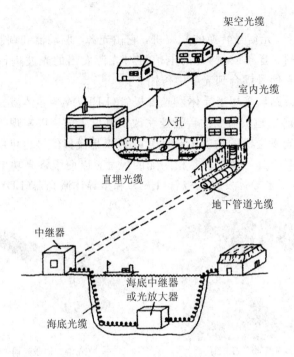

图 4-3　光缆的铺设图

4. 中继器

中继器由光检测器、光源和判决再生电路组成。它的作用有两个：一个是补偿光信号在光纤中传输时受到的衰减；另一个是对波形失真的脉冲进行校正。

5. 光纤连接器、耦合器等无源器件

由于光纤或光缆的长度受光纤拉制工艺和光缆施工条件的限制，且光纤的拉制长度也是有限度的，因此一条光纤线路可能存在多根光纤相连接的问题。于是，光纤间的连接、光纤与光端机的使用连接及耦合，对光纤连接器、耦合器等无源器件的使用是必不可少的。

4.1.2　光纤导光原理

光纤的导光原理即光纤的传输原理，分析光纤传输的理论方法主要有两种，即射线理论和波动理论。其中，波动理论分析光波在阶跃折射率光纤中传播的模式特性的结果比较精确，但分析方法比较复杂；射线理论是一种近似的分析方法，但简单直观，对定性理解光的传播现象很有效，而且对光纤半径远大于光波长的多模光纤能提供很好的近似。这里先用射线理论对光纤导光原理作一些分析，并介绍一些基本的概念，然后再以波动理论进一步讨论光纤的传输原理。

1. 光纤的基本结构

光纤的基本结构主要由以下几部分组成：折射率（n_1）较高的纤芯部分、折射率（n_2）较低的包层部分以及表面涂覆层，如图 4-4 所示。为保护光纤，在涂覆层外有二次涂覆层（又称塑料套管）。按照纤芯和包层的折射率差异，光纤又可以分为阶跃型光纤和渐变型光纤。

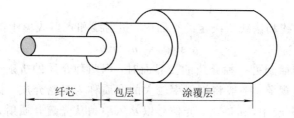

图 4-4 光纤基本结构

阶跃型光纤纤芯和包层的折射率均为一固定值,而纤芯与包层的交界面处是突变的,阶跃型光纤横截面折射率分布如图 4-5(a)所示。

渐变型光纤纤芯折射率沿半径方向是连续变化的,轴芯处折射率最大,随半径 r 的增大,折射率逐渐减小,直至等于包层折射率,渐变型光纤横截面折射率分布如图 4-5(b)所示。

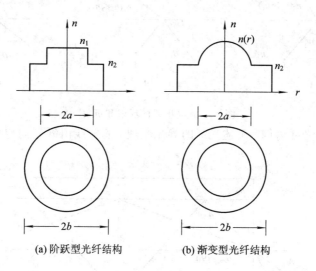

(a) 阶跃型光纤结构　　　(b) 渐变型光纤结构

图 4-5 两种光纤结构

2. 射线理论分析法

射线理论分析法主要是利用基本的光学定律。

1) 直线传播定律

光在均匀介质中是沿直线传播的,其传播速度为 $v=c/n$,其中:$c=3\times10^5$ km/s,是光在真空中的传播速度;n 是介质的折射率(空气的折射率为 1.00027,近似为 1;玻璃的折射率为 1.45 左右)。

【例 4-1】 已知光从空气照射玻璃并从其中穿过,问光在玻璃中的传播速度是多少?

解:取光对玻璃的折射率 $n=1.45$,得到光在玻璃中的传播速度为

$$v = c/n = 3\times 10^8/1.45 = 2.07\times 10^8 \text{ m/s}$$

2) 反射定律

反射线位于入射线和法线所决定的平面内,反射线和入射线处于法线的两侧,如图 4-6(a)所示,反射角等于入射角,即

$$\theta_1 = \theta_1' \tag{4-1}$$

3) 折射定律

折射线位于入射线和法线所决定的平面内,折射线和入射线位于法线的两侧,且满足

$$n_1 \sin\theta_1 = n_2 \sin\theta_2 \tag{4-2}$$

光从一种介质传播到另一种介质的交界面时,因两种介质的折射率不同,将会在交界面上发生折射和反射现象。一般将折射率较大的介质称为光密介质,折射率较小的介质称为光疏介质。图 4-6(a)中,$n_2 > n_1$,光信号以 θ_1 入射角从光疏介质射入光密介质时,将会发生折射和反射现象,并且折射角 θ_2 小于入射角 θ_1;当光线从光密介质射入光疏介质时,如图 4-6(b)所示,此时折射角 θ_2 大于入射角 θ_1;当 $\theta_2 = 90°$ 时,此时的入射角等于临界角即 $\theta_1 = \theta_c$,根据折射定律可以得出临界角 $\theta_c = \arcsin(n_2/n_1)$,只要入射角大于临界角,就会产生全反射现象,如图 4-6(c)所示。

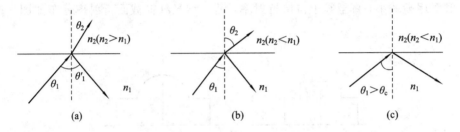

图 4-6 光射线的反射和折射

下面以阶跃型光纤为例,阐述光纤的导光原理。光射线由纤芯向包层入射的全反射现象如图 4-7 所示。

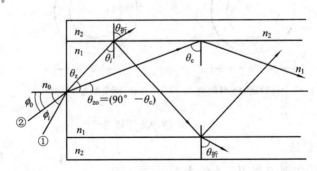

图 4-7 阶跃型光纤的导光原理

图 4-7 中 $n_0 = 1$,为空气折射率,n_1 为纤芯折射率,n_2 为包层折射率,满足 $n_1 > n_2$。当光线①以 φ_i 从空气入射到光纤端面时,将有一部分光信号进入光纤,由折射定律可知 $n_0 \sin\varphi_i = n_1 \sin\theta_z$。光线继续以 $\theta_z = 90° - \theta_i$ 的角度传播到纤芯和包层的交界面处,此时 θ_i 如果小于纤芯包层临界角 θ_c,将会有一部分光线从包层折射出去产生能量损失,另一部分光线反射进入纤芯。几经反射、折射,光信号能量将很快被损耗掉。为不使光线进入包层中产生折射而产生能量损耗,必须使光线在纤芯包层分界面处产生全反射,即保证 $\theta_i > \theta_c$,如光线②所示,减小 φ_i 至 φ_0,折射角 θ_z 也将随之减小至 $\theta_z = 90° - \theta_i$,而 θ_i 将增大。当 θ_i 增大到略大于临界角 θ_c 时,此时进入光纤的光线就能在纤芯包层的交界面处形成全反射,光信号全部被束缚在纤芯内传输。

只要从光纤端面入射的光射线的入射角 $\varphi_i \leqslant \varphi_0$,就能在纤芯中形成全反射传输。$\varphi_0$ 为光纤端面的最大入射角,$2\varphi_0$ 为光纤对光的最大可接收角。

定义光纤数值孔径(NA)为

$$\mathrm{NA} = n_0 \sin\varphi_0 = \sqrt{n_1^2 - n_2^2} \approx n_1 \sqrt{2\Delta} \tag{4-3}$$

式中,$\Delta = (n_1 - n_2)/n_1$。

【例 4-2】 已知光纤纤芯的折射率 $n_1 = 1.48$、包层的折射率 $n_2 = 1.46$ 的光纤,问其数值孔径是多少?

解:$\mathrm{NA} = \sqrt{n_1^2 - n_2^2} = \sqrt{1.48^2 - 1.46^2} = 0.2425$

NA 表征了光纤收集和传输光的能力,NA 越大,表示光纤的集光能力越强,光源与光纤之间的耦合效率越高。同时,NA 越大,光纤对入射光的束缚越强,光纤的抗弯曲特性越好,但是,NA 太大时,进入光纤中的光线太多,此时将会引入色散,进而限制光纤通信系统的传输容量,所以 NA 值并不是越大越好。通常 NA 较小的光纤称为弱导光纤,通信系统中用的光纤即弱导光纤。

3. 波动理论分析法

射线理论虽然形象地给出了光纤中光的导光原理,但其是假定光波长趋于 0 的近似分析方法,只能得出光波的近似传播轨迹,无法对光信号在光纤中的传输状态进行严格的定量分析,因此,需要引入波动光学理论分析法。下面以阶跃型光纤为例进行分析。

对于作时谐振荡的光波,在阶跃型光纤中满足波动方程,即

$$\nabla^2 \boldsymbol{H} + k^2 \boldsymbol{H} = \boldsymbol{0} \quad \nabla^2 \boldsymbol{E} + k^2 \boldsymbol{E} = \boldsymbol{0} \tag{4-4}$$

式中,$\boldsymbol{E}$ 和 $\boldsymbol{H}$ 分别是电场强度矢量和磁场强度矢量,$k = \omega\sqrt{\mu\varepsilon}$ 为波数,ω 为角频率,μ 为介电常数,ε 为磁导率。

根据特定的初始条件和边界条件,方程的每一组解即对应着电磁波在光纤中的特定传播形式(即模式)。用求解波动方程的方法考察光信号在光纤中具体的传播和存在形式,即求解 E_r、E_θ、E_z、H_r、H_θ、H_z 共六个变量。考虑光纤外形是圆柱形,因此需要在圆柱坐标系中求解。由于波动方程只有两个方程,因此需要进行必要的矢量变换,将四个横向分量 E_r、E_θ、H_r、H_θ 分别用 E_z、H_z 表示,在圆柱坐标系下展开,有

$$E_\theta = -\frac{\mathrm{j}}{K^2} \left(\frac{\beta}{r} \frac{\partial E_z}{\partial \theta} - \omega\mu \cdot \frac{\partial H_z}{\partial r} \right) \tag{4-5}$$

$$E_r = -\frac{\mathrm{j}}{K^2} \left(\beta \frac{\partial E_z}{\partial r} + \omega\mu \frac{1}{r} \cdot \frac{\partial H_z}{\partial \theta} \right) \tag{4-6}$$

$$H_r = -\frac{\mathrm{j}}{K^2} \left(\beta \frac{\partial H_z}{\partial r} - \omega\mu \frac{1}{r} \cdot \frac{\partial E_z}{\partial \theta} \right) \tag{4-7}$$

$$H_\theta = -\frac{\mathrm{j}}{K^2} \left(\frac{\beta}{r} \frac{\partial H_z}{\partial \theta} + \omega\mu \cdot \frac{\partial E_z}{\partial r} \right) \tag{4-8}$$

式中,$K^2 = k^2 - \beta^2$,β 为传输常数。待求解的波动方程可表示为

$$\frac{\partial^2 E_z}{\partial r^2} + \frac{1}{r} \frac{\partial E_z}{\partial r} + \frac{1}{r^2} \frac{\partial^2 E_z}{\partial \theta^2} + K^2 E_z = 0 \tag{4-9}$$

$$\frac{\partial^2 H_z}{\partial r^2} + \frac{1}{r} \frac{\partial H_z}{\partial r} + \frac{1}{r^2} \frac{\partial^2 H_z}{\partial \theta^2} + K^2 H_z = 0 \tag{4-10}$$

根据式(4-9)、(4-10)可以求得光纤中任一处的 E_z 和 H_z，再分别代入式(4-5)～(4-8)，便可以得到光纤中的完整电磁场分布。

运用分离变量法求解式(4-9)、式(4-10)所示的波动方程，经过一系列的数学处理可得

$$\frac{d^2 E_z}{dr^2} + \frac{1}{r}\frac{dE_z}{dr} + \left(n^2 k_0^2 - \beta^2 - \frac{m^2}{r^2}\right)E_z = 0 \tag{4-11}$$

$$\frac{d^2 H_z}{dr^2} + \frac{1}{r}\frac{dH_z}{dr} + \left(n^2 k_0^2 - \beta^2 - \frac{m^2}{r^2}\right)H_z = 0 \tag{4-12}$$

式(4-11)、式(4-12)均为贝塞尔方程。其中，m 是贝塞尔函数的阶数，表示纤芯沿 θ 绕一圈场变化的周期数。

对于贝塞尔方程的求解，有多种形式，取什么样的解要根据物理意义来确定。导波在光纤纤芯中应为振荡解，场的能量沿 z 轴方向传输；在包层中应是衰减解，理想情况下包层中应该没有场的存在。由于波动方程中各系数都是待定的，因此波动方程的求解可能得到很多组解，每一组解都对应一组光纤中存在的传输场模式。下面根据贝塞尔方程解的存在条件，对可能的解进行分类。

当 $m=0$ 时，可以得到两组独立的分量，一组是横电波(TE)，即 z 轴方向上只有 H 分量；一组是横磁波(TM)，即 z 轴方向上只有 E 分量。

当 $m>0$ 时，z 轴方向既有 E_z 分量又有 H_z 分量，称之为混合模。

显然，作为传输媒介的光纤应该对其中传输的模式数量有要求，根据光纤中传输光波模式数量，光纤又可以分为单模光纤和多模光纤。通信系统中使用的光纤类型多为单模光纤，即只有唯一的一个模式光波携带信息在光纤中传输。

经过上述分析，模式存在条件总结如下：

(1) 对每一个传播模来说，应该仅能存在纤芯中，而在包层中衰减无穷大，即不能在包层中存在，场的全部能量都沿光纤轴线方向传输。如果某一个模式在包层中没有衰减，称该模式被截止。

(2) 不同的模式具有不同的模截止条件，满足该条件时能以传播模形式在纤芯中传输，否则该模式被截止。

(3) 在所有的模式中，仅有 LP_{01} 模不存在模截止条件，即截止频率为 0。也就是说，当其他所有模式均截止时该模式仍能传输，称 LP_{01} 模为基模。光纤中单模传输的条件为

$$0 < V < 2.405 \tag{4-13}$$

式中，$V = \dfrac{2\pi a}{\lambda}\sqrt{n_1^2 - n_2^2} = \dfrac{2\pi a n_1 \sqrt{2\Delta}}{\lambda}$。

【例 4-3】 阶跃型光纤的相对折射指数差 $\Delta = 0.01$，纤芯折射率 $n_1 = 1.48$，纤芯半径 $a = 3\ \mu m$，要保证单模传输，问工作波长应如何选择？

解：单模传输条件是 $0 < V < 2.405$，即

$$0 < \frac{2\pi a n_1 \sqrt{2\Delta}}{\lambda} < 2.405$$

解得

$$\lambda > 1.64\ \mu m$$

综上，对于工作波长 $\lambda > 1.64\ \mu m$ 的光波可以保证在该光纤中单模传输。

4.1.3 光纤传输特性

光纤中的光信号经过一定距离传输后会产生劣化，主要表现为光脉冲幅度的减小及波形失真(展宽)，继而引起码间干扰等现象并影响系统性能。产生该现象的原因是光纤中存在损耗、色散和非线性效应等因素，其中损耗和色散是光纤最重要的传输特性。它们限制了光纤通信系统的传输距离和传输容量。下面主要讨论影响光纤传输性能的参数及其产生机理。

1. 损耗特性

光纤的损耗将导致传输信号的衰减，所以又把光纤的损耗称为衰减。在光纤通信系统中，当入纤的光功率和接收灵敏度给定时，光纤的损耗将是限制无中继传输距离的重要因素。

当工作波长为 λ 时，L 公里长光纤的衰减 $A(\lambda)$ 及光纤每公里衰减 $\alpha(\lambda)$ 可用下式表示：

$$A(\lambda) = 10\ \lg \frac{P_i}{P_o}\ dB \tag{4-14}$$

$$\alpha(\lambda) = \frac{10}{L}\ \lg \frac{P_i}{P_o}\ dB/km \tag{4-15}$$

式中，P_i、P_o 分别为光纤的输入、输出光功率，单位 W；L 为光纤长度，单位 km。

【例 4-4】 如果发射机的发射功率为 1 mW，接收机的灵敏度为 1 μW，计算衰减系数为 0.2 dB/km 的光纤链路的最大传输距离。

解：由于 P_o 的最小值是由接收机的灵敏度来决定的，因此 $P_o = 50\ \mu W$。由式(4-15)得

$$L = \frac{10}{\alpha(\lambda)} \cdot \lg \frac{P_i}{P_o} = \frac{10}{0.2}\ \lg 1000 = 150\ km$$

光纤损耗是决定光纤通信系统中继距离的主要因素之一。造成光纤损耗的原因很多，主要有吸收损耗、散射损耗和附加损耗。吸收损耗与光纤材料有关，散射损耗与光纤材料及光纤中的结构缺陷有关，附加损耗则是光纤使用时所引入的传输损耗。

1) 吸收损耗

吸收损耗是光波通过光纤材料时，有一部分光能变成热能，造成光功率的损失。造成吸收损耗的原因很多，但都与光纤材料有关，下面主要介绍本征吸收和杂质吸收。

本征吸收是由材料中的固有吸收引起的。物质中存在着紫外光区域光谱的吸收和红外光区域光谱的吸收，吸收损耗与光波长有关。紫外吸收带是由于原子跃迁引起的。红外吸收带是由分子振动引起的。对于本征吸收，这一部分损耗是无法避免的，它决定了光纤的损耗极限。

材料杂质吸收主要原因在于光纤材料中含有一定的掺杂剂(如锗 Ge、硼 B、磷 P 等)和跃迁金属杂质(如铁 Fe、铜 Cu、铬 Cr 等)，它们有各自的吸收峰和吸收带，并随它们的价态不同而不同。由跃迁金属离子吸收引起的光纤损耗取决于它们的浓度。另外，OH^- 存在也产生吸收损耗，OH^- 的基本吸收极峰在 $2.7\ \mu m$ 附近，吸收带在 $0.5 \sim 1.0\ \mu m$ 范围。对于纯石英光纤，杂质引起的损耗影响可以不考虑。材料杂质吸收所引起的这一部分损耗可

以由以下两种方法解决：一是通过光纤材料化学提纯，比如达到 99.9999999% 的纯度；二是通过制造工艺上的改进，如避免使用氢氧焰加热（汽相轴向沉积法）等方法解决。

2) 散射损耗

散射损耗是由于材料的不均匀及缺陷（如气泡、杂质、折射率分布不均匀等）使光散射将光能辐射出光纤外导致的损耗。产生散射损耗的原因主要有两种：一种是材料固有散射，即本征散射；另一种是制作工艺不完善引起的光波导结构散射。

本征散射是材料散射中最重要的散射，其损耗功率与传播模式的功率成线性关系。它是由于材料原子或分子以及材料结构的不均匀性，使得材料的折射率产生微观的不均匀性而引起传输光波的散射。这种散射是材料固有的，不能消除，是光纤损耗的最低极限，瑞利散射即属于这一类。瑞利散射损耗与波长四次方成反比，在长波长上工作时，光纤的损耗可大大减小。

波导结构散射损耗是在光纤制造过程中，由于结构缺陷（如光纤中的气泡、光纤芯径不均匀、未发生反应的原材料以及纤芯和包层交界处粗糙等）所产生的，这种损耗与光波长无关。在光纤制造中，为了改变玻璃的折射率，需要掺杂某种氧化物，当氧化物浓度不均匀或起伏时就会引起这种散射。图 4-8 给出了一个典型的光纤损耗——波长特性曲线。

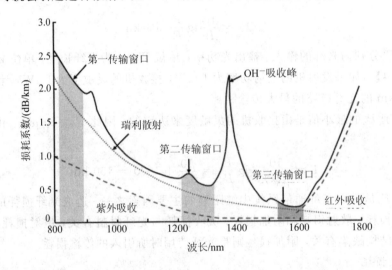

图 4-8 光纤损耗窗口

3) 附加损耗

附加损耗是指光纤使用过程中所引入的传输损耗，包括成缆、施工安装和使用运行中使光纤扭曲、侧压等造成光纤宏弯和微弯所形成的损耗等。当光纤受到某种外力作用时，会产生一定曲率半径的弯曲。弯曲后的光纤虽然可以传光，但会使光的传播途径改变，一些传输模变为辐射模，引起能量的泄漏。光纤受力弯曲有两类：一类是曲率半径比光纤直径大得多的弯曲，称为宏弯，例如当光缆拐弯时，就会产生这样的弯曲；另一类是光缆成缆时产生的随机性弯曲，称为微弯。微弯引起的附加损耗一般很小。当弯曲程度加大，曲率半径减小时，损耗将随之增大。不管是宏弯还是微弯，最终的结果都是光纤内部的全反射环境被破坏，导致光能量的泄露，如图 4-9 所示。

用户为了减少宏弯和微弯所能做的工作就是确保尽量小心地使用光纤，尤其是那些外

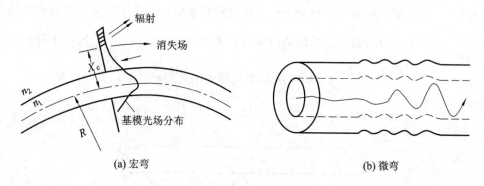

(a) 宏弯　　　　　　　　　　　(b) 微弯

图 4-9　弯曲损耗

层很薄的带状光纤（Ribbon Fiber），要随时牢记光纤是非常脆弱的介质。机械和环境的压力会改变光纤的光特性，导致传输信号的恶化。

2. 色散特性

在物理学中，色散是指不同颜色的光经过透明介质后被分散开的现象。光纤色散是指引起传输光信号畸变的现象。

在光纤中，传输的光信号可能包括不同的频率成分和模式成分，这些包含不同频率或不同模式成分的光脉冲在光纤中传输的速度不同，从而产生时延差并引起光脉冲形状的变化，这种现象统称为色散，如图 4-10 所示。色散是导致光纤中传输信号畸变的主要性能参数，会使光脉冲随着传输距离延长而出现展宽现象，进一步产生码间干扰（ISI），继而增加系统的误码率。因此，色散一方面限制了光纤通信系统的传输距离，另一方面由于高速率系统对于色散更加敏感，因而色散也限制了光纤通信系统的传输容量。色散和带宽是从不同的角度来描述光纤的同一特性的。

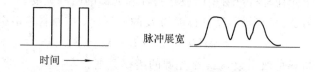

图 4-10　色散示意图

根据色散产生的原因，光纤的色散主要分为：模式色散、材料色散、波导色散和偏振模色散。

1）模式色散

模式色散是由于光纤不同模式在同一波长下传播速度不同，使传播时延不同而产生的色散。只有多模光纤才存在模式色散，它主要取决于光纤的折射率分布。多模光纤中的每一个模式的能量都以略有差别的速度传播（模间色散），因此导致光脉冲在长距离光纤中传播时被展宽（脉冲展宽）。

下面以阶跃型多模光纤为例，对其最大模式色散进行估算。在阶跃型光纤中，当光线端面的入射角小于端面临界角时，将在纤芯中形成全反射。若每条光线代表一种模式，则不同入射角的光线代表不同的模式，不同入射角的光线，在光纤中的传播路径不同，而由于纤芯折射率均匀分布，纤芯中不同路径的光线的传播速度相同，因此不同路径的光线到达输出端的时延不同，从而产生脉冲展宽，形成模式色散。

图 4-11 中，沿光纤轴线传播的光线①传播路径最短，经过长度为 L 的光纤传播时延 t_1 最小，$t_1 = \dfrac{Ln_1}{c}$；光纤中路径最长的是以端面临界角入射的光线②，它所产生的时延 t_2 是最大时延，$t_2 = \dfrac{L/\sin\theta_c}{c/n_1} = \dfrac{Ln_1}{c\sin\theta_c}$。所以阶跃型光纤中不同的模式的最大时延差 Δt 为

$$\Delta t = t_2 - t_1 = \frac{Ln_1}{c\sin\theta_c} - \frac{Ln_1}{c} = \frac{Ln_1}{c}\left(\frac{n_1}{n_2} - 1\right) \approx \frac{Ln_1\Delta}{c} \quad (4-16)$$

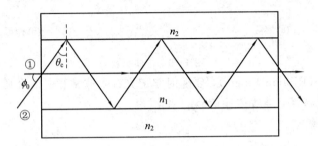

图 4-11 多模阶跃光纤的模式色散

可以看出最大时延差与 Δ 成正比，使用弱导光纤（n_1 和 n_2 相差很小，$\Delta \approx (n_1 - n_2)/n_1$）有助于减少模式色散。根据式(4-16)可知：当光纤的长度越长时，模式色散就越大；当相对折射率差 Δ 越大时，模式色散就越严重。

2) 材料色散

材料色散是由于光纤的折射率随波长变化而使模式内不同波长的光时间延迟不同产生的色散。不同频率的光在光纤中的速度不同。而所有光源发射的光都具有一定的带宽，因此一个被传输的短脉冲会扩展开来。

材料色散取决于光纤材料折射率的波长特性和光源的谱线宽度。

对于谱线宽度为 $\Delta\lambda$ 的光波，经过长度为 L 的光纤后，由材料色散引起的时延差为

$$\Delta t = D(\lambda) \cdot L \cdot \Delta\lambda \quad (4-17)$$

式中，$D(\lambda)$ 是光纤材料色散系数，$\Delta\lambda$ 是光源的谱线宽度。

【例 4-5】 某光纤的材料色散系数 $D(\lambda) = 3.5 \text{ ps/(nm·km)}$，其谱线宽度 $\Delta\lambda = 4 \text{ nm}$，试求该光传输 1 km 之后的材料色散。（注：$1 \text{ ps} = 10^{-12} \text{ s}$）

解：由式(4-17)得

$$\Delta t = D(\lambda) \cdot L \cdot \Delta\lambda = 3.5 \times 4 \times 1 = 14 \text{ ps}$$

3) 波导色散

波导色散是由于波导结构参数与波长有关而产生的色散（同一模式的光，其传播常数 β 随 λ 变化而引起的色散），取决于波导尺寸和纤芯包层的相对折射率差。

波导色散和材料色散都是模式的本身色散，也称模内色散。对于多模光纤，既有模式色散，又有模内色散，但主要以模式色散为主。而单模光纤不存在模式色散，只有材料色散和波导色散，由于波导色散比材料色散小很多，通常可以忽略。波导色散系数 $D(\lambda)$ 表示如下：

$$D(\lambda) = -\frac{\lambda}{\pi c}\frac{\mathrm{d}\beta}{\mathrm{d}\lambda} - \frac{\lambda^2}{2\pi c} \cdot \frac{\mathrm{d}^2\beta}{\mathrm{d}\lambda^2} \quad (4-18)$$

式中，$D(\lambda)$ 为色散系数，单位是 ps/(nm·km)。

对于谱线宽度为 $\Delta\lambda$ 的光源，经过长度为 L 的光纤后，由波导色散引起的时延差为
$$\Delta t = \Delta\lambda \cdot D(\lambda) \cdot L \text{ ps} \tag{4-19}$$

4）偏振模色散

对于理想单模光纤，由于只传输一种模式（基模 LP_{01} 或 HE_{11} 模），故不存在模式色散，但存在偏振模色散。多模光纤中不存在偏振模色散。偏振模色散简称 PMD(Polarization Mode Dispersion)，起因于实际的单模光纤中基模含有两个相互垂直的偏振模，沿光纤传播过程中，由于光纤难免受到外部的作用，如温度和压力等因素变化或扰动，使得两模式发生耦合，并且它们的传播速度也不尽相同，则它们到达终点的时间也不尽相同，从而导致光脉冲展宽，展宽量也不确定，便相当于随机的色散，如图 4-12 所示。

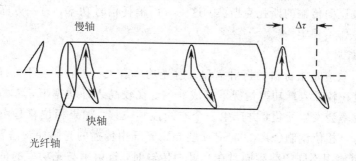

图 4-12 偏振模色散

光纤通信系统向大容量、高速率、长距离方向发展，使得原本对低速系统而言可以忽略不计的非线性效应和偏振模色散（PMD）等光纤性能缺陷成为限制系统容量升级和传输距离的主要因素。从技术角度上看，限制高速率长距离信号传输的因素主要是光纤衰减、非线性和色散。光放大器的研究成功，使光纤衰减对系统的传输距离不再起主要限制作用。而非线性效应和色散对系统传输的影响随着非色散零位位移光的引入也逐渐减少和消除。随着单信道传输速率的提高和模拟信号传输带宽的增加，PMD 效应对于系统性能的影响已经不可忽略且日益严重，它和色度色散对系统性能的影响相同：即引起脉冲展宽，从而限制传输速率，影响传输距离。正是由于 PMD 对高速率大容量光纤通信系统有着不可忽略的影响，所以自 20 世纪 90 年代以来，已引起业界的关注，偏振模色散及其补偿技术已成为目前国际光纤通信领域中研究的热点。关于偏振模色散补偿技术将在 4.4 节介绍。

3. 非线性效应

光纤的制造材料本身并不是一种非线性材料，但光纤的结构使得光波以较高的能量沿光纤长度聚集在很小的光纤截面上，会引起明显的非线性光学效应，对光纤传输系统的性能和传输特性产生影响。特别是近几年来，随着光纤放大器的出现和大量使用，提高了传输光纤中的平均入纤光功率，使光纤非线性效应显著增大。所以光纤非线性效应及其可能带来的对系统传输性能的影响必须加以考虑。

从波动光学角度而言，在高强度电磁场中电介质的响应会出现非线性效应，光纤也不例外，这种非线性响应分为受激散射和非线性折射。

1) 受激散射

受激散射效应分为弹性散射和非弹性散射。弹性散射中，被散射的光的频率（或光子能量）保持不变，相反在非弹性散射中被散射的光的频率将会降低。光纤中最常见的非弹性散射现象包括受激拉曼散射（SRS）和受激布里渊散射（SBS），这两种散射都可以理解为一个高能量的光子被散射成一个低能量的光子，同时产生一个能量为两个光子能量差的另一个量子。两种散射的主要区别在于拉曼散射的剩余能量转变为分子振动，而布里渊散射的剩余能量转变为声子振动。在较高入射功率情况下，SRS 和 SBS 都可能导致较大的输入光能量损耗。并且当入射光功率超过非线性效应的阈值后，两种散射效应导致的散射光强度都随入射光功率成指数增加。

SRS 和 SBS 对光通信的不利影响是：光信号功率一旦达到拉曼或布里渊散射阈值，约 65% 能量将变成反向传输的斯托克斯波。这一方面消耗信号功率，另一方面反向斯托克斯波将使激光器工作不稳定。

2) 非线性折射

非线性折射效应是指材料的折射率和入射光功率有关。一般情况下，石英的折射率是一个固定值，这在较低入纤功率情况下是成立的。在较高入纤功率下，考虑到非线性的影响，石英的折射率会发生变化，并产生一个非线性相位移。如果相位移是由入射光场自身引起的，即称为自相位调制（SPM），SPM 会导致光纤中传播的光脉冲频谱展宽。当两个或两个以上的信道使用不同的载频同时在光纤中传输时，折射率与光功率的依赖关系也可以导致另一种称为交叉相位调制（XPM 或 SPM）的非线性现象出现。特别地，四波混频（FWM）是多个光波在介质中相互作用所引起的非线性效应，这种效应对于波分复用（WDM）系统的影响尤为严重，关于 WDM 的知识将在 4.4 节介绍。

4.1.4 常用光纤光缆类型

1. 常用光纤类型

根据 ITU-T 规定，目前常用的单模光纤包括 G.652 光纤（常规单模光纤）、G.653 光纤（色散位移光纤）、G.654 光纤（1550 nm 低损耗光纤）、G.655 光纤（非零色散位移光纤）、G.656 光纤（色散平坦光纤）、G.657 光纤（弯曲损耗不敏感单模光纤）和 DCF 光纤（色散补偿光纤）等。

1) G.652 光纤

G.652 光纤又称为常规单模光纤或标准单模光纤（STD SMF），被广泛应用于数据通信和图像传输。在 1310 nm 窗口处有零色散。在 1550 nm 窗口处有较大的色散，达 +18 ps/(nm·km)，不利于高速率大容量系统。

2) G.653 光纤

G.653 光纤又称为色散位移光纤（DSF），将在 $\lambda=1310$ nm 附近的零色散点移至 1550 nm 波长处，使其在 $\lambda=1550$ nm 波长处的损耗系数和色散系数均很小。主要用于单信道长距离海底或陆地通信干线，其缺点是不适合波分复用系统。

3) G.654 光纤

G.654 光纤又称为 1550 nm 损耗最小光纤，它在 $\lambda=1550$ nm 处损耗系数很小，$\alpha=0.2$ dB/km，光纤的弯曲性能好。主要用于无需插入有源器件的长距离无再生海底光缆系统。其缺点是制造困难,价格贵。

4) G.655 光纤

G.655 光纤称为非零色散位移光纤(NZ DSF)。G.655 光纤在 1550 nm 波长处有一低的色散(但不是最小),能有效抑制"四波混频"等非线性现象。适用于速率高于 10 Gb/s 的使用光纤放大器的波分复用系统,但在长距离、高速率传输系统中仍然需要进行色散补偿。

5) G.656 光纤

为充分开发和利用光纤的有效带宽,需要光纤在整个光纤通信的波长段(1310~1550 nm)能有一个较低的色散,G.656 色散平坦光纤就是能在 1310~1550 nm 波长范围内呈现低的色散($\leqslant 1$ ps/(nm·km))的一种光纤。

6) G.657 光纤

以 G.652 光纤为代表的单模光纤由于受弯曲半径的限制,光纤不能随意地进行小角度拐弯安装,因此敷设和施工技术要求较高,特别是对于光纤接入环境急需弯曲半径更小的光纤。为此 ITU-T 开发了用于接入网的低弯曲损耗敏感的 G.657 光纤。G.657 光纤的弯曲半径可达 5~10 mm,可以像铜缆一样沿着建筑物内很小的拐角安装(直角拐弯),有效降低了光纤布线的施工难度和成本。

7) DCF 光纤

DCF 光纤是一种具有大的负色散和负色散斜率的光纤,用来补偿常规光纤工作于 1310 nm 或 1550 nm 处所产生的较大的正色散。

色散补偿光纤是目前使用较普遍和较实用化的一种在线补偿方案,其技术日趋成熟。DCF 法是指在标准单模光纤(SMF,Single Mode Fiber)中插入一段或几段与其色散斜率相反的 DCF,传输一定距离后色散达到一定的均衡,从而把系统色散限制于规定范围内。DCF 的长度、位置与系统需要补偿色散的量和其自身性能有关。

2. 光缆结构及特点

单独的成品光纤都是经过了一次涂覆或者二次涂覆(套塑)后的光纤,虽然它已具有一定的抗拉强度,但还是经不起实用场合的弯折、扭曲和侧压力的作用。为此欲使成品光纤能达到通信工程的实用要求,必须像通信用的各种铜线电缆那样,借用传统的绞合、套塑、金属带铠装等成缆工艺,并在缆芯中放置强度元件材料,组成不同使用环境的多品种光缆,使之能适应工程要求的敷设条件,承受实用条件下的抗拉、抗冲击、抗弯、抗扭曲等机械性能,以保证光纤原有的好的传输性能不变。

光缆结构由缆芯、加强元件和护层三部分组成。其中缆芯是光缆结构的主体,它的作用主要是妥善安置光纤,使光纤在各种外力影响下仍能保持优良的传输性能。缆芯按结构可分为层绞式、骨架式、带式、束管式四种。

1) 层绞式

层绞式主线一般采用中心加强件来承受张力,光纤环绕在中心加强件周围,并以一定节距绞合成缆。该结构中光纤可采用紧套或松套两种套塑方式。紧套光纤性能稳定,外径较小,但对侧压力比较敏感。松套光纤外径较大,但温度性能、抗压性能较好,故应用较广。松套光纤的套塑层内可放入一根或多根一次涂敷的光纤。当光纤数较多时,可先用这种结构制成光纤单元,再把这些单元绞合成缆,制成高密度的多芯光缆。

2) 骨架式

骨架式光缆是在中心加强件外面制一个带螺旋槽的聚乙烯骨架，一次涂敷的光纤置于骨架的槽内，使光纤受到很好的保护。

3) 带式

带式光缆是先将一定数目的光纤排列成行制成光纤带，然后把若干条光纤带按一定的方式排列扭绞成缆，是一种高密度结构的光缆。

4) 束管式

束管式光缆是一种新型的光缆结构，它的特点是中心无加强元件，缆芯都为一充油管，一次涂敷的光纤浮在油膏中，加强件在管的外面，既能做加强用，又可作为机械保护层。束管式光缆由于中心无任何导带，所以可以解决与金属护层之间的耐压问题和电磁脉冲的影响问题。这种结构的光缆因为无中心加强件，所以缆芯可以做得很细，减小了光缆的外径，减轻了重量，降低了成本，而且抗弯曲性能和纵向密封性能较好，制造工艺也较简单。

光缆中加强元件的作用是提升光缆的抗机械拉伸负荷能力，这也是光缆结构与电缆结构的主要不同点。加强元件有两种设置方式：一种是放在缆芯中心的中心加强方式，常用于层绞式和骨架式；另一种是放在护层中的外层加强方式，常用于带式和束管式。加强元件一般采用圆形钢丝、扇形钢丝、钢绞线或钢管等。在强电磁干扰环境和雷区中可使用高强度的非金属材料玻璃丝和芳纶纤维等。

护层位于缆芯外围，是由护套等构成的多层组合体。护层分为填充层、内护层、防水层、缓冲层、铠装层和外护层等。填充层是由聚氯乙烯(PVC)等组成的填充物，起固定各单元位置的作用。内护层是置于缆芯外的一层聚酯薄膜，一方面将缆芯扎成一整体，另一方面也可起隔热和缓冲的作用。防水层在一般的光缆中由双面涂塑的铝带(PAP)或钢带(PSP)在缆芯外纵包黏结构成，在海底光缆中由全密封的铝管(含氩弧焊铝管)或铅管构成。缓冲层用于保护缆芯受径向压力，一般采用尼龙带沿轴向螺旋式绕包方塑钢带、不锈钢带、皱纹钢带、单层钢丝、双层钢丝等不同种类，也有采用尼龙铠装的。外护层是利用挤塑的方法将聚氯乙烯或聚乙烯等塑料挤在光缆外面，常用光缆规格及型号如图4-13所示。

一般来说，护层结构应根据敷设条件选定，敷设方式主要有管道、直埋、架空、水底(或海底)、隧道等几种。

1) 管道光缆

管道光缆是指在城市光缆环路、人口稠密场所和横穿马路过街路口，将光缆穿入用于保护的白色聚乙烯塑料管内的一类光缆。这类光缆具有较好的抗压特性。

2) 直埋光缆

直埋光缆是一种长途干线光缆，经过辽阔的田野、戈壁时，直接埋入规定深度和宽度缆沟中的一种光缆。直埋光缆通常是由普通光缆外加钢带铠装层构成。钢带铠装厚度的要求为：防锈合金涂塑钢带$\geqslant$0.15 mm；双层$\geqslant$2×0.3 mm；其他钢带$\geqslant$0.3 mm。用一定厚度的薄钢带压成波纹纵包搭接铠装，或用双层钢带(2×0.3 mm厚)绕包铠装，然后在外层再挤包一层防氧化腐蚀黑色聚乙烯塑料作外护套，这样就制成了直埋光缆。特殊结构直埋光缆不用钢带铠装，而是用直径为0.8~1 mm的细钢丝密绕绞合一层铠装护层制成，这种

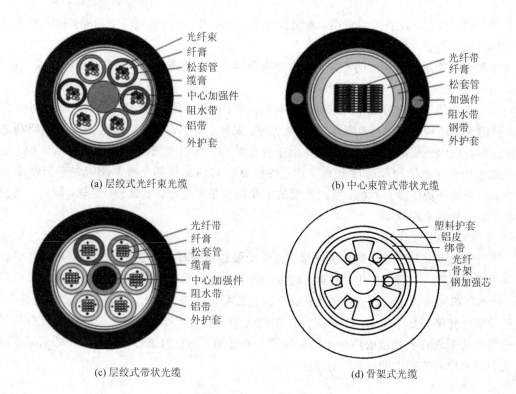

图 4-13 常用光缆类型

光缆有很高的抗拉强度，可以应用在爬山坡、大跨度地越过深谷、穿过江河湖泊等场合，但它成本高，价格较贵。

3）架空光缆

架空光缆是指光缆线路经过地形陡峭、跨越江河等特殊地形条件或在城市市区无法直埋时，借助吊挂钢索或自身具有抗拉元件悬挂在已有的电线杆、塔上的一类光缆。这种光缆因为长期暴露于室外，经受风吹日晒、风霜雪雨、雷击电闪，所以要求具有较好的耐环境特性。由于敷设在高压电网线路中，因此要求外护套耐电痕性能要好，绝缘性能良好，老化性能良好，重量要较轻。一般情况下，多采用芳纶纤维或复合玻璃棒作光纤加强件，采用层绞式缆芯结构，外护套多采用交联聚乙烯，整个光缆结构中无金属材料，这样可避免产生高压电场放电或极化现象。

4）水底光缆

水底光缆是一种穿越江河湖泊海底的光缆。因为其敷设于水下，所以要求具有非常好的密封不透水性能，一般多采用铝/聚乙烯黏结护套，钢丝铠装结构。水下光缆可分为浅水光缆和海底光缆。

5）隧道光缆

隧道光缆是指光缆线路经过公路、铁路等交通隧道、涵洞用的光缆。要求这种光缆具有一定的抗冲击能力，多采用玻璃纤维复合棒作光缆加强件，吸收冲击波撞击。

此外，光缆还必须有防止潮气浸入光缆内部的措施，一种是在缆芯内填充油膏，称为充油光缆；另一种是采用主动充气方式，称为充气光缆。充油光缆具有防潮性能好、投资省、维护工作量小的优点。充气光缆具有早期漏气告警，能在传输特性恶化之前及时排除故障等优点，但充气设备费用较高、光缆直径细、气阻大、不易形成气流通路，故世界上较多采用充油光缆。

按照光缆使用环境场所的不同，可将光缆分为：室内光缆、室外光缆和特种光缆三种。

1) 室内光缆

室内光缆用于室内环境中，光缆所受的机械作用力、温度变化和雨水作用非常小，因此，室内光缆结构的最大特点是多为紧套结构、柔软、阻燃，以满足室内布线灵活便利之要求。所有室内光缆都属非金属光缆，由于这个原因，室内光缆无须接地或防雷保护。室内光缆采用全介质结构保证抗电磁干扰。各种类型室内光缆都是极易剥离的。为便于识别，室内光缆外护层多为彩色。室内光缆的主要特点是尺寸小，重量轻，柔软，耐弯，便于布线，易于分支及阻燃等。

2) 室外光缆

室外光缆是指用于室外敷设的光缆。由于光缆在室外环境中使用，故光缆需要经受各种外界机械作用力、温度变化、风雨雷电等的影响，这样室外光缆必须具有足够的机械强度，能够抵抗风雨雷电的侵袭，并具有良好的温度稳定性等，因此，所需的保护措施更多，结构较室内光缆要复杂得多。上述提到的架空光缆、管道光缆、直埋光缆、水底光缆和隧道光缆以及下面将要介绍的特种光缆都属于室外光缆。而它的缆芯结构可为中心管式、层绞式和骨架槽式三种中的任意一种。

3) 特种光缆

特种光缆是指在特殊场合使用、具有特殊结构并满足特殊性能要求的一类光缆。主要包括：海底光缆、电力系统光缆、光/电混合缆、阻燃光缆、军用光缆、防蚁光缆、防鼠光缆以及防辐射光缆等。

海底光缆敷设在一个极其复杂的海洋环境中，比陆地上光缆的敷设条件更加严酷苛刻，通信系统线路更长，各种敷设环境都存在，并与敷设深度有密切关系。所以这类光缆的设计和制造必须采用高性能光纤，要求缆芯结构具有长期工作（$\geqslant 25$ 年）的可靠性和稳定性，如果是具有中继器系统还要考虑其灵活性等因素。

在电力系统中，保护、监视、控制、调度等工作往往需要相当规模的通信系统。由于光纤损耗小、频带宽，适合快速数字传输，重量轻，尺寸小，尤其不受电磁干扰，具有极高的电磁兼容性能等优点，所以可在电力通信系统中充分发挥其优越性。电力光缆有三种类型：架空地线复合光缆（OPGW 光缆）、架空地线卷绕光缆或缠绕光缆（GWWOP）和全介质自承式光缆（ADSS 光缆）。

光/电混合缆是指将电话用铜线对或铜馈电线放入光缆缆芯中，做成光/电混合缆。这种光缆结构可以是中心管式、层绞式或骨架式。这种光缆多用在既需要进行光信号传输，又需要进行电信号监控的部门，例如铁路沿线使用的光/电混合缆。

军用光缆是指军事上使用的一种通信光缆，主要可分成野战光缆、制导光缆、声呐光缆、探测光缆、直升机布线消耗性光缆。军用光缆的共同特点是柔性较高，制造光缆所用光纤必须经过严格筛选，采用高强度光纤，使用高强度高模量芳纶纤维做加强元件。

3. 光纤的制作工艺

通信用光纤是由高纯度 SiO_2 与少量高折射率掺杂剂 GeO_2、TiO_2、Al_2O_3、ZrO_2 和低

折射率掺杂剂 $SiF_4(F)$ 或 B_2O_3 或 P_2O_5 等玻璃材料经涂覆高分子材料制成的具有一定机械强度的涂覆光纤。而通信用光缆是将若干根(1～2160 根)上述的成品光纤经套塑、绞合、挤护套、装铠等工序工艺加工制造而成的实用型线缆产品。在光纤光缆制造过程中，要求严格控制并保证光纤原料的纯度，这样才能生产出性能优良的光纤光缆产品，同时，合理地选择生产工艺也是非常重要的。光纤的制造要经历光纤预制棒制备、光纤拉丝等具体的工艺步骤。制备光纤预制棒采用两步法工艺：

第一步采用气相沉积工艺生产光纤预制棒的芯棒。常用的气相沉积技术分类如图 4-14 所示，具体工艺如图 4-15、图 4-16 所示。

气相沉积技术 { 芯棒 { 外部化学气相沉积法(OVD) / 轴向气相沉积法(VAD) / 改进的化学气相沉积法(MCVD) / 等离子化学气相沉积法(PCVD) } 外包层 { 套管法 / 粉末法 / 等离子喷涂法 / 溶胶—凝胶 } }

图 4-14　常用气相沉积技术　　　　图 4-15　气相沉积工艺——MCVD 法

图 4-16　VAD 工艺

第二步是在气相沉积获得的芯棒上施加外包层制成大光纤预制棒。光纤预制棒成品图如图 4-17 所示。

图 4-17　光纤预制棒示意图

光纤制作工艺要点主要有以下三个方面。

(1) 光纤的质量在很大程度上取决于原材料的纯度,用作原料的化学试剂需严格提纯,其金属杂质含量应小于几个 ppb,含氢化合物的含量应小于 1 ppm,参与反应的氧气和其他气体的纯度应为 6 个 9(99.9999%)以上,干燥度应达 −80℃ 露点。

(2) 光纤制造应在净化恒温的环境中进行,光纤预制棒、拉丝、测量等工序均应在 10000 级以上洁净度的净化车间中进行。在光纤拉丝炉光纤成形部位应达 100 级以上。光纤预制棒的沉积区应在密封环境中进行。光纤制造设备上所有气体管道在工作间歇期间均应充氮气保护,避免空气中的潮气进入管道,影响光纤性能。

(3) 光纤质量的稳定取决于加工工艺参数的稳定。光纤的制备不仅需要一整套精密的生产设备和控制系统,尤其重要的是要长期保持加工工艺参数的稳定,必须配备一整套的用来检测和校正光纤加工设备各部件运行参数的设施和装置。以 MCVD 工艺为例:要对用来控制反应气体流量的质量流量控制器(MFC)定期进行在线或不在线的检验校正,以保证其控制流量的精度;需对测量反应温度的红外高温测量仪定期用黑体辐射系统进行检验校正,以保证测量温度的精度;要对玻璃车床的每一个运转部件进行定期校验,保证其运行参数的稳定;甚至要对用于控制工艺过程的计算机本身的运行参数定期校验等。只有保持稳定的工艺参数,才有可能持续生产出质量稳定的光纤产品。

4.2 光纤接入网

通信网络已经发展成为覆盖全球的规模非常大的网络,传统而言可以分为公共网络和用户驻地网络两部分。接入网是各类用户与公共网络进行通信,实现用户侧与网络侧业务互通的最重要的网络组成部分。

随着通信业务量的不断增加,业务种类也更加丰富,人们不仅需要语音业务,高速数据、高保真音乐、互动视频等多媒体业务也已经得到了更多用户的青睐。这些业务不仅要有宽带的主干传输网络,用户接入部分更是关键,而传统的接入方式已经满足不了需求,因此只有带宽能力强的光纤接入才能将瓶颈打开,核心网和城域网的容量潜力才能真正发挥出来。

4.2.1 光纤接入网的概念

所谓光纤接入网是指在接入网中采用光纤作为主要的传输媒质来实现用户信息传送的应用形式,或者说是业务节点与用户之间采用光纤通信或部分采用光纤通信的接入方式,如图 4-18 所示。它不是传统意义上的光纤传输系统,而是针对接入网环境所设计的特殊的光纤传输网络,具有传输容量大、传输距离长、对业务透明性好等优点,是固定接入领域内最佳的解决方案。

图 4-18 光纤接入网模型

与其他接入技术相比，光纤接入网具有如下优点：

(1) 支持更高速率的宽带业务。人们对通信业务的需求越来越高，除了打电话、看电视以外，还希望有高速计算机通信、家庭购物、家庭银行、远程教学、视频点播（VOD）以及高清晰度电视（HDTV）等。这些业务用铜线或双绞线是较难以实现的。

(2) 光纤可以克服铜线电缆无法克服的一些限制因素。光纤损耗低、频带宽，解除了铜线线径小的限制。此外，光纤不受电磁干扰，保证了信号传输质量，用光缆代替铜缆，可以解决城市地下通信管道拥挤的问题。

(3) 光纤接入网的性能不断提高，价格不断下降，而铜缆的价格在不断上涨。

(4) 光纤接入网提供数据业务，有完善的监控和管理系统，能适应将来宽带综合业务数字网的需要，有效解决接入网的"瓶颈"问题，使信息高速公路畅通无阻。

当然，与其他接入网技术相比，光纤接入网也存在一定的劣势。最大的问题是成本还比较高。

(1) 光纤接入的初期成本比较高，接入时用户需购买一对光/电转换设备（俗称光猫），光纤铺设过程很耗时，而且一旦投资了，成本就不可撤回。

(2) 光纤接入所需工程量大，造价高，不适合层数较少的住宅。单单每楼的一台设备造价加上光纤的铺设成本与所带的用户比，前期太大的投入就不合适。另外，与无线接入网相比，光纤接入网还需要管道资源。

4.2.2 光纤接入网的基本结构

光纤接入网采用光纤作为主要传输媒质，而局侧和用户侧发出和接收的均为电信号，所以在局侧要进行电/光变换，在用户侧要进行光/电变换，才可实现中间线路的光信号传输。典型的光纤接入网示意图如图 4-19 所示。

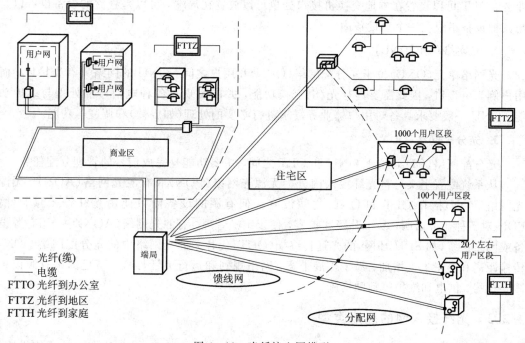

图 4-19 光纤接入网模型

光接入网的参考配置如图4-20所示，从图中可以看出，一个光纤接入网主要由光线路终端(OLT)、光分配网络(ODN)和光网络单元(ONU)等组成。下面简要介绍这几个模块的功能。

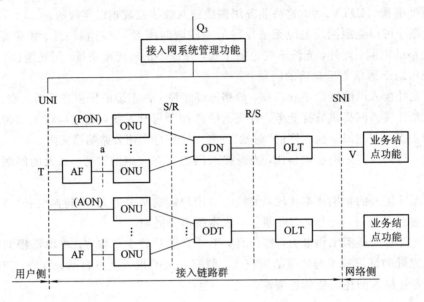

图4-20 光接入网参考配置

1. 光线路终端(OLT)

光线路终端(OLT)是光接入网的核心部件，相当于传统通信网中的交换机或路由器，主要是提供通信网络与光分配网络(ODN)之间的光接口，并提供必要的手段来传送不同的业务。OLT可以设置在本地交换机接口处也可以放置在局端，可以是独立的设备也可以是与其他设备集成在一个总设备内。

2. 光网络单元(ONU)

光网络单元(ONU)位于光分配网络(ODN)和用户之间。ONU的网络具有光接口，而用户侧为电接口，因此需要具有光/电变换功能，并能实现对各种电信号的处理与维护功能。ONU一般要求具备对用户侧业务需求进行必要的处理(如成帧)和调度等功能。

3. 光分配网络(ODN)

光分配网络(ODN)位于ONU和OLT之间，主要功能是完成信号的管理分配任务。

从系统配置上又可将光纤接入网分为无源光网络(PON)和有源光网络(AON)。无源光网络(PON)指在OLT和ONU之间没有任何有源的设备而只使用光纤等无源器件。PON对各种业务透明，易于升级和扩容，便于维护管理。有源光网络(AON)中，用有源设备或网络系统(如SDH环网)的光远程终端(ODT)代替无源光网络中的光分配网络ODN，传输距离和容量大大增加，易于扩展带宽，网络规划和运行灵活性大，不足的是有源设备需要机房、供电和维护等辅助措施。

4.2.3 光纤接入网的应用类型

根据光网络单元ONU位置的不同，可以将光纤接入网划分为几种基本的应用类型，即光纤到路边(FTTC)、光纤到楼宇(FTTB)、光纤到用户家庭或办公室(FTTH/O)等,如图 4-21 所示。

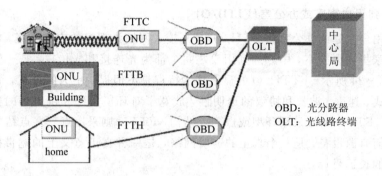

图 4-21 光纤接入网应用类型

1. 光纤到路边(FTTC)

光纤到路边(FTTC)是光纤接入网较早时期应用的典型方案,从路边到各用户使用星形结构。ONU 设置在路边或街角的入孔或电杆上的交接箱处,完成光电转换后再用对绞铜线或同轴电缆引入用户,如图 4-22 所示。FTTC 通常为点到点和点到多点结构,一个 ONU 可为一个或多个用户提供接入,是一种介质混合结构,通常采用 FTTC+xDSL 技术或 FTTC+Cable Modem 技术。FTTC 的优点是可以利用部分用户侧现有的铜线资源,缺点是作为一种光纤/铜线混合系统,其运维成本较高,用户侧较长的铜线不利于要求较高的宽带业务的应用,且长远来看,铜线将面临被淘汰。

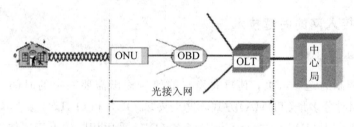

图 4-22 FTTC 示意图

2. 光纤到楼宇(FTTB)

光纤到楼宇(FTTB)是 FTTC 方案的改进,将光电转换向用户侧推进,直接将 ONU 部署在办公楼或居民住宅楼内的某个公共地方,光纤进入大楼后就转换为电信号,然后用同轴电缆或双绞铜线分配到各用户,如图 4-23 所示。FTTB 通常为点到多点结构,一个

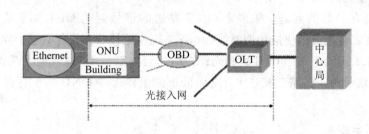

图 4-23 FTTB 示意图

ONU 为多个用户提供接入，通常采用 FTTC+xDSL 技术或 FTTB+Ethernet 技术。FTTB 的光纤化较 FTTC 高，因此较适用于在用户密度较高的场合使用。

3. 光纤到用户家庭或办公室(FTTH/O)

光纤到用户家庭或办公室(FTTH/O)是光接入网较为理想的应用方案。将 ONU 直接部署在用户家里或办公室，中心局到用户之间全部为光连接和光传输，是一种全光纤的接入网，如图 4-24 所示。FTTH/O 的显著技术特点是不但提供更大的带宽，而且增强了网络对数据格式、速率、波长和协议的透明性，放宽了对环境条件和供电等的要求，简化了维护和安装。FTTO 一般采用环型或点到点结构，FTTH 则采用点到多点结构。FTTH/O 接入网无任何有源设备，是一个真正的透明网络，是一种真正意义上的宽带接入技术，是用户接入网的长远目标。

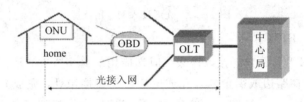

图 4-24 FTTH/O 示意图

综上所述，FTTH 和 FTTC 更适合分散的个人用户的接入；FTTB 则更适合单位和密集小区用户的接入。通常在光纤接入网建设过程中，要求在有限的空间能容纳尽可能多的光纤，为此，我们要降低光纤的外径。因此，外径为 20 pm 的 G.657 光纤将很有应用前景。

4.2.4 光纤接入网的关键技术

1. 突发收发技术

采用直接调制的光发送机，其建立稳定的信号输出需要一定的时间。而在光接入网中，由于多采用时分多址(TDMA)方式，这也要求 OLT 和 ONU 需要具有突发收发的能力。例如，对于采用 TDMA 的 ONU 而言，各 ONU 采用相同的上行工作波长轮流占用光纤信道，即每个 ONU 只能在每一帧的特定时刻发送上行信号，因此需要有快速的功率开启和切断的功能，否则两个以上 ONU 同时发光会导致信号的冲突。同时对于光接入网中发送机的消光比也有较高的要求。多个 ONU 对应于一个 OLT，在每一时刻只有一个 ONU 发送信号，其他所有 ONU 都应处于关断状态，此时要求其余所有 ONU 的残留光之和不能对正在发光的 ONU 产生影响。

OLT 侧也有类似的问题。如多个 ONU 发送的信号到达 OLT 侧会有功率的波动，OLT 的接收机需要能灵活快速地调整接收电平，迅速地接收和恢复数据。特别是考虑极端情况下，与 OLT 不同距离的 ONU，其光纤链路的衰减不一致，应避免出现较远端的 ONU 的上行高电平信号由于链路衰减过大，反而低于处于较近端 ONU 的上行低电平信号，即"远近效应"。

2. 突发同步技术

光接入网中下行方向传输的是连续数字信号，ONU 的接收部分只需对光检测器检测出的信号进行定时提取和判决即可完成定时再生,其中定时提取可以通过锁相环实现。

在 ONU 至 OLT 的上行传输方向上,各 ONU 传输的上行信息是以固定长度信元(帧)或可变长度帧等形式通过 TDMA 方式传送的。由于各 ONU 的时钟是从 OLT 传输来的下行信号中提取的,而且 ONU 需要在 OLT 规定的时间内传送上行信号,所以在 OLT 端接收到的来自不同 ONU 信号的时钟频率虽然相同,但由于各 ONU 与 OLT 的距离不同,因此各个信元信号经传输延迟后,到达 OLT 时的比特相位不同。极端情况下,OLT 接收到从 ONU 来的短脉冲数据流的比特相位各不相同且未知。光接入网中,为了保证每个 ONU 都有公平的机会占用上行信道,必须使得 TDMA 方案中的每个 ONU 占用的时隙都很小。因此,为了不丢失有用信息,需要在 OLT 和 ONU 上具有快速建立同步的机制,即突发同步技术。OLT 处的比特同步必须在每个上行 ONU 短脉冲数据流期间建立,使得快速比特同步电路在几个比特周期内与输入数据同步,从而把每个 ONU 发送的信号正确恢复出来。

3. 测距技术

光接入网的环境是典型的点到多点方式,由于各个 ONU 到 OLT 的距离不等,为了防止各个 ONU 所发上行信号发生冲突,OLT 需要一套测距功能,以保证不同物理距离的 ONU 与 OLT 之间的"逻辑距离"相等,即传输延迟一致,以避免碰撞和冲突的出现。

测距也即测量各个 ONU 到 OLT 的实际距离,并将所有的 ONU 到 OLT 的虚拟距离设置为相等的过程。

测距过程分为三个子过程:静态粗测距、静态精测距、动态精测距。系统初始化时或一个新的 ONU 加入时或一个 ONU 重新加电时,静态粗测距起作用,为保证该过程对数据传输的影响较小,采用低频低电平信号作为测距信号;静态精测距是达到所需测距精度的中间环节,每当 ONU 被重新激活时都要进行一次,它占据一个上行传输时隙;动态精测距是在数据传输过程中,使用数据信号来进行测距。静态精测距过程结束后,OLT 指示 ONU 可以发送数据了,在发送数据过程中,OLT 持续地测量各 ONU 环路延时,及时调整补偿时延以适应各种因素对环路时延的影响。

4. 多址接入技术

光接入网中的多址接入技术包括时分多址(TDMA)接入、波分多址(WDMA)接入和码分多址(CDMA)接入等。

时分多址(TDMA)接入技术是目前光接入网最常用的技术之一。从 OLT 到 ONU 的下行信号,传输时通常采用时分复用(TDM)技术以广播方式将 TDM 信号送给所有的与 OLT 相连的 ONU。上行传输时将时间分成若干个时隙,每一时隙内只安排一个 ONU 以分组方式向 OLT 发送分组信息。每个 ONU 严格按照预先规定的顺序依次发送。为了避免与 OLT 距离不同的 ONU 所发的上行信号在 OLT 处发生冲突,OLT 需要有一套复杂的测距功能,不断测量每一 ONU 与 OLT 之间的时延(即逻辑距离),指挥每一个 ONU 调整发送时间,使之不至于互相冲突。

波分多址(WDMA)接入方式是采用波分复用技术的光接入网,即不同的波长对应于不同的 ONU,也被广泛认为是未来接入网的最终方向。采用单根光纤,两个方向的信号(上行信号和下行信号)分别调在不同的波长上。各个 ONU 不同波长的上行光信号,送至光分路器并耦合进光纤,该复用信号到达 OLT 后,利用 WDM 器件可分出属于各个 ONU

的光信号,再经过光电检测器,解调出电信号。上行传输(从 ONU 到 OLT)必须工作在 1310 nm 波长区,下行传输(从 OLT 到 ONU)工作在 1310 nm 或 1550 nm 波长区。当上、下行均工作在 1310 nm 波长区时,上行信号处于 1310 nm 波长区高端,下行信号处于 1310 nm 波长区低端。

码分多址(CDMA)接入方式是为每一个 ONU 分配一个多址码,并将各 ONU 的上行信码与其进行模二加后,再去调制具有相同波长的激光器,经光分路器(OBD)合路后传输到 OLT,通过检测、放大和模二加等电路后,恢复出 ONU 送来的上行反码。CDMA 方式的光接入网目前主要受限于光编码器和解码器等器件。

综合考虑经济、技术和应用条件,TDMA 是目前最成熟也是应用最广泛的光接入网多址接入方式,也是目前 ITU-T 标准化的主要方式。从发展来看,随着各类光器件制造工艺的不断完善,未来 WDMA 将是实现光接入网最有潜力的多址方案。

5. 动态带宽分配技术

在上行方向,任意时刻不同 ONU 对带宽的需求是不一样的,这就涉及带宽分配及其算法的问题。带宽分配要求提供一套最有效的在尽可能保证每个 ONU 需求的同时能高效利用网络资源的手段。带宽分配算法既要考虑连接业务的性能特点和其服务质量的要求,又要考虑接入控制的实时性。

动态带宽分配可以通过消息和状态机等技术来实现。

6. 光功率的动态调节

每个 ONU 与中心接收机的光路损耗是不同的,所以中心节点的光接收机必须能够应付从一个突发到另一个突发的不同光接受功率,因此,接收机需要有较大的动态范围,并且能够设定门限快速区分比特"0"和比特"1"。此外每个传输节点的输出功率将根据该节点的光路损耗而进行调节,从而降低对光接收机的动态范围的要求。

7. 服务质量和安全技术

光接入网的服务质量和安全技术是保证用户对于不同业务类型需求的关键技术。采用 TDM 方式传送下行数据的光接入网,必须采取一定的认证和鉴权机制,以保证每一个 ONU 只能获得自己所需的信息。而对于上行信号而言,需要采取认证机制以保证只有合法的 ONU 可以与 OLT 建立连接。同时针对用户的不同类型的业务,如对时延、误码率等要求不同的语音和视频业务等,采取不同的对策加以区别对待。

4.2.5 无源光网络

在光纤接入网中,如果 ODN 全部由无源器件组成,不包括任何有源节点,则这种光接入网就是无源光接入网(PON),PON 中的 ODN 部分仅由光分路器、光缆等无源器件组成。PON 具有极高的可靠性,同时对环境的依赖程度小,对各种业务透明,易于升级扩容,便于维护管理,是目前光接入网中最为看好的技术。同时,PON 方案也是实现光接入网 FTTH 的各种方案中成本最低的。如图 4-25 所示。

对于一个 N 个用户的光接入网而言,如果采取点到点的接入方案,如图 4-25(a)所示,至少需要 $2N$ 个光收发器和 N 根光纤(仅考虑单纤双向传输模式);如果采取在用户侧设置有源光节点,再逐一延伸至用户的方案,如图 4-25(b)所示,至少需要 $2N+2$ 个光收发器，1根光纤；采用 PON 方案后，如图 4-25(c)所示，只需要 $N+1$ 个光收发器和 1 根光纤，综合成本最低。

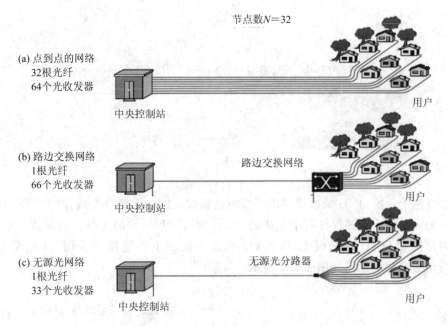

图 4-25　实现 FTTH 方案成本对比

考虑到实际用户环境的复杂性，PON 的结构也具有多种形式，一般来说星型、树型、总线型都可以使用，但是考虑到 FTTH 的最终实现形式，采用点到点的星型结构是比较适中的。一般情况下，PON 中只采用一个分光器，称为一级分光模式。近年来，由于 FTTH 的需求日益增加，也开始采用多个分光器级联使用的模式，称为二级分光。

PON 结构中 OLT 和多个 ONU 之间进行通信，一般采用的方法是下行数据使用 1480 nm 信号，上行数据采用 1310 nm 信号，而下行视频流业务则采用 1550 nm 信号。如果 PON 的分路比较高，即一个 OLT 需要连接较多个 ONU，且距离较长时，也可考虑在 OLT 侧设置光放大器，提高总的功率。ITU-T 在 G.983 系列建议中规定，PON 的分路比至少支持 1∶16 或更高（目前多为 1∶32 或 1∶64），OLT 和 ONU 之间的物理距离不得小于 20 km。

根据传送信号数据格式的不同，PON 可以进一步分为基于 Ethernet 的 EPON 和基于吉比特兼容的 GPON 等。

1. 基于 Ethernet 的 EPON

EPON 由国际电气电子工程师协会 IEEE 提出并标准化。IEEE 的第一英里以太网 EFM(Ethernet in the First Mile Study)工作组于 2002 年 7 月制定了 EPON 草案。EPON 的 ODN 由无源分光器件和光纤线路构成，EFM 确定分路器的分光能力在 1∶16 到 1∶128 之间。上行和下行线路的光信号分别使用两个不同的波长(1310 nm/1490 nm)，速率均为 1 Gb/s，传输距离可达 20 km。

在下行链路上，OLT 以广播方式发送以太网数据帧。通过 1∶N 的无源分光器，数据帧到达各 ONU，ONU 通过检查接收到的数据帧的目的媒体访问控制(MAC)地址和帧类型(如广播帧、OAM 帧)来判断是否接收此帧。EPON 下行信号传输示意图如图 4-26 所示。

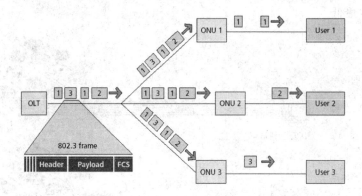

图 4-26 EPON 下行信号传输示意图

在上行链路上,各 ONU 的数据帧以突发方式通过共同的无源分配网传输到 OLT,因此必须有一种多址接入方式保证每个激活的 ONU 能够占用一定的上行信道带宽。考虑到业务的不对称性和 ONU 的低成本,EFM 工作组决定在上行链路上采用 TDMA 方式。EPON 上行信号传输示意图如图 4-27 所示。

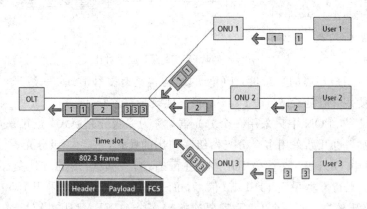

图 4-27 EPON 上行信号传输示意图

从 EPON 的上下行方案不难看出:EPON 的主要思想是将较为复杂的功能集中于 OLT,ONU 应尽量简单。EPON 中由于传统的点到点光纤线路已转变为点到多点的光传输结构,在上行的 TDMA 方式中必须考虑延时、测距、快速同步和功率控制等问题;另一方面由于传统以太网 MAC 层的载波多路访问/冲突检测机制(CSMA/CD)在 EPON 中无法实现,因此必须在 802.3 协议栈中增加支持 EPON 的多点控制(MPCP)协议、OAM 和 QoS 机制。

2. 基于吉比特兼容的 GPON

GPON(Gigabit-Capable Passive Optical Network,吉比特无源光网络)技术是 PON 家族中一个重要的技术分支。GPON 的主要设想是在 PON 上传送多业务时保证高比特率和高效率。GPON 具有高带宽、高效率、大覆盖范围、用户接口丰富等众多优点,被大多数运营商视为实现接入网业务宽带化、综合化改造的理想技术。

GPON 的主要技术特点是采用最新的"通用成帧协议(GFP)",实现对各种业务数据流的通用成帧规程封装。GPON 的帧结构是在各用户信号原有格式基础上进行封装,因此能够高效、通用而又简单地支持所有各种业务。总的来说，GPON 具有如下主要技术特点：

（1）业务能力强，具有全业务接入能力。GPON 系统可以提供包括 64 kb/s 业务、E1 电路业务、ATM 业务、IP 业务和 CATV 等在内的全业务接入能力，是提供语音、数据和视频综合业务接入的理想技术。

（2）可提供较高带宽和较远的覆盖距离。GPON 系统可以提供下行 2.488 Gb/s，上行 1.244 Gb/s 的带宽。此外，GPON 系统中一个 OLT 可以支持 64 个 ONU 并支持 20 km 传输。

（3）带宽分配灵活，有服务质量保证。GPON 系统中采用的 DBA 算法可以灵活调用带宽，能够保证各种不同类型和登记业务的服务质量。

（4）ODN 无源特性减少了故障点，便于维护。GPON 系统在光传输过程中不需要电源，没有电子部件，因此容易铺设，并避免了电磁干扰和雷电影响，减少了线路和外部设备的故障率，简化了供电，在很大程度上节省了运营成本和管理成本。

（5）PON 可以采用级联的 ODN 结构，即多个光分路器可以进行级联，大大节约了主干光缆。

（6）系统扩展容易，便于升级。PON 系统模块化程度高，对局端资源占有少，树型拓扑结构使系统扩展容易。

图 4-28 给出了 GPON 的总体结构示意图，由图中可以看出，GPON 主要由光线路终端（OLT）、光网络单光网络终端（ONU/ONT）及光纤分配网（ODN）组成，由无源光分路器件将 OLT 的光信号分到各个 ONU。

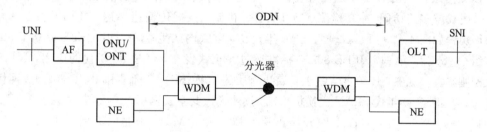

图 4-28 GPON 总体结构

OLT 位于中心局一侧，并连接一个或多个 ODN 向上提供广域网接口，包括 GE、ATM、DS-3 等；向下对 ODN 可提供 1.244 Gb/s 或 2.448 Gb/s 的光接口，具有集中带宽分配、控制光分配网络、实时监控、运行维护、管理无源光网络系统等功能。ODN 为 OLT 和 ONU/ONT 提供光传输手段，由无源光分路器和无源光合路器构成，是一个连接 OLT 和 ONU 的无源设备，它的功能是分发下行数据和集中上行数据。

ONU/ONT 在用户侧，为接入网提供用户侧的接口，提供语音、数据、视频等多业务流与 ODN 的接入，其对 ODN 的光接口速率有 155 Mb/s、622 Mb/s、1.244 Gb/s、2.488 Gb/s 四种选择，受 OLT 的集中控制。适配功能 AF 在具体实现中可能集成于 ONU/ONT 中。图中的波分复用器（WDM）和网络单元（NE）为可选项，用于在 OLT 和 ONU 之间采用另外的工作波长传输其他业务，如视频信号。

GPON 系统可支持的分支比为 1∶16、1∶32 或 1∶64，还可能达到 1∶128。在同一根光纤上，GPON 可通过粗波分复用 CWDM 覆盖实现数据流的全双工传输。在需要提供业务保护和通道保护的情况下，可加上保护环，对某些 ONU 提供保护功能，通常可采用总线型(Bus PON)、树型(Tree PON)或环型(Ping PON)拓扑结构。

下面简单介绍一下 GPON 系统的工作原理：在下行方向上，OLT 以广播方式将由数据包组成的帧经由无源光分路器发送到各个 ONU。每个 ONU 收到全部的数据流，然后根据 ONU 的媒体访问控制(MAC)地址取出特定的数据包。在上行方向上多个 ONU 共享干线信道容量和信道资源。由于无源光合路器的方向属性，从 ONU 来的数据帧只能到达 OLT，而不能到达其他 ONU。从这一点上来说，上行方向上的 GPON 网络就如同一个点到点的网络。然而，不同于其他的点到点网络，来自不同 ONU 的数据帧可能会发生数据冲突。因此，在上行方向 ONU 需要一些仲裁机制来避免数据冲突并公平地分配信道资源。一般 GPON 系统的上行接入采用 TDMA 方式，将不同 ONU 的数据帧插入不同的时隙发送至 OLT。因此，OLT 模块采用的是连续发射、突发接收；而 ONU 模块刚好相反，采用突发发射、连续接收。

4.3 光纤以太网

4.3.1 以太网的概念及分类

1. 以太网的概念

以太网最初是由 Xerox 公司开发的一种基带局域网技术，使用同轴电缆作为网络媒质，采用载波多路访问/冲突检测(CSMA/CD)机制，数据传输速率达到 10 Mb/s。以太网的发展历程如图 4-29 所示，20 世纪 70 年代初，以太网产生；1980 年，IEEE 成立了 802.3 工作组；1983 年，第一个 IEEE 802.3 标准通过并正式发布，经过 80 年代的应用，10 Mb/s 以太网基本发展成熟；1990 年，基于双绞线介质的 10BASE-T 标准和 IEEE 802.1D 网桥标准发布；20 世纪 90 年代，LAN 交换机出现，逐步淘汰共享式网桥；1992 年，出现了 100 Mb/s 快速以太网，1996 年千兆以太网开始迅速发展，1000 Mb/s 千兆以太网标准问世(IEEE 802.3z/ab)；2002 年 10 GE 以太网出现。随着市场的推动，以太网的发展越来越迅速，应用也越来越广泛。

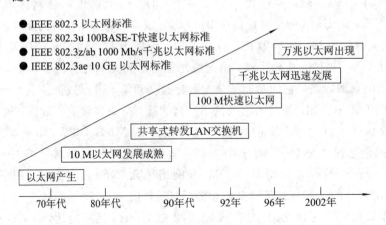

图 4-29 以太网发展历程

随着光纤技术在全世界的广泛应用、网络信息量的急剧膨胀和人们对信息传输速度要求的不断提高，为了满足各行业对网络低价格、高带宽的需求，光纤以太网将以太网的普遍性、灵活性、简单性与光纤的可靠性和速度结合在一起，使得该技术在各行各业上发挥了巨大的作用。

光纤以太网指利用在光纤上运行以太网数据包接入 SP 网络或在 SP 网络中进行接入。底层连接可以以任何标准的以太网速度运行，包括 10 Mb/s、100 Mb/s、1 Gb/s 或 10 Gb/s，但在此情况下，这些连接必须以全双工速度（例如双向 10 Mb/s）运行。光纤以太网业务能够应用交换机的速率限制功能，以非标准的以太网速度运行。光纤以太网中使用的光纤链路可以是光纤全带宽（即所谓的"暗光纤"）、一个 SONET 连接或者是 DWDM。

2. 以太网的分类

以太网的分类如下。

1) 标准以太网

标准以太网的速率是 10 Mb/s，通常定位在网络的接入层，最大传输距离为 100 m，标准以太网通常用于接入层最终用户和接入层交换机之间的连接，一般不适用于汇聚层和核心层。像新一代的多媒体、影像和数据库等对带宽需求较大的业务也适合用标准以太网。在下面将介绍的这些标准中前面的数字表示传输速度，单位是"Mb/s"，最后的一个数字表示单段网线长度（基准单位是 100 m），BASE 表示"基带"的意思。

IEEE 802.3 常用的线缆如下。

（1）10BASE-5：粗同轴电缆，最大传输距离 500 m。

（2）10BASE-2：细同轴电缆，最大传输距离 200 m。

（3）10BASE-T：双绞线，最大传输距离 100 m。

（4）10BASE-F：光纤，最大传输距离 2000 m。

2) 快速以太网

随着网络的发展，传统的标准以太网技术已难以满足日益增长的网络数据流量速度需求。1995 年 3 月 IEEE 宣布了 IEEE 802.3u 100BASE-T 快速以太网标准，开始了快速以太网的时代。快速以太网速率能达到 100 Mb/s，可为用户提供更高的网络带宽。从标准以太网升级到快速以太网不需要对网络做太大的改动，通常只需将原有的集线器或者以太网交换机升级成快速以太网交换机，用户更换一块 100 Mb/s 的网卡即可，而网线等传输介质无需更换，网络的速度从 10 Mb/s 增加到 100 Mb/s。

快速以太网的应用非常广泛，可以直接用于接入层设备和汇聚层设备之间的连接链路，也可以为高性能的 PC 机和工作站提供 100 Mb/s 的接入。快速以太网的应用中，在接入层和汇聚层之间的链路上通常采用端口汇聚技术以提供更高的带宽。快速以太网可以使用现有的 UTP 或者光缆介质。和标准以太网相比，它的数据传输速率由 10 Mb/s 提升到 100 Mb/s。快速以太网通过端口自适应技术支持标准以太网 10 Mb/s 的工作方式。

快速以太网采用的传输介质如下。

（1）100BASE-TX：是一种使用五类数据级无屏蔽双绞线或屏蔽双绞线的快速以太网技术。它使用两对双绞线，一对用于发送数据，一对用于接收数据。在传输中使用 4B/5B 编码方式，信号频率为 125 MHz。符合 EIA586 的五类布线标准和 IBM 的 SPT 1 类布线标准。使用同 10BASE-T 相同的 RJ-45 连接器。它的最大网段长度为 100 m。它支持全双工的数据传输。

(2) 100BASE-T4：是一种可使用三、四、五类无屏蔽双绞线或屏蔽双绞线的快速以太网技术。它使用四对双绞线，三对用于传送数据，一对用于检测冲突信号。在传输中使用 8B/6T 编码方式，信号频率为 25 MHz，符合 EIA586 结构化布线标准。它使用与 10BASE-T 相同的 RJ-45 连接器，最大网段长度为 100 m。

(3) 100BASE-FX：是一种使用光缆的快速以太网技术，可使用单模和多模光纤(62.5 μm 和 125 μm)，多模光纤连接的最大距离为 550 m，单模光纤连接的最大距离为 3000 m。在传输中使用 4B/5B 编码方式，信号频率为 125 MHz。它使用 MIC/FDDI 连接器、ST 连接器或 SC 连接器。它的最大网段长度为 150 m、412 m、2000 m 或更长至 10 km，这与所使用的光纤类型和工作模式有关，它支持全双工的数据传输。100BASE-FX 特别适合于有电气干扰的环境、需较大距离连接或高保密环境等情况下的使用。

3) 吉比特以太网

吉比特以太网是在基于以太网协议的基础之上，对 IEEE 802.3 以太网标准进行扩展，其传输速率是快速以太网传输速率 100 Mb/s 的 10 倍，达到了 1 Gb/s。吉比特以太网的标准为 IEEE 802.3z(光纤与铜缆)和 IEEE 802.3ab(双绞线)。

吉比特以太网可用于交换机之间的连接，现在很多汇聚层、接入层的以太网交换机均提供吉比特接口，彼此之间互联可以组成更大的网络。除此之外，以太网交换机还可以通过吉比特接口实现堆叠功能，即一个厂家的交换机通过软硬件的支持，将若干台交换机连接起来作为一个对象加以控制的方式，看起来就像一台交换机的应用模式一样。

某些高性能的 UNIX 或者视频点播服务器很容易具有上百兆的带宽需求，在这种情况下，采用吉比特以太网进行连接是非常好的选择。对于高性能服务器比较集中的场合，通常也会需要使用吉比特以太网交换机进行网络互连。吉比特以太网使用的协议仍遵从许多原始的以太网规范，所以，客户可以应用现有的知识和技术进行安装、管理和维护吉比特以太网。

吉比特以太网一般用于汇聚层，提供接入层和汇聚层设备间的高速连接，也可以在核心层提供汇聚层和高速服务器的高速连接以及核心设备间的高速互联。吉比特以太网的传输介质类型如表 4-1 所示。

表 4-1 吉比特以太网的传输介质和距离

技术标准	线缆类型	传输距离
1000BASE-T	铜质 EIA/TIA5 类(UTP)非屏蔽双绞线 4 对	100 m
1000BASE-CX	铜质屏蔽双绞线	25 m
1000BASE-SX	多模光纤，50/62.5 μm 光纤，使用波长为 850 nm 的激光	550 m/275 m
1000BASE-LX	单模光纤，9 μm 光纤，使用波长为 1 300 nm 的激光	2～15 km

4) 十吉比特以太网(10G 以太网)

10 Gb/s 以太网标准由 IEEE 802.3 工作组于 2000 年正式制定，10G 以太网仍使用与 10 Mb/s 和 100 Mb/s 以太网相同的形式，同样使用 IEEE 802.3 标准的帧格式和流量控制方式。10G 以太网达到很高的传输速率，由于 10G 以太网技术的复杂性及原来传输介质的兼容性问题，目前只能在光纤上传输，与原来企业常用的双绞线不兼容。

10G 以太网最主要的特点如下。

(1) 保留了 802.3 以太网的帧格式。

(2) 保留了 802.3 以太网的最大帧长和最小帧长。
(3) 只使用全双工工作方式，完全改变了传统以太网的半双工的广播工作方式。
(4) 只使用光纤作为传输媒质而不使用铜线。
(5) 使用点对点链路，支持星型结构的局域网。
(6) 10G 以太网数据率非常高，不直接和端用户相连。
(7) 创造了新的光物理媒体相关(PMD)子层。

4.3.2 以太网的网络组成

以太网是一种计算机 LAN，由若干个站点（网络节点）和将其连接到网上所使用的设备以及站点间传输信息的介质组成。各站点间的通信是通过符合上述标准规范的以太网，以传输介质接入控制的方法实现。其传输介质也需遵守相关标准规定的以太网物理层的性能规范，信息在各种设备与传输介质中的运行，如图 4-30 所示。

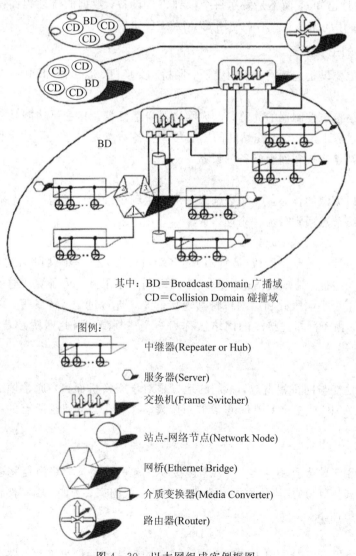

图 4-30 以太网组成实例框图

下面将从以太网中传输的信号形式、通信工作模式以及以太网的主要设备等方面来进行简单介绍。

1. 信号形式

以太网中传输的信号是以帧的形式存在的，帧是以太网通信信号的基本单元。在以太网中不允许非帧形式的信号存在，一旦发现有非帧形式的信号就会将其丢弃。

2. 通信工作模式

通信网络有半双工和全双工两种工作模式。半双工工作模式是指站点发送与接收信息使用同一个物理通道，各个站点不能同时发送信息。因此，一般在使用 CSMA/CD 介质接入规则的早期，以太网站点之间采用半双工工作模式。全双工工作模式是指站点之间发送与接收信息分别有独立的物理通道，因而允许两个站点之间同时向对方发送信息。现今以太网的工作模式则以全双工方式为主，交换机可以隔离每个端口，只将帧发送到正确的目的地（如果目的地已知），而不是发送每个帧到每台设备，数据的流动因而得到了有效的控制，显然没有争用问题，也就不必使用 CSMA/CD 协议。

3. 以太网的主要设备

以太网的主要设备包括网卡、中继器、网桥、交换机、路由器和网关。

1) 网卡

网卡是网络接口控制器的简称，也称网络接口适配器。其主要功能是将各站点连到以太网的介质上，是计算机和工作站间的网络接口。各站点无网卡就无法上网，因此网卡是将计算机网络站点连接到网上必备的设备。

2) 中继器

中继器是以太网的核心，所有站点都必须连接到中继器内部总线的各端口上。中继器和其连接的网络节点通常称为一个网段。

3) 网桥

网桥是可以连接若干个网段（碰撞域）的多端口设备。当一个网段上站点太多时，会发生过多的竞争与碰撞，造成通信的中断或使网络利用率下降。为了克服这种缺点，可将此网段分割成若干个小网段并利用网桥将其连接起来，进行过滤、转发等，以达到减少竞争与碰撞的目的。由于网桥连接成的网络被称为一个广播域，因此网桥是若干个网段（碰撞域）上各站点的集合。

4) 交换机

交换机的功能与网桥相类似，不同的地方是对于交换机而言，通常帧交换可以使用专用的集成电路 ASIC 或多个 CPU，可以并行收发多个帧信息，而且所有的端口都可以同时收发信息。

5) 路由器

路由器是用于将多种不同类型 LAN 连接在一起的设备。由路由器将多种不同类型的 LAN 连接在一起可以形成干线网络，覆盖整个城市或国家。例如，因特网便是覆盖世界范围的巨大的路由网络。

6) 网关

网关工作在高层协议，用于不同高层协议的网络之间的信息变换。路由器便是网关其中的一种。

以太网采用的传输介质分为电缆和光缆两类。其中电缆包括同轴电缆与双绞线对等，而光缆则包括多模光缆和单模光缆，关于以太网传输介质的分类在前面已详细介绍。

4.3.3 LAN 接入组网案例分析

1. IP 网络结构

IP 网络可以分成骨干网络和本地网络，骨干网络根据网络规模和覆盖面可分为：国家级骨干网络、省级骨干网络、城域网。城域网又分为：核心层、汇聚层和接入层三个层次，如图 4-31 所示。

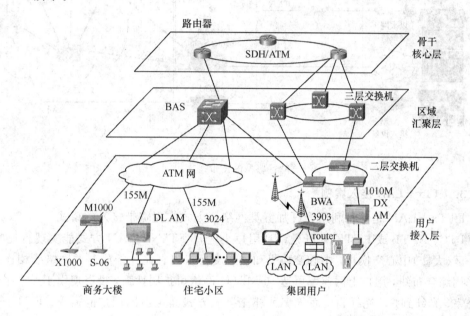

图 4-31 IP 城域网的分层结构

骨干核心层主要由一些核心路由器组成，路由器之间通过高速传输链路相连，通过骨干核心层连接到不同的全国性骨干网络。区域汇聚层介于接入层和核心层之间，主要由三层交换机、BAS(宽带接入服务器)和接入路由器等组成，用于汇聚接入层的不同业务流。用户接入层则是最靠近用户端的网络，通过不同的接入手段(铜线、光纤、无线等)接入到不同类型的用户端，提供宽带、语音、视频、专线等业务的接入。

2. 宽带接入组网结构

图 4-32 所示是一个典型的宽带接入组网结构，整个城域网可以分为核心层、汇聚层、接入层和用户端。核心层采用 IP/ATM 组网方式，由一些核心路由器和 ATM 交换机组成网状网络；汇聚层由 UAS(用户代理服务器)、接入路由器、三层交换机和 ATM 交换机等组成；接入层根据接入方式的不同，可采用 DSL 或 LAN 接入的方式，通过光纤、双绞线或五类线接入到用户驻地网(CPN)。

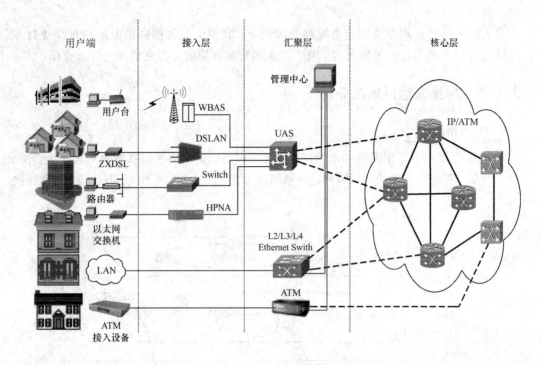

图 4-32 典型的宽带接入组网结构

3. FTTx+LAN 接入案例

FTTx+LAN 是一种利用光纤加五类网络线方式实现宽带接入的模式，FTTx 一般是指 FTTC、FTTB 或 FTTZ(光纤敷设到用户小区)。FTTx+LAN 方式能实现吉比特光纤到小区(大楼)中心交换机，中心交换机和楼道交换机以百兆光纤或五类网络线相连，楼道内采用综合布线，用户上网速率可达 10 Mb/s，网络可扩展性强，投资规模小。另有光纤到办公室、光纤到户、光纤到桌面等多种补充接入方式满足不同用户的需求。FTTx+LAN 方式采用星形网络拓扑，用户共享接入交换机的带宽。

图 4-33 为一个典型的 FTTx+LAN 接入案例，采用 LAN 接入方式，对原有 LAN 小区进行改造，在 L2 交换机上直接下挂综合接入设备 IAD，原则上使用交换机的最后一个端口。也可以在 ONU 下挂 IAD 或通过五类线直接连到用户端，提供语音、宽带等业务。该组网方式应用于住宅小区，原来的 ADSL 用户可以全部改装成 LAN 接入方式，具体来说有两种应用方式。

(1) OLT → ODN → ONU → N 个 IAD：ONU 下挂 N 个 IAD，ONU 的数据在 OLT 上制作，IAD 需要配置。本方式可应用于商业楼宇或纯语音需求的场所。

(2) OLT→ODN→ONU(ONU+IAD 一体式)：数据集中在 OLT 上制作，应用于住宅小区或有数据和语音双重需求的场所。

图 4-34 为 ONU+IAD 一体化的楼道箱示意图，图中的 ONU 设备同时提供语音(固话)和宽带接口，上连的光纤接口通过尾纤和进入融纤盒的光缆进行热熔；下行的宽带端口配线到宽带业务配线架，固话业务接口通过电缆线引到固话业务配线架，在箱体中还需提供交流电源和箱体接地装置，下面的缆线入口在完工后需进行封堵。

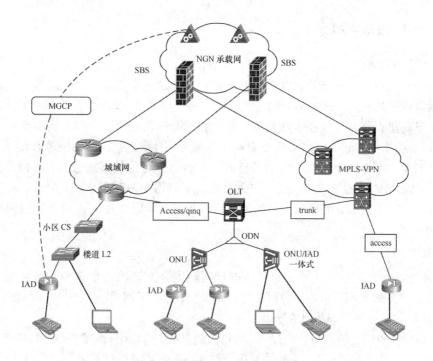

图 4-33　FTTx+LAN 接入案例

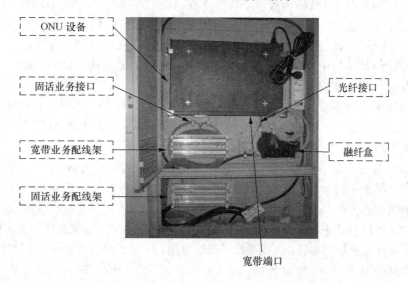

图 4-34　ONU+IAD 一体化的楼道箱示意图

4.4　基于 SDH 的光传输网

光纤大容量数字传输目前都采用同步时分复用（TDM）技术，复用又分为若干等级，先后有两种传输体制：准同步数字系列（PDH）和同步数字系列（SDH），这里重点讲述 SDH 技术。

4.4.1 SDH 的基本概念

1. SDH 的定义

随着通信网的发展和用户的需求,基于点对点传输的准同步(PDH)系统暴露出一些固有的、难以克服的弱点,已经不能满足大容量高速传输的要求。为了适应现代通信网的发展,产生了高速大容量光纤技术和智能网技术相结合的新体制——同步数字系列(SDH)。

SDH 是一个将复接、线路传输及交换功能融为一体的、并由统一网管系统操作的综合信息传送网络,可实现诸如网络的有效管理、开通业务时的性能监视、动态网络维护、不同供应厂商之间的互通等多项功能,它大大提高了网络资源利用率,并显著降低了管理和维护费用,实现了灵活、可靠和高效的网络运行与维护,因而在现代信息传输网络中占据重要地位。

2. SDH 的特点

SDH 的核心理念是要从统一的国家电信网和国际互通的高度来组建数字通信网,它是构成综合业务数字网(ISDN),特别是宽带综合业务数字网(B-ISDN)的重要组成部分,SDH 的优势主要体现在以下几个方面:

(1) 有全世界统一的网络节点接口(NNI),包括统一的数字速率等级、帧结构、复接方法、线路接口、监控管理等等,实现了数字传输体制上的世界标准及多厂家设备的横向兼容。

(2) 采用标准化的信息结构等级,其基本模块是速率为 155.520 Mb/s 的同步传输模块第一级(记作 STM-1)。更高速率的同步数字信号,如 STM-4、STM-16、STM-64 可简单地将 STM-1 进行字节间插同步复接而成,大大简化了复接和分接。

(3) SDH 的帧结构中安排了丰富的开销比特,使网络的管理和维护功能大大加强,而且适应将来 B-ISDN 的要求。

(4) SDH 采用同步复用方式和灵活的复用映射结构,利用设置指针的办法,可以在任意时刻,在总的复接码流中确定任意支路字节的位置,从而可以从高速信号一次直接插入或取出低速支路信号,使上下业务十分容易。

(5) SDH 确定了统一新型的网络部件,这些部件是 TM、ADM、REG 以及 DXC。这些部件都有世界统一的标准。此外,由于用一个光接口代替大量的电接口,可以直接经光接口通过中间节点,省去大量电路单元。

(6) SDH 对网管设备的接口进行了规范,使不同厂家的网管系统互联成为可能。这种网管不仅简单而且几乎是实时的,因此降低了网管费用,提高了网络的效率、灵活性和可靠性。

(7) SDH 与现有 PDH 完全兼容,体现了后向兼容性。同时 SDH 还能容纳各种新的业务信号,如高速局域网的光纤分布式数据接口(FDDI)信号、异步传递模式(ATM)信元,体现了完全的前向兼容性。

SDH 体系并非完美无缺,其缺陷主要表现在三个方面:频带利用率低,指针调整机理复杂,软件的大量使用使系统容易受到计算机病毒的侵害。

4.4.2 SDH 的速率与帧结构

1. SDH 的速率

SDH 具有统一规范的速率。SDH 信号以同步传输模块(STM)的形式传送。SDH 信号最基本的同步传输模块是STM-1,其速率为155.520 Mb/s。更高等级的STM-N信号是将STM-1经字节间插同步复接而成,其中,N是正整数。目前SDH仅支持N=1,4,16,64。

ITU-T G.707建议规范的SDH标准速率如表4-2所示。

表4-2 SDH标准速率

等级	STM-1	STM-4	STM-16	STM-64
速率/(Mb/s)	155.520	622.080	2488.320	9953.280

2. SDH的帧结构

SDH要求能对各种支路信号进行同步的复用、交叉连接和交换,因而帧结构必须能适应所有这些功能。同时也希望支路信号在一帧内的分布是均匀的、有规律的,以便进行接入和取出,还要求帧结构能对北美1.5 Mb/s和欧洲2 Mb/s系列信号同样方便和实用。为此ITU-T采纳了一种以字节结构为基础的矩形块状帧结构。

如图4-35中所示,STM-N的帧结构由三部分组成:段开销,包括再生段开销(RSOH)和复用段开销(MSOH);管理单元指针(AU-PTR);信息净负荷(Payload)。

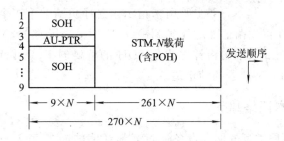

图4-35 SDH帧结构

从图4-35可以看出,STM-N的信号是由$270×N$列和9行字节组成,每字节8比特。对于STM-1而言,帧长度为$270×9=2430$字节,相当于19440比特。若用时间表示,对于任何STM等级,其帧长或帧周期均为125 μs。帧结构中字节的传输是从左到右按行进行的,首先由图中左上角第1个字节开始,从左到右、由上而下按顺序进行,直至整个字节都传完,再转入下一帧。如此一帧一帧地传送,每秒共传8000帧。此处的N与STM-N的N相一致,取值范围:1,4,16,64……。表示此信号由N个STM-1信号通过字节间插复用而成。

需要注意的是,对于任何STM级别,帧频都是8000帧/秒,帧周期的恒定是SDH信号的一大特点。由于帧周期的恒定使STM-N信号的速率有其规律性。例如STM-4的传输速率恒定地等于STM-1信号传输速率的4倍,STM-16恒定地等于STM-4的4倍,等于STM-1的16倍。SDH信号的这种规律性使高速SDH信号直接分/插出低速SDH信号成为可能,特别适用于大容量的传输情况。

1) 信息净负荷(Payload)

信息净负荷区就是帧结构中存放各种信息容量的地方。图4-35中横向为第10至$270×N$列、纵向第1至第9行的$2349×N$个字节都属于净负荷区域。当然,其中还有少量的用于通道性能监视、管理和控制的通道开销字节(POH)。通常,POH作为净负荷的一部分与其一起在网络中传送。

2) 段开销(SOH)

段开销是指 STM-N 帧结构中为了保证信息净负荷正常灵活传送所必需的附加字节，主要是供网络运行、管理和维护使用的字节。图 4-35 中横向为第 1 至第 $9\times N$ 列、纵向第 1 至第 3 行和第 5 至第 9 行的 $72\times N$ 个字节已分配给段开销。再生段开销在 STM-N 帧中的位置是第 1 到第 3 行的第 1 到第 $9\times N$ 列，共 $3\times 9\times N$ 个字节；复用段开销在 STM-N 帧中的位置是第 5 到第 9 行的第 1 到第 $9\times N$ 列，共 $5\times 9\times N$ 个字节。对于 STM-1 而言，相当于每帧有 72 个字节(576 比特)可用于段开销。由于每秒传 8000 帧，因而，STM-1 有 4.608 Mb/s 可用于网络运行、管理和维护目的。可见段开销是相当丰富的，这是光同步传送网的重要特点之一。

段开销中的再生段开销(RSOH)和复用段开销(MSOH)分别对相应的段层进行监控。RSOH 和 MSOH 的区别在于监管的范围不同。比如说，若光纤上传输的是 2.5G 信号，那么，RSOH 监控的是 STM-16 整体的传输性能，而 MSOH 则是监控 STM-16 信号中每一个 STM-1 的性能情况。

3) 管理单元指针(AU-PTR)

管理单元指针是一种指示符，主要用来指示信息净负荷的第 1 个字节在 STM-N 帧内的准确位置，以便在接收端正确地分解。图 4-35 中第 4 行的 $9\times N$ 列，共 $9\times N$ 个字节是保留给 AU-PTR 用的。采用指针方式是 SDH 的重要创新，可以使之在准同步环境中完成复用同步和 STM-N 信号的帧定位。

4.4.3 SDH 的基本网络单元

SDH 传输网由不同类型的网元设备通过光缆线路的连接组成，通过不同的网元完成 SDH 网络的传送功能，SDH 常见的网元设备类型有终端复用器(TM)、分插复用器(ADM)、再生中继器(REG)和数字交叉连接(DXC)等。

1. 终端复用器(TM)

终端复用器(TM)用在网络的终端站点上，例如一条链的两个端点上，它是具有两个端口的设备如图 4-36 所示，将 PDH 支路信号复用进 SDH 信号中，或将较低等级的 SDH 信号复用进高等级 STM-N 信号中，以及完成上述过程的逆过程。

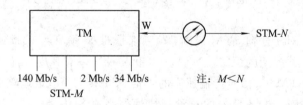

图 4-36 终端复用器

2. 分插复用器(ADM)

分插复用器(ADM)用于 SDH 传输网络的转接站点处，例如链的中间节点或环上节点，是 SDH 网上使用最多、最重要的一种网元设备，它是一种具有三个端口的设备，如图 4-37 所示。

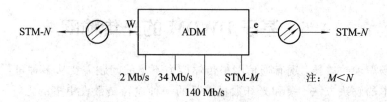

图 4-37 分插复用器

分插复用器将同步复用和数字交叉连接功能综合于一体,利用内部的交叉连接矩阵,不仅实现了低速率的支路信号可灵活地插入/分出到高速的 STM-N 中的任何位置,而且可以在群路接口之间灵活地对通道进行交叉连接。ADM 是 SDH 最重要的一种网元设备,它可等效成其他网元,即能完成其他网元设备的功能(例如,一个 ADM 可等效成两个 TM 设备)。

3. 再生中继器(REG)

再生中继器(REG)的最大特点是不上/下(分/插)电路业务,只放大或再生光信号。REG 的功能就是接收经过长途传输后衰减了的、有畸变的 STM-N 信号,对它进行放大、均衡、再生后发送出去。实际上,REG 与 ADM 相比仅少了支路端口的侧面,所以 ADM 若不上/下本地业务电路时,完全可以等效成一个 REG。

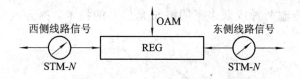

图 4-38 再生中继器

4. 数字交叉连接设备(DXC)

数字交叉连接设备(DXC)具有一个或多个 PDH 或 SDH 信号接口,可以在任何接口之间对信号及其子速率信号进行可控连接和再连接。DXC 的核心部件是高性能的交叉连接矩阵,其基本结构与 ADM 相似,只是 DXC 的交叉连接矩阵容量比较大,接口比较多,具有一定的智能恢复功能,常用于网状网节点。DXC 可将输入的 m 路 STM-N 信号交叉连接到输出的 n 路 STM-N 信号上,图 4-39 表示有 m 条输入光纤和 n 条输出光纤。

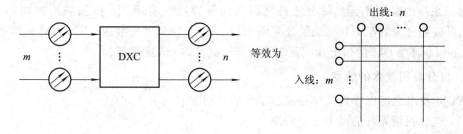

图 4-39 数字交叉连接设备

4.5 基于 DWDM 的光传输网

面对市场需求的增长,现有通信网络传输能力不足的问题需要从多种可供选择的方案中找出低成本的解决方法。缓和光纤数量不足的一种途径是敷设更多的光纤,这对那些光纤安装耗资少的网络来说,不失为一种解决方案。但这不仅受到许多物理条件的限制,也不能有效利用光纤带宽。另一种方案是采用时分复用(TDM)方法提高比特率,但单根光纤的传输容量仍然是有限的,何况传输比特率的提高受到电子电路物理极限的限制。第三种方案是波分复用(WDM)技术,WDM 系统利用已经敷设好的光纤,使单根光纤的传输容量在高速率 TDM 的基础上成倍地增加。WDM 能充分利用光纤的带宽,解决通信网络传输能力不足的问题,具有广阔的发展前景。

4.5.1 波分复用原理

1. 波分复用技术的定义

波分复用(WDM)技术是将两种或多种不同波长的光载波信号(携带各种信息)在发送端经复用器汇合在一起,并耦合到光线路的同一根光纤中进行传输的技术;在接收端,经解复用器将各种波长的光载波分离,然后由光接收机作进一步处理以恢复原信号。这种在同一根光纤中同时传输两种或众多不同波长光信号的技术,称为波分复用,如图 4-40 所示。

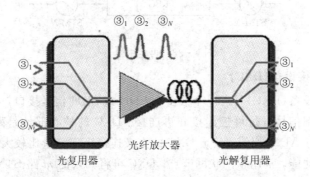

图 4-40 WDM 原理示意图

通信系统的设计不同,每个波长之间的间隔宽度也有不同。按照通道间隔的不同,WDM 可以细分为 CWDM(稀疏波分复用)和 DWDM(密集波分复用)。CWDM 的信道间隔为 20 nm,而 DWDM 的信道间隔可以为 1.6 nm、0.8 nm 或更低。

2. 波分复用技术的特点

WDM 技术之所以在近几年得到迅猛发展是因为它具有下述优点:

(1) 充分利用光纤的巨大带宽资源。

光纤具有巨大的带宽资源(低损耗波段),WDM 技术使一根光纤的传输容量比单波长传输增加几倍至几十倍甚至几百倍,从而增加光纤的传输容量,降低成本,具有很大的应用价值和经济价值。

(2) 同时传输多种不同类型的信号。

由于 WDM 技术使用的各波长的信道相互独立，因而可以传输特性和速率完全不同的信号，完成各种电信业务信号的综合传输，如 PDH 信号和 SDH 信号、数字信号和模拟信号、多种业务（音频、视频、数据等）的混合传输等。

(3) 节省线路投资。

采用 WDM 技术可使 N 个波长复用起来在单根光纤中传输，也可实现单根光纤双向传输，在长途大容量传输时可以节约大量光纤。另外，对已建成的光纤通信系统扩容方便，只要原系统的功率余量较大，就可进一步增容而不必对原系统做大的改动。

(4) 降低器件的超高速要求。

随着传输速率的不断提高，许多光电器件的响应速度已明显不足，使用 WDM 技术可降低对一些器件在性能上的极高要求，同时又可实现大容量传输。

(5) 高度的组网灵活性、经济性和可靠性。

WDM 技术有很多应用形式，如长途干线网、广播分配网、多路多址局域网。可以利用 WDM 技术选择路由，实现网络交换和故障恢复，从而实现未来的透明、灵活、经济且具有高度生存性的光网络。

4.5.2 DWDM 系统的基本结构

实际的 WDM 系统主要由五部分组成：光发送机、光中继放大、光接收机、光监控信道和网络管理系统，如图 4-41 所示。

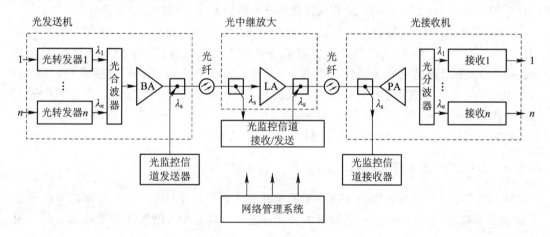

图 4-41 DWDM 系统基本结构

光发送机位于 WDM 系统的发送端。在发送端首先将来自终端设备（如 SDH 端机）输出的光信号，利用光转发器 OTU 把符合 ITU-T G.957 建议的非特定波长的光信号转换成符合 ITU-T G.692 建议的具有稳定的特定波长的光信号。

OTU 对输入端的信号波长没有特殊要求，可以兼容任意厂家的 SDH 信号，其输出端满足 G.692 的光接口，即标准的光波长和满足长距离传输要求的光源；利用合波器合成多路光信号；通过光功率放大器放大输出多路光信号。

信号传输一定距离后，需要用掺铒光纤放大器 EDFA 对光信号进行中继放大。在应用时可根据具体情况，将 EDFA 用作"线放"（LA, Line Amplifier）、"功放"（BA, Booster Amplifier）和"前放"（PA, Preamplifier）。在 WDM 系统中，对 EDFA 必须采用增益平坦技术，使得 EDFA 对不同波长的光信号具有接近相同的放大增益。与此同时，还要考虑到不同数量的光信道同时工作的各种情况，保证光信道的增益竞争不影响传输性能。

在接收端，光前置放大器(PA)放大经传输而衰减的主信道光信号，分波器从主信道光信号中分出特定波长的光信号。接收机不但要满足一般接收机对光信号灵敏度、过载功率等参数的要求，还要能承受有一定光噪声的信号，要有足够的电带宽。

光监控信道(OSC)的主要功能是监控系统内各信道的传输情况，在发送端，插入本节点产生的波长为 λ_s(1510 nm)的光监控信号，与主信道的光信号合波输出；在接收端，将接收到光信号分离，输出 λ_s(1510 nm)波长的光监控信号和业务信道光信号。帧同步字节、公务字节和网管所用的开销字节等都是通过光监控信道来传送的。

网络管理系统通过光监控信道物理层传送开销字节到其他节点或接收来自其他节点的开销字节对 WDM 系统进行管理，实现配置管理、故障管理、性能管理和安全管理等功能，并与上层管理系统(如 TMN)相连。

DWDM 既可用于陆地与海底干线，也可用于市内通信网，还可用于全光通信网。市内通信网与长途干线的根本不同点在于各交换局之间的距离不会很长，一般在 10 km 上下，很少超过 15 km 的，这就不用装设线路光放大器，只要 DWDM 系统终端设备成本足够低就是合算的。已有人试验过一种叫做 MetroWDM 都市波分多路系统的方案，表明将 WDM 用于市内网的局间干线可以比由 TDM 提升等级的办法节省约 30% 的费用。同时 WDM 系统还具有多路复用保护功能，对运行安全有利。交换局到大楼 FTTB 或到路边 FTTC 这一段接入网也可用 DWDM 系统，或可节省费用或可更好地保护用户通信安全。

利用 DWDM 系统传输的不同波长可以提供选寻路由和交换功能。在通信网的节点处装上光分插复用器，就可以在节点处任意取下或加上几个波长信号，对业务增减十分方便。每一节点的交叉连接也是波长或光的交叉连接。如果再配以光波长变换器 OTU 或光波长发生器，在波长交叉连接时可改用其他波长，则可以更加灵活地适应实际场景中的需要。这样整个通信网(包括交换在内)就可完全在光域中完成，通信网也就成了"全光通信网 AON"。无疑，DWDM 在构建全光通信网中起了关键作用。

4.5.3 DWDM 技术选型

WDM 系统中的光纤传输技术与一般的光纤通信系统相比，由于存在传输速率高和信道数量多等特点，因此存在着一些特殊的要求，包括光纤选型、色散补偿技术和色散均衡技术等。

1. 光纤选型

在使用 1550 nm 波长段的光纤通信系统中，对单波长、长距离的通信采用 G.653 光纤(DSF，色散位移光纤)具有很大的优越性。但当 G.653 光纤用于 WDM 系统中时，可能在零色散波长区出现严重的非线性效应，其中四波混频 FWM 对系统的影响尤为明显。

FWM 效应产生的大量寄生波长或感生波长与初始的某个传输波长一致，对原有信道造成严重的干扰，G.653 光纤在 1550 nm 波长处色散为零，FWM 效应明显，如图 4-42 所示。如在已有的 G.653 光纤线路上开通 WDM 系统，一般可以采用非等间隔布置波长和增大波长间隔等方法。但总的来看，G.653 光纤不适合于高速率、大容量、多波长的 WDM 系统。

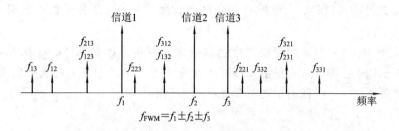

图 4-42 四波混频效应原理

为了有效抑制四波混频效应,可以选择 G.655 非零色散位移光纤(NZ DSF)。这样既避开了零色散区(避免 FWM 效应),同时又保持了较小的色散值,利于传输高速率的信号。而为了适应 WDM 系统单个信道的传输速率需求,可以使用偏振模色散性能较好的 G.655B 和 G.655C 光纤。

从系统成本角度考虑,尤其是对原有采用 G.652 光纤的系统升级扩容而言,在 G.652 光纤线路上增加色散补偿元件以控制整个光纤链路的总色散值也是一种可行的办法。未来 WDM 系统中可能会利用整个 O、S、C 和 L 波长段,因此色散平坦光纤 G.656 光纤可能会得到较大的应用。

2. 色散补偿技术

DWDM 系统在逐步提高单波速率和提高波道数的过程中,逐步由衰耗受限系统转变为色散受限系统,那么,色散因素如何处理就成为 DWDM 系统的一个必须要解决的问题。下面介绍几种较为成熟的色散补偿技术。

1) 色散补偿光纤(DCF)

采用常规 DCF 进行通信系统链路色散补偿的技术是现在通用的技术,其发展较为成熟。由于 DCF 是一种无源器件,安装灵活方便,能实现宽带色散补偿和一阶色散、二阶色散全补偿,还可与 1310 nm 零色散标准单模光纤兼容,适当控制 DCF 的模场直径、改善熔接技术,能得到较小的插入损耗,因此受到普遍重视,成为当今研究的热点。

DCF 的概念最早在 1980 年提出,EDFA 在通信系统的成功应用加速了 DCF 的发展,DCF 已从最初的匹配包层型发展到多包层折射率剖面型。多包层结构一方面可以得到很高的负色散和负色散斜率;另一方面又可以降低弯曲损耗,DCF 的品质因数越来越高。

DCF 的品质因数 FOM 定义如下:

$$\text{FOM} = \frac{D}{\alpha} \tag{4-20}$$

式中,FOM 为品质因数,单位 ps/(nm·dB);D 为色散系数,单位 ps/(nm·km);α 为衰减系数,单位 dB/km。FOM 是 DCF 的重要参数,可以用来对不同类型的 DCF 进行性能比较。

为了得到具有较大负色散系数的 DCF,必须控制波导色散。现在已经有大量的商用 DCF 用于补偿 G.652 光纤在 C 波段和 L 波段传输时的色散。

对光纤一阶群速度色散(GVD)完全补偿的条件为:

$$D_t(\lambda)L_t + D_c(\lambda)L_c = 0 \tag{4-21}$$

式中,$D_t(\lambda)$ 为传输光纤在波长处的色散系数;$D_c(\lambda)$ 为色散补偿光纤在波长处的色散系数；L_t为传输光纤的长度；L_c为色散补偿光纤的长度。对于二阶色散也可获得补偿，补偿条件与一阶不同。

色散补偿光纤 DCF 与常规单模光纤色散特性比对示意图如图 4-43 所示，常规单模光纤在 1550 nm 附近具有高的色散，不利于高速率光纤通信系统，色散补偿光纤在 1550 nm 附近具有负色散，可以抵消常规单模光纤的正色散。

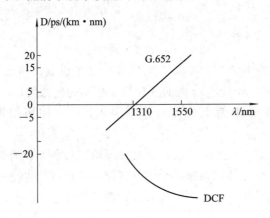

图 4-43 DCF 与常规单模光纤色散特性比对

2）啁啾光纤光栅色散补偿技术

采用适当的光源和光纤增敏技术，几乎可以在各种光纤上不同程度地写入光栅。光纤光栅就是光敏光纤在选定波长光照射后形成的折射率呈固定周期性分布的一种无源光器件。光纤光栅进行色散补偿的示意图如图 4-44 所示。光波经过光栅后起到色散均衡的作用，从而实现色散补偿。

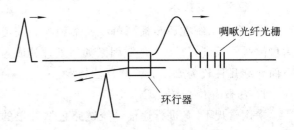

图 4-44 啁啾光纤光栅色散补偿

啁啾光纤光栅色散补偿的基本原理是：啁啾光纤光栅中，谐振波是位置的函数，因此不同波长的入射光在啁啾光纤光栅的不同位置上反射并具有不同的时延，短波长分量经受的时延长，长波长分量经受的时延短，光栅所引入的时延与光纤中传输时造成的时延正好相反，二者引入的时延差相互抵消，使脉冲宽度得以恢复。

色散补偿啁啾光纤光栅的优点是结构小巧，很容易接入光纤通信系统。然而也存在一些急需克服的缺陷，如带宽过窄、群时延非线性、额外的介入损耗及需要解决制作过程的实用化，如制作过程的可重复性、封装、温度补偿等。

3）偏振模（PMD）色散补偿技术

单模光纤中，基模是由两个相互垂直的偏振模组成的。两偏振模的群速度由于受到外界一些不稳定因素的影响而产生差异，在传播中两偏振模的叠加使得信号脉冲展宽，从而形成偏振模色散。

PMD 是由以下几个方面的因素造成的：光纤所固有的双折射，即光纤在生产过程中产生的几何尺寸不规则和在光纤中残留应力导致折射率分布的各相异性；光缆在铺设使用过程中，由于受到外界的挤压、弯曲、扭转和环境温度变化的影响而产生偏振模耦合效应，从而改变两偏振模各自的传播常数和幅度,导致当光信号通过一些光通信器件如隔离器、耦合器、滤波器时,由于器件结构和材料本身的不完整性,也能导致双折射,产生 PMD。

目前国际上主要有两种方式对 PMD 进行补偿,即在传输的光路上直接对光信号进行补偿或在光接收机内对电信号进行补偿。两者的实质都是利用某种光的或电的延迟线对 PMD 造成的两偏振模之间的时延差进行补偿。其基本原理为:首先在光或电上将两偏振模信号分开,然后用延迟线分别对其进行延时补偿,在反馈回路的控制下,使两偏振模之间的时延差为零,最后将补偿后的两偏振模信号混合输出。

3. 色散均衡技术

在原有采用 G.652 光纤的系统中,采用色散补偿技术只能实现整个链路或者其中部分数字段的总色散为零,但是由于色散补偿元件是分段式使用的,这就可能造成光纤链路的色散值呈现起伏波动的情况,这也不利于 WDM 系统。因此需要引入色散均衡技术,在保证整个链路色散最小的同时,中间任意数字段的色散起伏都不会很大。

4.5.4 DWDM 关键技术

由于同时有多个不同波长通路在一根光纤中同时传输,因此对于 WDM 系统而言会存在一些单信道光纤通信系统中没有的问题。

1. 光源的波长准确度和稳定度

在 DWDM 系统中,首先要求光源具有较高的波长准确度,否则可能会引起不同波长信号之间的干扰。再有就是必须对光源的波长进行精确的设定和控制,否则波长的漂移必然会造成系统无法稳定、可靠地工作。所以要求在 WDM 系统中要有配套的波长监测与稳定技术。

2. 光信道的串扰问题

光信道的串扰是影响接收机灵敏度的重要因素。信道间的串扰大小主要取决于光纤的非线性和复用器的滤波特性。在信道间隔为 1.6 nm 或 0.8 nm 的情况下,目前使用的光解复用器在系统中可以保证光信道间的隔离度大于 25 dB,可以满足 WDM 系统的要求,但对更高速率的系统尚待研究。

3. 光纤色散对传输的影响问题

WDM 系统中普遍使用了光放大器,使光纤线路的损耗得以有效解决,但随着总传输距离不断延长,色散累计值也会随之增加,系统成为色散性能受限系统。当 WDM 系统中单个信道速率达到 10 Gb/s 乃至 40 Gb/s 以上时,需要采取色散补偿措施。

由于光纤的色散系数与波长有关,因此对于 WDM 系统中的不同波长需要采取差异化或自适应的色散补偿措施,即针对光纤的色散斜率进行补偿。此外,还要考虑偏振模色散(PMD)和高阶色散等对系统性能的影响。

4. 光纤的非线性效应问题

对于常规的单信道光纤通信系统来说,入纤光功率较小,光纤呈线性状态传输,各种非线性效应对系统的影响较小,甚至可以忽略。但在 WDM 系统中,随着 EDFA 等放大器的使用,入纤的光功率显著增大,光纤在一定条件下将呈现非线性特性,会对系统的性能,包括信道间串扰和接收机灵敏度等产生影响。

5. 光放大器引入的传输损伤

在 WDM 系统中，各光信道之间的信号传输功率有可能发生起伏变化，这就要求 EDFA 能够根据信号的变化，实时地动态调整自身的工作状态，从而减少信号波动的影响，保证整个信道的稳定。在 WDM 系统中，如果有一个或几个信道的输入光功率发生变化甚至输入中断，剩下的信道增益即输出功率会产生跃变，甚至会引起线路阻塞。所以 EDFA 必须具有增益锁定功能来避免某些信道完全断路时对其他信道的影响。

4.6 未来光传送网

随着新型业务网络的发展，网络的核心正在由 TDM（时分复用）向 IP 转变，通信网呈现出扁平化、IP 化、宽带化和移动化网络融合的发展方向。目前光/电转换的 SDH＋WDM 传送网组网方式带宽利用率不高，缺乏灵活性；SDH 本身技术特点已经不适合 IP 为核心的数据业务的发展需求，而 WDM 则是组网能力差，保护能力弱，也急需改进。未来传送网要有一定的智能化，要有更高的安全性、更高的速率、更高的带宽、更高的带宽利用率、更长的传输距离和强大的网管功能。智能光传送网是未来光传送网的发展方向，是一个容量更大、高度灵活、智能管理、动态配置的光传送网。

4.6.1 智能光传送网

1. ASON 的定义

数据业务的发展，要求传输网具有动态配置带宽的能力，可以相对灵活地配置网络。因此，就要在传送网中引入交换的概念，以光传输为基础的传送网称为自动交换光网络（ASON）。ASON 将传统的传送网技术与 IP 技术融合形成下一代智能光传送网，传输的信号由以电路信号为主逐渐向以分组信号为主过渡，自动交换光网络是光网络的下一代网，是一个容量更大、高度灵活、智能管理、动态配置的光传输网，基本设想是在光传送网中引入控制平面，以实现网络资源的按需分配，从而实现光网络的智能化。使未来的光传送网能发展为向任何地点和任何用户提供连接的网，成为一个由成千上万个交换节点和千万个终端构成的网络，并且是一个智能化的全自动交换的光网络。

2. ASON 的优势

1）业务配置

传统 WDM 网络的拓扑结构以链型和环型为主，业务配置时，需要逐环、逐点配置业务，而且多是人工配置，费时费力。随着网络规模的日渐扩大，网络结构日渐复杂，这种业务配置方式已经不能满足快速增长的用户需求。智能光网络成功地解决了这个问题，可以实现端到端的业务配置。配置业务只需选择源节点和宿节点，指定业务类型等参数，网络将自动完成业务的配置。

2）带宽利用率

传统 WDM 网络中，备用容量过大，缺少先进的业务保护、业务恢复和路由选择功能。智能光网络通过提供路由选择功能和分级别的保护方式，尽量少地预留备用资源，提高网络的带宽利用率。

3) 保护方式

传统 WDM 网络的拓扑结构以链型和环型为主,业务保护方式多是光线路保护或单板级的保护方式。而智能光网络的拓扑结构主要是 MESH 结构,在实现传统业务保护的同时,还可以实现业务的动态恢复。并且,当网络多处出现故障时,会尽可能地恢复业务。另外,智能光网络根据业务恢复时间的差异,提供多种业务类型,满足不同客户的需要。

3. ASON 传送网结构

ASON 传送网由传送平面、控制平面和管理平面三大平面组成。

与传统光网络相比,ASON 突出的特征是在传送网中引入了独立的控制平面,正是控制平面的引入给整个光网络带来了革命性的变化,使光传送网具备了自动完成网络带宽分配和动态配置电路的能力。

ASON 中三个平面分别完成不同的功能:

1) 控制平面

控制平面主要负责控制网络的呼叫连接,通过信令交换完成传送平面的动态控制,如建立或者释放连接、监测和维护、连接失败时提供保护恢复等。

2) 传送平面

传统 WDM 网络仍然负责业务信息的传送,由传送平面完成光信号传输、配置保护倒换和交叉连接等功能,并确保所传光信号的可靠性。但传送层的交换动作是在管理平面和控制平面的作用下进行的。

3) 管理平面

管理平面将传送平面、控制平面以及系统作为一个整体进行管理,能够进行端到端的配置,是控制平面的一个补充。包括性能管理、故障管理、配置管理和安全管理功能,实现管理平面与控制平面和传送平面之间功能的协调。

如图 4-45 所示,三个平面虽然相对独立,但是它们之间通过接口和定义的功能相互作用。管理平面通过 NMI(网络管理接口)与控制平面和传送平面发生联系,控制平面通过

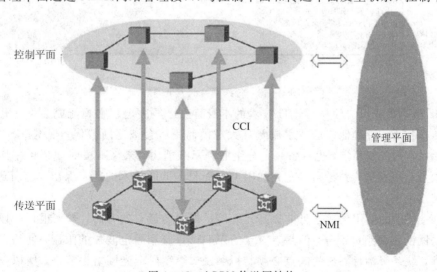

图 4-45 ASON 传送网结构

CCI(连接控制接口)与传送平面发生联系。

4. ASON 的演进

ASON 的完善和实现并非一朝一夕可以完成的，它需要不断地研究和探索，如同软交换、3G/超 3G、IPv6 等这些技术的广泛应用一样，待其完善还需较长的一段时间，目前的 ASON 网是在现有 SDH 网络技术之上引入 ASON 控制平面，利用现有的传送网络来承载 ASON 业务，形成基于 SDH 的 ASON 网络，基于 SDH 的 ASON 设备的一般交叉矩阵都在 320 Gb/s 以上，最大基本交叉颗粒是 VC4，可以通过级联的方式交换大颗粒业务。从设备特点来看，比较适合 VC4 颗粒电路比例较大、有少量 2.5 Gb/s 大颗粒电路的业务应用环境。当网络中绝大部分的业务量都是通过 2.5 Gb/s 及以上颗粒的电路承载时，则要求更大的交叉颗粒，需要基于 OTN 的 ASON 设备或者其他传送技术来实现。

4.6.2 传送网的发展方向

面对全网 IP 化和数据业务的驱动对传送网提出的新要求，全光网络是未来传送网发展的必然趋势，传送网络的发展趋势如图 4-46 所示，基于 SDH/MSTP、WDM 的光传送网将何去何从？

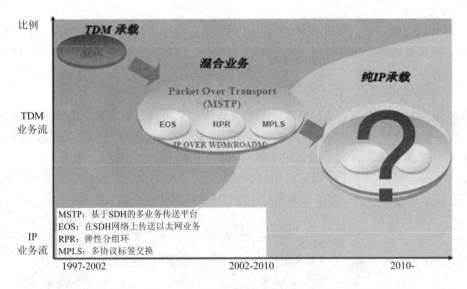

图 4-46 传送网络的发展趋势

SDH 已经完成历史使命，SDH 技术的本身特点已经决定了它不能成为下一代传送网的主流传送技术，待其他传送技术成熟且大规模商用后会被逐渐替代；现网 MSTP/SDH 网络庞大，结构成熟稳定，也具备一定分组业务承载能力；未来一段时间仍可采用现网资源承载少量小颗粒的专线业务，充分利用现网资源。SDH 技术的优点保留，运用到新一代的传送技术上去。

WDM 技术的应用仍然是目前提高光纤传送带宽的最有效方法，未来很长一段时间依然是传送网的重要组成部分，但是点对点的 WDM 系统和固定波长的限制，使得 WDM 组网能力差，缺乏灵活性，这些缺点必须得以解决，继续向全光网络去演进，所以 WDM 技术必须升级改进。

所以，SDH/WDM技术的取舍可以用一句话表示：SDH是技术变革，是被新的传送技术替代，而WDM技术则需要演进。SDH+DWDM的模式正逐渐向PTN+OTN模式演进，传送技术应对IP化的发展路线如图4-47所示。

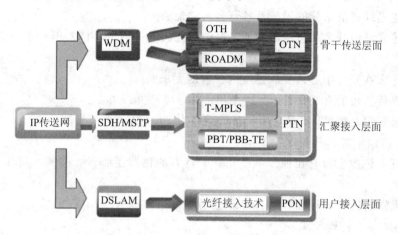

图4-47 传送技术应对IP化的发展路线

PTN(Packet Transport Network，分组传送网)是一种以分组作为传送单位，承载电信级以太网业务为主，兼容TDM、ATM和FC等业务的综合传送技术。PTN技术是一种独立于其他传送机制的组网架构，以分组为主要承载对象，也以分组为网络运行机制，是电信级以太网业务的最佳实现方式，同时也是以太网承载技术和传送技术相结合的产物，有利于现有的传输网络资源向分组化传送演进的平滑过渡以及向ASON网络的演进，是IP网络和MPLS网络与SDH的结合的产物。

OTN(光传送网，Optical Transport Network)是以波分复用技术为基础、在光层组织网络的传送网，是下一代的骨干传送网。OTN通过G.872、G.709、G.798等一系列ITU-T的建议所规范的新一代"数字传送体系"和"光传送体系"，通过ROADM技术、OTH技术、G.709封装和控制平面的引入，将解决传统WDM网络无波长/子波长业务调度能力弱、组网能力弱、保护能力弱等问题。可以说OTN将是未来最主要的光传送网技术，同时随着近几年ULH(超长跨距DWDM技术)的发展，使得DWDM系统的无电中继传输距离达到了几千公里。有关PTN和OTN的内容将在后续课程中详细介绍。

如图4-47所示，对于SDH/MSTP向PTN的演进，传送网职责和特征不变：依然提供管道实现业务接入和处理层面连接，具备完善的OAM能力、端到端的业务配置和大规模网络管理、高质量业务保障的能力，全面的同步方案；变化的是业务从TDM朝IP化演进，管道由刚性变为柔性，提高了带宽利用率。

WDM向OTN的演进不变的是传送网职责和层面以及波分复用技术的基础；变化的是需要解决传统WDM网络无波长/子波长业务调度能力弱、组网能力弱、保护能力弱等问题。

SDH+DWDM的模式正逐渐向PTN+OTN模式演进，所以说PTN+OTN模式才是未来传送网的发展方向。

思考与练习题

1. 简述光纤通信系统的组成及各部分的功能。
2. 描述光纤中纤芯和包层的功能。为什么它们的折射率不同？哪一个折射率要更大，为什么？
3. 为什么在光纤中必须要满足全内反射的要求？
4. 临界传播角的含义是什么？这个角依赖于哪些光纤参数？
5. 如果发射功率为 3 mW，接收器敏感性为 100 μW，求出衰减为 0.3 dB/km 的光纤链路的最大传输距离。
6. 光纤中色散主要有几种？单模光纤中特有的色散是哪种？多模光纤中特有的色散是哪种？
7. 如果发射机的发射功率为 1 mW，接收机的敏感性为 50 μW，计算衰减为 0.5 dB/km 的光纤链路的最大传输距离。
8. 一个传输系统使用衰减系数为 0.5 dB/km 的光纤。如果输入功率是 1 mW，链路长度为 15 km，求输出光功率。
9. 光纤损耗和色散产生的原因及其危害是什么？为什么说光纤的损耗和色散会限制系统的光纤传输距离？
10. 均匀光纤芯与包层的折射率分别为 $n_1=1.50$，$n_2=1.45$，试计算：
 （1）光纤芯与包层的相对折射率差 Δ；
 （2）光纤的数值孔径 NA；
 （3）在 1 km 长的光纤上，由子午线的光程差所引起的最大时延差 $\Delta\tau_{max}$；
 （4）若在 1 km 长的光纤上，将 $\Delta\tau_{max}$ 减小为 10 ns/km，n_2 应选什么值。
11. 阶跃型光纤，若 $n_1=1.5$，$\lambda_0=1.3$ μm，试计算：
 （1）若 $\Delta=0.25$，为了保证单模传输，其芯径应该取多大；
 （2）若取 $a=5$ μm，为保证单模传输，Δ 应该取多大。
12. 什么是 G.652 和 G.655 光纤，它们的特点分别是什么？
13. 简述光纤接入网的组成及各部分的功能。
14. 请列举出几种光纤接入网的应用模型。
15. 简述 GPON 的传输原理。
16. SDH 的帧结构主要由哪几部分组成？
17. SDH 网络的基本网元有哪些？
18. 简述 DWDM 系统的基本结构及各部分的功能。
19. 光波分复用系统的工作波长范围是多少？为什么这么取？根据通路间隔的大小，光波分复用技术可分为几种？通路间隔的选择原则是什么？
20. 简述 DWDM 系统的关键技术。
21. 简述未来光传送网的发展方向。

第 5 章　无线传输原理

通俗地说，信道是指以传输媒质为基础的信号通路。具体地说，信道是指由有线电或无线电线路提供的信号通路。信道的作用是传输信号，提供一段频带让信号通过，同时又给信号加以限制和损害。前面几章对有线介质构成的信道做了分析，本章开始对无线信道进行讨论。

无线信道有中长波地表波传播、超短波及微波视距传播(含卫星中继)、短波电离层反射、超短波流星余迹散射、对流层散射、电离层散射、超短波超视距绕射、光波视距传播等。可以这样认为，凡不属于有线信道的媒质均为无线信道的媒质。无线信道的传输特性不如有线信道的传输特性稳定和可靠，但无线信道具有方便、灵活、通信者可移动等优点。

无线信道的特性决定于整个传输过程，包括发信机和收信机特性、空中传输特性及天线系统的特性，由于空中传输情况复杂，要达到信源的高效、可靠、安全地传输到信宿，必须对信道中的噪声干扰进行处理，以减少信息传输的差错，同时又不降低信息传输的效率。构成无线传输系统的关键性问题有：① 信源编码以降低对信道传输带宽的要求；② 信道编码用于提高信道可靠性；③ 调制以适应不同传输设备；④ 加密不仅是为军政通信的需要，在商业、乃至个人通信方面也很重要；⑤ 链路(或信道)容量的评价也是非常重要的问题。

5.1　无线电波传输理论

5.1.1　电磁波常见传播模式

在传输线(有界空间中)导行的电磁波的类型(也称为模式、场结构或场分布)，按其有无纵向场分量 E_z 和 H_z，可分为四类。

1. 横电磁波(TEM 波)

横电磁波在传播方向 z 上既无纵向电场 E_z 分量又无纵向磁场 H_z 分量，即 $E_z=0$ 且 $H_z=0$。电场、磁场分量都在横截面上与传播方向垂直。这种模式存在于双导体传输线、同轴线、带状线以及无线传输(无界空间理想介质)中。

2. 横电波(TE 波)

横电波的 $E_z=0$，其电场分量与传播方向垂直，但 $H_z\neq 0$。这种模式存在于金属波导中。

3. 横磁波(TM 波)

横磁波的 $H_z=0$，其磁场分量与传播方向垂直，但 $E_z\neq 0$。这种模式存在于金属波导中。

4. EH 波或 HE 波(混合模)

EH 波或 HE 波的 $E_z\neq 0$ 且 $H_z\neq 0$。它们是 TE 波和 TM 波的线性叠加，纵向电场占优势的模式称为 EH 波，纵向磁场占优势的模式称为 HE 波。这种模式存在于介质波导中。

TEM 波、TE 波、TM 波的电场方向及磁场方向与传播方向的关系，如图 5-1 所示。

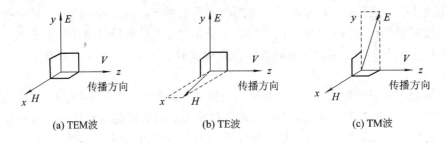

图 5-1 TEM 波、TE 波、TM 波电场及磁场与传播方向关系

5.1.2 电磁波传播特性

从科学的角度来说，电磁辐射是能量的一种，凡是能够释放出能量的物体，都会释放电磁辐射。正像人们一直生活在空气中而眼睛却看不见空气一样，人们也看不见无处不在的电磁波，电磁波就是这样一位人类素未谋面的"朋友"。

无线通信中经常会提到"射频"，射频就是射频电流，简称 RF，它是一种高频交流变化电磁波的简称。当电磁波频率低于 100 kHz 时，电磁波会被地表吸收，不能形成有效的传输。但当电磁波频率高于 100 kHz 时，电磁波就可以在空气中传播，形成远距离传输能力，无线通信就是采用射频传输方式的。

我们有时也把具有远距离传输能力的高频电磁波称为射频信号。电磁波的传播主要有以下特性，这些特性与无线通信密切相关。

1. 集肤效应

射频信号不是存在于导体中就是以波的形式存在于自由空间中。当射频信号存在于导体中时，它只是存在于导体的表面。如果将射频信号放在一个球形的实心导体上，那么它只出现在该导体的表面，不会进入里面，如果可以将一个检测器放在球里面，它将检测不到射频信号的存在。射频信号所呈现的这种行为称为"集肤效应"。

2. 自由空间损耗

一旦射频信号逃离导体边界飞翔在自由空间中形成电磁波，它们将经受所谓的自由空间损耗。电磁波的损耗与我们学习过的电路损耗是不同的，从"路"的概念发展到"场"的概念。

以光为例子来进行分析，打开一个手电筒的电源开关后，光从手电筒射出后开始发散。如果将食指和拇指搭成一个圆圈放在手电筒跟前，几乎所有的光线都可以从圆圈中通过。但当这个圆圈离开手电筒一定距离之后，部分光线就不会从圆圈中通过了，实质上，所有的光仍然在那里，只不过发散的范围更大了。把这个圆圈想象成一个接收机，离得越远，所接收的光（信号）就越少。所以对于接收机来说，类似于要接收从手电筒（发射机）发射出的光。距离远的接收机接收的信号功率仅仅是发射机辐射功率的一小部分，大部分能量都向其他方向扩散了，这就是自由空间损耗的概念。

3. 吸收

除了自由空间损耗以外，射频信号在空间传播所遇到的任何东西都会使射频信号发生一定形式的变化。这些变化归为两种：变得更小（吸收）或者改变传播方向（反射）。

射频所遇到的很多物体都会使射频信号变得更小，包括空气、雨雪、玻璃、墙、木头甚至植物。我们可以把这些物体看成具有一定插入损耗的某种类型的无源器件，这些物体所表现出来的插入损耗称为吸收，因为它们吸收了射频信号。

射频信号穿过物体损失的能量到哪里去了？它们被物体吸收并变成热量了！物体会变暖，当然它的温度变化很小，我们很难测量得到。我们日常生活使用的微波炉恰恰是利用了射频信号的吸收来工作的。

4. 反射

不是所有东西遇到电磁波后都要吸收射频能量。有的东西遇到射频后会改变射频信号的方向，这种方向的改变叫做反射。一般射频信号会以遇到物体时相反的角度反射回去，就像光在镜子表面的反射一样。

反射与两个因素有关：射频频率和物体的材料。有些材料只是以一定程度反射射频信号（还有一部分被吸收），如混凝土，而有些材料会发生完全反射，如金属导体。

5.2 无线传播损耗

在有线传输信道中，电信号封闭在相对固定的导线中传输，其起点和终点的截面积近似相等，因此其单位面积上的功率变化仅仅受制于传输过程中介质对电信号的衰减。

在无线信道中，电磁波离开天线后向四面八方扩散，随着传播距离增加，电磁波能量分布在越来越大的面积上。在天线辐射的总能量一定时，离开天线的距离越远，空间的电磁场就越来越弱。

假设发射天线置于自由空间中，若天线无方向性，辐射功率为 P（单位 W），则距离辐射天线 d（单位 m）处的电场强度有效值 E_0 为

$$E_0 = \frac{\sqrt{30P}}{d} \tag{5-1}$$

式（5-1）表明，电场强度与传播距离成反比。随着传播距离的增加，电场强度逐渐减弱的现象完全是由于电波在自由空间传播时能量的扩散而引起的。

电磁波在大气中传播，实际上会遇到各种介质、导体或半导体，因而会损耗一部分能量，这种现象叫做电磁波能量吸收。考虑电磁波能量吸收，空间任一点的场强将小于 E_0 值。

无线电波在传播过程中，存在多种衰减因素，如自由空间传播损耗、电离层闪烁、降

雨、大气吸收、天线跟踪误差和极化误差等。其中自由空间传播损耗最大，但其只与传输距离和电波频率有关，计算相对简单。降雨对信号吸收、散射和辐射作用随着电波频率的提高而加剧，引起的损耗也随之增加。因此在实际线路设计时，这两种损耗是必须考虑的。虽然其他几种衰减因素引起的损耗相对来说较小，但在某些要求精度比较高的系统中，这些因素的影响也不容忽视，应予以足够重视。

5.2.1 自由空间传播损耗

1. 自由空间传播损耗的计算

自由空间是一种抽象空间，通常是指充满均匀、无耗媒质的无限大空间。无线电波在自由空间传播不产生电磁波的吸收、散射、折射和反射等现象。在自由空间中，只考虑无线电波从源点到目的点由电波传播带来的损耗。电波在自由空间传播时，其能量向四面八方扩散。对于无线通信系统来说，由于信号接收装置的接收面积有限，因此只能接收其中的一部分能量。当总能量保持不变时，相对于发射端的发射能量，接收能量实际上将减少。

由电磁场理论可知，若无方向性（也称全向天线）天线的辐射功率为 P_T（单位 W），则距辐射源 d（单位 m）的接收点 B 处的单位面积上的电波平均功率为

$$W_S = \frac{P_T}{4\pi d^2} \text{ W/m}^2 \tag{5-2}$$

一个各向均匀接收的天线，其有效接收面积为

$$A = \frac{\lambda^2}{4\pi}$$

一个无方向性天线在 B 点收到的功率为

$$P_R = \frac{P_T}{4\pi d^2} \cdot \frac{\lambda^2}{4\pi} \quad \text{或} \quad P_R = P_T \left(\frac{c}{4\pi d f}\right)^2 \tag{5-3}$$

自由空间的传播损耗定义为

$$[L_P] = 10 \lg \frac{P_T}{P_R} = 10 \lg \left(\frac{4\pi d f}{c}\right)^2 \text{ dB}$$

$$= 32.45 + 20 \lg d(\text{km}) + 20 \lg f(\text{MHz}) \tag{5-4}$$

式中，d 为收、发天线的距离，f 为发信频率。若发射天线增益为 G_T，接收天线增益为 G_R，则式(5-4)可改写为

$$[L_P'] = 10 \lg \frac{P_T}{P_R} = 10 \lg \left(\frac{4\pi d f}{c}\right)^2 \frac{1}{G_T G_R}$$

$$= 32.45 + 20 \lg d(\text{km}) + 20 \lg f(\text{MHz}) - [G_T](\text{dB}) - [G_R](\text{dB}) \tag{5-5}$$

【例 5 - 1】 某微波中继传输信道，发射天线的增益为 22 dB，接收天线的增益为 18 dB，收发距离为 14500 km，载波中心频率为 5.904 GHz。试求

(1) 该信道的基本传输损耗为多少？

(2) 若发射功率为 25 W，则接收机的接收功率为多少？

解：(1) 该信道的基本传输损耗为

$$[L_P'] = 32.45 + 20 \lg d(\text{km}) + 20 \lg f(\text{MHz}) - [G_T](\text{dB}) - [G_R](\text{dB})$$

$$= 32.45 + 83.2 + 75.4 - 22 - 18$$

$$= 151 \text{ dB}$$

（2）接收机的接收功率为

$$P_R = P_T \times 10^{-[L'_P]/10} = 25 \times 10^{-15.1} = 1.9335 \times 10^{-14} \text{ W}$$

2. 自由空间传播条件下收信功率的计算

无线通信实际使用的天线均为定向天线，收发天线增益分别为$[G_R]$(dB)、$[G_T]$(dB)，收发天线馈线系统损耗分别为$[L_r]$(dB)、$[L_t]$(dB)，自由空间传播条件下，接收机的接收功率为

$$P_R(\text{dBm}) = P_T(\text{dBm}) + [G_T] + [G_R] - [L_r] - [L_t] - [L_P] \tag{5-6}$$

【**例 5-2**】某微波中继传输信道，已知发射功率 $P_T = 1$ W，发信频率 $f = 3800$ MHz，收发距离为 45 km，$[G_T] = 38$ dB，$[G_R] = 40$ dB，馈线系统损耗$[L_r] = 1$ dB，$[L_t] = 3$ dB，求自由空间传播条件下的收信功率。

解：

$$[L_P] = 10 \lg \frac{P_T}{P_R} = 10 \lg \left(\frac{4\pi df}{c}\right)^2$$

$$= 32.45 + 20 \lg 45(\text{km}) + 20 \lg 3800(\text{MHz}) \approx 137 \text{ dB}$$

将 $P_T = 1$ W 换成电平值：

$$P_T = 10 \lg 1000 \text{ mW}/1 \text{ mW} = 30 \text{ dBm}$$

$$P_R(\text{dBm}) = P_T(\text{dBm}) + [G_T] + [G_R] - [L_r] - [L_t] - [L_P]$$

$$= 30 + 38 + 40 - 1 - 3 - 137 = -33 \text{ dBm}$$

5.2.2 自然现象引起的损耗

前面分析了自由空间传播损耗，计算相对简单。当无线电波在大气中传输时，要受到电离层中自由电子和离子的吸收，受到对流层中氧分子、水蒸气分子和云、雾、雨、雪等的吸收和散射，从而形成损耗。这种损耗与电波的频率、地面站天线波束的仰角及气候好坏有密切关系。这些自然现象对无线电波的影响会非常严重，下面逐一进行介绍。

1. 大气吸收损耗

大气吸收引起的损耗主要与电波的频率、地面站天线波束的仰角、地面站的海拔高度及水蒸气密度(绝对湿度)有关。当电波频率低于 12 GHz 时，该损耗可以忽略不计；当电波频率高于 12 GHz 时，随着频率的提高，该损耗将显著增加，进行线路计算时应考虑在内。如图 5-2 所示。

2. 雨雾引起的散射损耗

降雨引起的电波传播损耗的增加称为雨衰，雨衰是由于雨滴和雾对无线电波能量的吸收和散射产生的。雨雾中的小水滴能散射电磁波能量而造成散射损耗，如图 5-3 所示。

3. 大气折射引起的损耗

离地表越高，大气密度越低，对电波的折射率越小，使电磁波在大气层中的传播路径出现弯曲(卫星位置)。温度的变化、云雾等也导致大气密度分布不连续并有起伏，使传播路径产生随机、时变的弯曲，引起接收信号的起伏。在低仰角的情况下，由于星-地传播路径与地面视距微波的路径近于平行，折射还可能形成相互干扰。

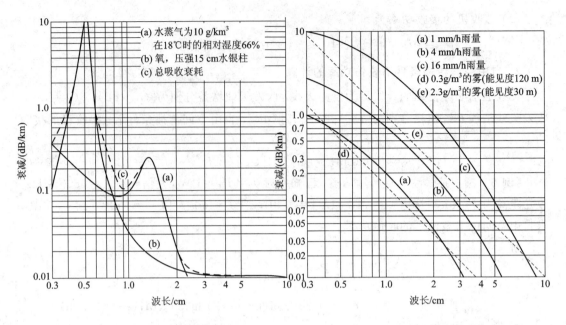

图 5-2 水蒸气和氧吸收衰减　　　　图 5-3 雨雾的散射损耗

4. 电离层、对流层闪烁引起的损耗

电离层内存在由于电子密度的随机不均匀性而引起的闪烁,其强度大致与频率的平方成反比。因此,电离层闪烁会对较低频段(1 GHz以下)的电波产生明显的散射和折射,从而引起信号的衰落。比如,对于 200 MHz 的工作频率,电离层闪烁使信号损耗达到 10% 的时间大于 6 dB。

5.2.3　多径传播引起的损耗

地面和环境设施对信号的反射,可形成信号的多径传播。对于天线高度低、增益小的移动终端更容易出现这样的情况。信号通过多径信道到达接收端时,由于不同路径的信号延时不一样,接收端多径信号可能同相叠加,使合成信号增强;也可能各个多径信号反相抵消,使合成信号被减弱,从而形成接收信号的衰落。

在多径传输中,我们通过考虑地面折射这种非常普遍的现象来分析多径信号带来的影响。如图 5-4 所示,接收点除收到直射波外,还会收到由地面反射的波(反射角等于入射角),下面推导由直射波和反射波在收信点产生的合成场强。

设 E_0 为自由空间传播时,直射波到达 R 处的电场强度有效值,则直射波电场强度的瞬时值为

$$e_1(t) = \sqrt{2} E_0 \cos\omega t \quad (5-7)$$

由于反射波与直射波有路程差

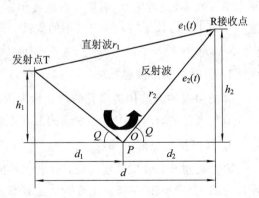

图 5-4　平坦地面的电波反射

$$\Delta r = |\text{TP}| + |\text{PR}| - |\text{TR}| = r_2 - r_1 \qquad (5-8)$$

故反射波场强的落后瞬时值为

$$e_2(t) = \rho\sqrt{2}E_0 \cos\left(\omega t - \varphi_\rho - \frac{2\pi}{\lambda}\Delta r\right) \qquad (5-9)$$

式中,ρ 为反射系数的模;φ_ρ 为反射系数的相位;$\frac{2\pi}{\lambda}\Delta r + \varphi_\rho$ 为反射波与直射波之间的总相位差。

按平行四边形法则,求得在接收点 R 处的 $e_1(t)$,$e_2(t)$ 电场强度的矢量和的有效值 E 为

$$E = \sqrt{E_0^2 + E_0^2\rho^2 + 2E_0^2\rho \cos\left(\frac{2\pi}{\lambda}\Delta r + \varphi_\rho\right)}$$

$$= E_0\sqrt{1 + \rho^2 + 2\rho \cos\left(\frac{2\pi}{\lambda}\Delta r + \varphi_\rho\right)} \qquad (5-10)$$

将合成电场强度有效值 E 与自由空间的直射波电场强度有效值 E_0 之比称为地面反射引起的衰落因子 L_k,表示为

$$L_k = \frac{E}{E_0} = \sqrt{1 + \rho^2 + 2\rho \cos\left(\frac{2\pi}{\lambda}\Delta r + \varphi_\rho\right)} \qquad (5-11)$$

一般入射角 θ 很小,$\varphi_\rho \approx 180°$ 而 $\rho \approx 1$(全反射),于是

$$L_k = \sqrt{1 + \rho^2 - 2\rho \cos\frac{2\pi}{\lambda}\Delta r} \approx \sqrt{2}\sqrt{1 - \cos\frac{2\pi}{\lambda}\Delta r} \qquad (5-12)$$

$$[L_d](\text{dB}) = 20\lg L_k$$

若考虑地面发射影响,则实际的收信点功率电平为

$$[P_r](\text{dBm}) = [P_{r0}](\text{dBm}) + [L_k](\text{dB}) \qquad (5-13)$$

式中,P_{r0}(dBm)为未考虑地面影响时的直射波收信功率。

将式(5-12)的 $L_k \sim \Delta r$ 关系绘成曲线,如图 5-5 所示。由图可见,随着 Δr 的变化,收信点电场 E 可从零变化到 $2E_0$,$E=0$ 出现在 $\Delta r = \lambda, 2\lambda, \cdots$ 时,应尽量避免。

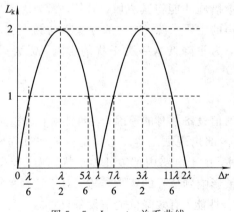

图 5-5 $L_k \sim \Delta r$ 关系曲线

5.3 无线传输中的噪声与干扰

无线通信信道中的噪声干扰是客观存在的,且基本上很难消除。信道噪声干扰能够干

扰有用信号，降低通信的可靠性，给通信效果带来损害。噪声干扰的种类很多，也有多种分类方式。

5.3.1 噪声干扰的分类

按照噪声干扰来源，噪声干扰可分为以下三类。

1. 外部噪声干扰

在无线通信接收机外部产生并进入无线通信接收机的噪声就称为外部噪声干扰。外部噪声干扰又可细分为三类：一是近地噪声；二是太阳系噪声；三是宇宙噪声。一般来说，近地噪声对无线通信系统的影响最大。

2. 内部噪声干扰

内部噪声干扰是抗干扰无线通信接收机本身产生的各种噪声，包括天线噪声、馈线噪声、收发开关噪声、前端低噪声放大器噪声、前端其他放大器噪声、量化噪声等。一般来说，天线噪声、馈线噪声、收发开关噪声、前端低噪声放大器噪声占无线通信接收机内部噪声中的比例最重。

3. 人为噪声干扰

人为噪声干扰是指人类活动所产生的对通信造成干扰的各种噪声。包括工业噪声和无线电噪声。如各种电器开关通断时产生的短脉冲、荧光灯闪烁产生的脉冲串、其他无线电系统产生的信号等。

5.3.2 噪声干扰的原因

1. 外部噪声

在无线通信传输过程中，能对无线通信传输产生干扰的因素很多，其中大部分的干扰因素来源于外部噪声，主要包括宇宙、太阳等方面，并且具有强度大、时间短等特点。在传输过程中，应针对性地采取措施才能将其克服。另外，人为因素中的车辆、电器及高压输电线等噪声，也是外部噪声的主要来源。这一部分噪声与频率有着直接关系，同时也会受到外界环境的影响。所以，为了降低这一类干扰的影响，需要采取一些屏蔽方式来降低干扰。

2. 通信设备本身

在传输过程中，因为通信设备本身的原因，也可能对传输造成一定的干扰，如收信机、发信机被干扰或者是天线内部出现缺陷等。尤其是在工作过程中，通信设备极易产生噪声，影响信号的传输。另外，由于电路内部被外界干扰物质侵入，而内部又缺少先进的过滤设备，使得杂乱的电磁波影响到信号的正常传输。对于这样的干扰，就可以通过通信设备改良的措施提高通信设备性能，有效降低通信设备自身的干扰。

3. 通信网络

各个电台发出的信号会相互影响，尤其是在同时工作时，更容易出现同频干扰、信号阻碍或者邻道干扰，个别情况还会出现互调干扰。一旦产生这几个类型的干扰，就需要采取改善措施。

4. 网络间

在同一个区域之内有众多通信网络,由于通信网的不同,也会在彼此之间产生干扰,这些干扰会影响信号的传输。面对这一类情况,就需要在组网之前勘察当地的实际情况,对周围的频点有充分的了解,才能确保组网设计的合理性。

5.4 无线传输的多址方式

在无线通信中,多用户同时通话时需以不同的无线信道分隔以防止相互干扰的技术方式称为多址方式。

5.4.1 频分多址(FDMA)方式

在频分多址系统中,把可以使用的总频段划分为若干占用较小带宽的频道,这些频道在频域上互不重叠,每个频道就是一个通信信道,分配给一个用户。在接收设备中使用带通滤波器允许指定频道里的能量通过,但滤除其他频率的信号,从而限制临近信道之间的相互干扰。

FDMA 通信系统的基站必须同时发射和接收多个不同频率的信号,任意两个移动用户之间进行通信都必须经过基站的中转,因而必须占用四个频道才能实现双工通信。不过,移动台在通信时所占用的频道并不是固定指配的,它通常是在通信建立阶段由系统控制中心临时分配的,通信结束后,移动台将退出它占用的频道,这些频道又可以重新分配给别的用户使用。

FDMA 的优点是技术成熟、稳定、容易实现且成本较低。它的主要缺点是频谱利用率较低,每个用户(远端站)都要占用一定的频带,尤其在空中带宽资源有限的情况下,FDMA 系统组织多扇区基站会遇到困难。单纯采用 FDMA 作为多址接入方式已经很少见,实用系统多采用 TDMA 方式或采用 FDMA＋TDMA 方式。图 5-6 为频分多址方式的原理图。

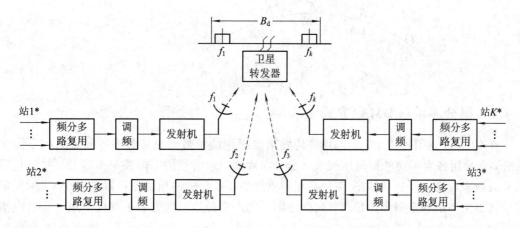

图 5-6 频分多址方式的原理示意图

5.4.2 时分多址(TDMA)方式

在时分多址系统中,把时间分成周期性的帧,每一帧再分割成若干时隙(无论帧还是时隙都是互不重叠的),每一个时隙就是一个通信信道,分配给一个用户。然后根据一定的时隙分配原则,使各个移动台在每帧内只能按指定的时隙向基站发射信号,在满足定时和同步的条件下,基站可以在各时隙中接收到各移动台的信号而互不干扰。同时,基站发向各个移动台的信号都按顺序安排在预定的时隙中传输,各移动台只要在指定的时隙内接收,就能在合路的信号中把发给它的信号区分出来。

同 FDMA 通信系统比较,TDMA 通信系统的基站只需要一部发射机,可以避免像 FDMA 系统那样因多部不同频率的发射机同时工作而产生的互调干扰,而且频率规划简单,有利于加强通信网络的控制功能和保证移动台的越区切换。图 5-7 为时分多址方式的原理图。

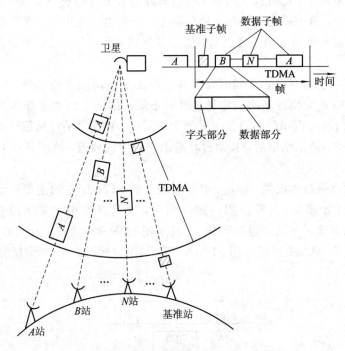

图 5-7 时分多址方式的原理示意图

5.4.3 码分多址(CDMA)方式

在 CDMA 通信系统中,不同用户传输信息所用的信号不是靠频率不同或时隙不同来区分,而是用各自不同的编码序列来区分,或者说,靠信号的不同波形来区分。如果从频域或时域来观察,多个 CDMA 信号是互相重叠的。接收机的相关器可以在多个 CDMA 信号中选出使用的预定码型的信号。其他使用不同码型的信号因为和接收机本地产生的码型不同而不能被解调。它们的存在类似于在信道中引入了噪声或干扰,通常称之为多址干扰。

CDMA 蜂窝移动通信系统与 FDMA 模拟蜂窝通信系统或 TDMA 数字蜂窝移动通信

系统相比具有更大的系统容量、更高的语音质量及抗干扰、保密等优点,因而近年来得到各个国家的普遍重视和关注,并作为第三代数字蜂窝移动通信系统的首选方案。

5.4.4 空分多址(SDMA)方式

空分多址(SDMA)是一种新发展的多址技术,在由中国提出的第三代移动通信标准 TD-SCDMA 中就应用了 SDMA 技术,此外在卫星通信中也有人提出应用 SDMA。SDMA 实现的核心技术是智能天线的应用,理想情况下它要求天线给每个用户分配一个点波束,这样根据用户的空间位置就可以区分每个用户的无线信号,换句话说,处于不同位置的用户可以在同一时间使用同一频率和同一码型而不会相互干扰。实际上,SDMA 通常都不是独立使用的,而是与其他多址方式如 FDMA、TDMA 和 CDMA 等结合使用,也就是说,对于处于同一波束内的不同用户再用这些多址方式加以区分。

应用 SDMA 的优势是明显的:它可以提高天线增益,使得功率控制更加合理有效,显著地提升系统容量;此外还可以削弱来自外界的干扰,并且可以降低对其他电子系统的干扰。如前所述,SDMA 实现的关键是智能天线技术,这也正是当前应用 SDMA 的难点。特别是对于移动用户,由于移动无线信道的复杂性,使得智能天线中关于多用户信号的动态捕获、识别与跟踪以及信道的辨识等算法极为复杂,从而对 DSP(数字信号处理)提出了极高的要求,对于当前的技术水平而言,这还是个严峻的挑战。所以,虽然人们对于智能天线的研究已经取得了不少鼓舞人心的进展,但由于仍然存在上述一些在目前尚难以克服的问题而未得到广泛应用。但可以预见,由于 SDMA 的诸多诱人之处,SDMA 的推广是必然的。图 5-8 为空分多址方式的原理图。

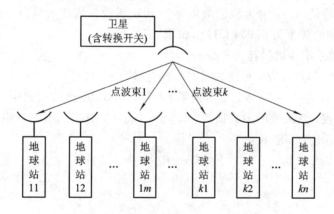

图 5-8 空分多址方式的原理示意图

5.4.5 正交频分多址(OFDMA)方式

OFDMA 是在 OFDM(正交频分复用)技术的基础上发展起来的。在数字视频/音频广播(DVB-T/DAB)、无线局域网(IEEE 802.11 Serial Hiper-LAN/2)、数字用户线(XDSL)等领域中,OFDM 都得到了广泛的应用。

OFDM 技术一般应用于单向广播通信中,具有很高的频谱利用率和抗多径的能力。这种技术通过将信源输入的高速串行比特流变换成许多并行的低速比特流,分别调制到不同的子载波上进行传输。这些子载波的间距一般选择为符号周期倒数的整数倍,因此,它们是相互正交的，即使这些子载波的频谱在频域中相互重叠，彼此之间也不会相互干扰。

多用户 OFDM 称为 OFDMA，OFDMA 更加适用于下行链路，因为下行链路通常是一个广播信道而不是一个多址接入信道。OFDMA 类似于常规的频分复用（FDMA），但不需要 FDMA 中必不可少的保护频带，从而避免了频带的浪费。此外，OFDMA 的分配机制非常灵活，可以根据用户业务量的大小动态分配子载波的数量（与 TDMA 中动态分配时隙数相似），并且可以在不同的子载波上使用不同的调制制度及发射功率，因而可以达到很高的频谱利用率。

为了克服系统资源利用率低、系统容量受限等缺点，OFDMA 可以与其他技术相结合，形成更加高效、实用的多址方式。例如，可以将 OFDMA 与跳频（FH）技术相结合，形成 FH - OFDMA；将 OFDMA 与动态信道分配技术（DCA）相结合，形成 OFDMA/DCA；将 OFDMA 与自适应调制技术相结合，形成自适应调制 OFDMA 等。这些多址方式进一步提高了系统的抗干扰性能，提供了最大可能的系统容量。

思考与练习题

1. 简述无线电波的传播方式及其特点。
2. 简述无线电波的传播特性。
3. 解释自由空间损耗的概念。
4. 简述码分多址的工作原理。
5. 某微波传输信道，发射天线的增益为 32 dB，接收天线的增益为 20 dB，收发距离为 24500 km，载波中心频率为 6.904 GHz。试求

(1) 该信道的基本传输损耗为多少？

(2) 若发射功率为 25 W，则接收机的接收功率为多少？

6. 已知发信功率 $P_T=10$ W，工作频率 $f=4.2$ GHz，两微波站相距 50 km，$G_T=1000$ 倍，$G_R=38$ dB，收、发天线的馈线损耗 $[L_r]=[L_t]=3$ dB。试求在自由空间传播条件下接收机的输入功率电平和输入功率。

第 6 章 微波与卫星传输系统

6.1 微波与卫星通信概述

微波是指频率为 300 MHz~300 GHz 的电磁波，是无线电波中一个有限频带的简称。微波的波长在 0.1 mm~1 m 之间，是分米波、厘米波、毫米波的统称。微波频率比一般的无线电波频率高，通常也称为"超高频电磁波"。由于微波频率很高，所以在不大的相对带宽下，其可用的频带很宽，可达数百甚至上千兆赫兹。这是低频无线电波无法比拟的。这意味着微波的信息容量大，所以现代多路通信系统，包括卫星通信系统，几乎无例外都是工作在微波波段。

微波波长很短，具有似光性，因此微波具有直线传播的特性。我们知道，波长越短，频率越高，穿透能力越强，绕射能力越弱，传输距离越短。由于微波频率高，波长短，遇到障碍时的绕射能力很弱，电波沿地表面传播衰减很大，因此，微波不能采用地面波传播方式。又因为微波具有穿透电离层的能力，因此，也不能采用天波传播方式。由于微波在自由空间或均匀媒质中是沿直线传播的，所以微波一般都使用视距通信方式，即只有在微波发射台的电磁波直线传播所能到达（视线所及）的区域内设立接收站，才能接收到信号的通信方式。这一功能通常由微波站来完成。在平原地区，无线架高 50~60 cm 时，通信距离约为 50 km。因此在超视距远距离通信时，必须在一条微波通信线路的两个终端站之间建立若干个中间站，以接力方式逐站依次传递信号。

进行视距通信的微波站是架设在地面上的，因此，不可避免地要受到地形地物的影响，即使没有高山、建筑物的障碍，由于地球曲率也会给收、发站之间的距离带来限制，如图 6-1(a)所示。显然，天线越高，视距越远。在理想化的情况下，当两站的天线高度各为 h_1、h_2 时，最大的视距可按图 6-1(b) 所示求得，即

$$s \approx 3.57(\sqrt{h_1} + \sqrt{h_2}) \text{ km} \qquad (6-1)$$

式中，h_1、h_2 的单位为 m；s 的单位为 km。若天线架高为 50 m，则 s 约等于 50 km。

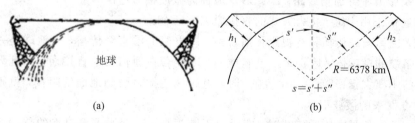

图 6-1 地球曲率对微波视距通信的影响

这种通信方式受地形和天线高度的限制,两站之间的通信距离仅为五十公里左右。如果通信的距离需要加长,达到数百、数千及至上万公里时,在两个远距离通信站之间,每隔五十公里左右就必须再架设一个接力中继站,这些站把接收到的微波信号经一定处理后再转发到下一个站,接力式地把微波信号传输到终端站,如图 6-2 所示。接力站的数目根据微波通信线路的全程长度而定,通信线路一般全程可为几百公里至几千公里。

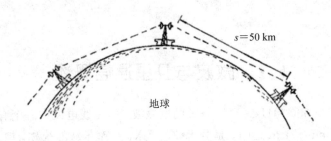

图 6-2 利用微波接力实现远距离通信

接力通信方式适用于中等距离或远距离通信,如果通信距离极远,需要架设很多接力站,不仅代价昂贵,维护困难,而且经过多次转接,通信质量也要受到影响;在某些场合下,即使通信距离不远,例如,在海洋上建站,也是难以实现的。所以,光靠增加接力站数,并不能解决超远距离通信问题。1957 年发射第一颗人造卫星后,人们用地球同步通信卫星作中继站,转发的微波信号可以跨越大陆和海洋,达到地球上的很大范围,用三颗同步卫星就可以覆盖全球。

微波与卫星通信的工作频率都在微波频段,它们具有共同的特点,但各自又具有自身的特点,且组成单独的通信系统。下面分别叙述。

6.2 微波通信系统

6.2.1 微波通信的概念及特点

微波通信是指以微波频率作为载波携带信息,通过无线电波进行空间传输的一种通信方式。

当两点之间的通信距离超过 50 km 时,为了延长通信距离,并且保证比较稳定的传输特性,需要每隔 50 km 左右在通信两地之间设立一个中继站,将前一站发来的信号进行再生、放大处理,转发到下一个站,如图 6-3 所示,这样,逐站把信号传递直至终端站,从而构成一条微波中继通信线路。因此形象地称为微波接力通信。

微波通信采用中继、接力方式的直接原因有两个:

首先,因为微波传播具有视距传播特性,即电磁波沿直线传播,而地球是一个两级稍扁,赤道略鼓的椭球体,地表面是个椭球面,因此若在通信两地直接通信,且天线架高有限,当通信距离大于视距(50 km 左右)时,电磁波传播将受到地面的阻挡,就很可能无法接收到对方发来的微波信号。

其次,微波信号在空间传播时,能量会不断损耗,这就要求点对点的传输距离不能太远。在远距离通信时有必要采用中继方式对信号逐段接收、放大后发送给下一段。

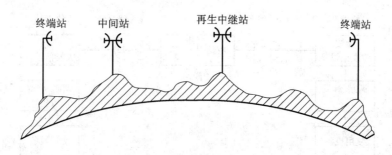

图 6-3 再生中继站

微波通信具有如下特点：

(1) 频带宽，传输信息容量大。微波频段占用频带约 300 GHz，而全部长波、中波和短波频段占有的频带总和不足 30 MHz，前者是后者的 10000 多倍。一套微波中继通信设备可以容纳几千甚至上万条话路同时工作，或传输电视图像信号等宽频带信号。

(2) 工作的微波频段(GHz 级别)频率高，不易受天电干扰、工业噪声干扰及太阳黑子变化影响，因此，通信可靠性高；由于波长短，天线尺寸可做得很小，通常做成面式天线，增益高，方向性强。特别是在 1~10 GHz 称为无线电窗口的微波频段，衰减、干扰以及自然条件等影响都比较小，因此在微波通信及卫星通信中首先采用，而且使用范围一般为 C 波段(4/6 GHz 频段)。

(3) 天线增益高、方向性强。当天线面积给定时，天线增益与工作波长的平方成反比。由于微波中继通信的工作波长短，因而容易制成高增益天线，降低发信机的输出功率。另外，微波电磁波具有直线传播特性，可以利用微波天线把电磁波聚集成很窄的波束，使微波天线具有很强的方向性，减少通信中的相互干扰。

6.2.2 微波通信系统的组成

由于卫星通信实际上是在微波频段采用中继(接力)方式通信，只不过其中继站设在卫星上而已，所以，为了与卫星通信区分，这里所说的微波中继通信是限定在地面上的。

数字微波通信系统由两个终端站和若干个中间站(中继站、分路站、枢纽站)构成，如图 6-4 所示，发端站和收端站统称为终端站。终端站的设备有天线馈线系统、微波收发信设备、调制-解调设备和复用设备，中间站一般只有天线、发信机和收信机。

从图 6-4 可知，从发端送来的数字信号，经过数字基带信号处理(数字多路复用或数字压缩处理)变为群路信号后，由微波发信机先对群路信号进行调制、中频放大(70 MHz 或 140 MHz)再送入发送设备，然后通过上变频成为微波信号，送入发射天线向微波中间站(微波中继站)发送。微波中间站收到信号后经再处理，使数字信号再生后又恢复为微波信号向下一站再发送，这样一直传送到收端站，收端站把微波信号经过混频、中频解调恢复出数字基带信号，再分路还原为原始的数字信号。

微波接力通信系统的中继方式有两类：第一类是将中继站收到的前一站信号，经解调后，再进行调制，然后放大，转发至下一站；第二类是将中继站收到的前一站信号，不经解调、调制，直接进行变频，变换为另一微波频段，再经放大发射至下一站。

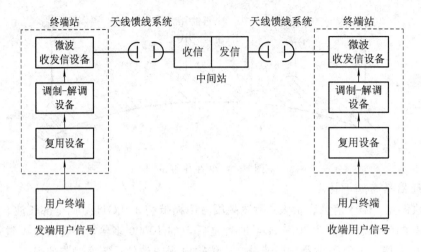

图 6-4 数字微波通信系统

6.2.3 微波中继传输线路

微波中继传输线路由终端站、中继站、分路站、枢纽站及各站间的电波传播空间所构成，如图 6-5 所示。在长途微波接力信道上，通信距离依接力方式延伸。

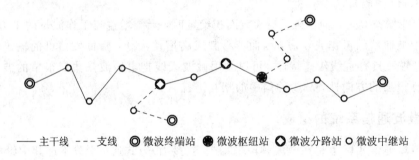

—— 主干线   --- 支线   ◎ 微波终端站   ● 微波枢纽站   ◇ 微波分路站   ○ 微波中继站

图 6-5 微波中继传输线路

1. 微波终端站

微波终端站是指处于微波传输线路终端的站。它只有一个传输方向，是信道的始点或终点，两端的各路信号从终端站出、入信道。在终端站设有微波发射机、微波接收机、天馈线系统、多路信号复用及分路的终端设备。

发射机由调制器、发信本地振荡源、发信混频器和微波功率放大器等主要部件组成。调制器在数字微波通信系统中使用调相制或正交调幅制。发信本地振荡源一般采用晶振倍频方式或直接微波空腔振荡方式产生高稳定度的单一微波。发信混频器则将调制器输出的调制信号与发信本振频率进行混频，使调制信号由中频搬移到所需的微波频段，再经功率放大器放大到发射机额定的输出功率。

接收机由本地振荡源、收信混频器、中频放大器和解调器组成。收信本地振荡源的工作原理和采用的技术同发信本地振荡源类似。收信混频器将接收到的微波信号和收信本地振荡信号进行混频后转为中频，再经中频放大器放大，然后送至解调器。解调器的功能和发射机的调制器相反，即把调制信号还原为原来的数字信号，然后再经这些基带信号的相应复用设备还原为语音、数据信号。

2. 微波中继站

微波中继站是微波传输线路的中间转接站。其作用是接收相邻甲站发来的微弱微波信号,进行再生、功率放大后,再转发给下一个相邻乙站,以确保传输信号的质量。也可以接收乙站发来的微波信号,经再生、功率放大后转发给甲站。中继站不上(插入)下(抽出)话路,仅负责转接,起中继、接力的作用。正是由于中继站的作用才使得微波通信将信号传送到几百公里甚至几千公里之外。对于双向电路,它要向两个方向转发信号,因此,对于一个波道、双向传输的中间站,应该有两部发射机、两部接收机和两副天馈线系统(未考虑多波道共用天馈线系统)。

3. 微波分路站

微波分路站除具有对接收信号放大、转发的中继站功能外,还能将信道上传送的多路信号中的部分话路分离出来,并插入相同路数的新话路,以实现长距离传输系统的区间通信。

4. 微波枢纽站

微波枢纽站是指位于干线上的、两条以上的微波线路交叉的微波站。除对信号的再生中继外,微波枢纽站可以从几个方向分出或加入话路或电视信号,实现两条链路上信号或部分信号的交换。

6.2.4 微波通信的频率配置

在微波站,每一套微波收发信机都工作在自己的微波频率上,各自组成一条独立的中继信道,我们称每一条独立的传输信道为一个射频波道,一条微波线路有多个波道。

为了减少波道间或其他路由间的干扰,提高微波射频频带的利用率,对射频频率的选择和分配都应符合以下基本原则。

(1) 一个中间站,一个波道的收信和发信频率不应相同,而且要有足够大的间隔,以避免发射信号被本站接收。

(2) 多波道同时工作时,相邻波道频率之间必须有足够的间隔,以免互相发生干扰。

(3) 整个频谱安排应非常紧凑,使给定的通信频段能得到经济的使用。

(4) 因微波天线及天线塔的建设费用高,多波道系统要设法共用天线,频率配置应有利于天线共用。

(5) 对外差式收信机,不允许任何波道的发射频率等于其他波道的镜像频率,否则会形成镜像干扰。

根据上述频率配置原则,当一个站上有多个波道工作时,为了提高频带利用率,对一个波道而言,宜采用二频制,即两个方向的发信使用一个射频频率,两个方向的收信使用另外一个射频频率,如图 6-6、图 6-7 所示。

微波频段的使用必须遵照 CCIR 的建议和各国无线电管理委员会的规定。各国的微波设备往往首先使用 4 GHz 频段,目前各国的微波通信设备已使用到 2 GHz、4 GHz、5 GHz、6 GHz、7 GHz、8 GHz、11 GHz、15 GHz、20 GHz 等频段。我国数字微波通信已有 2 GHz、4 GHz、6 GHz、7 GHz、8 GHz、11 GHz 各频段的设备。

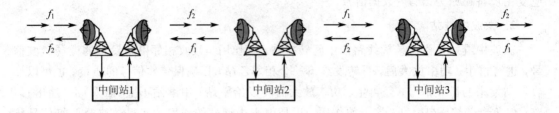

图 6-6 二频制频率配置方案

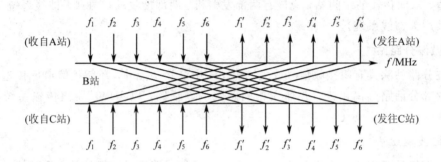

图 6-7 多波道二频制频率配置方案

6.2.5 微波天馈线系统

1. 天线的基本参数

1) 有效面积

接收天线常用有效面积 A_e 这一参数。A_e 定义为接收天线输入到接收机的功率与传来的电磁波功率密度之比,表示为

$$A_e = \frac{\lambda^2}{4\pi}d \tag{6-2}$$

式中,λ 为电磁波波长,d 为天线方向性系数。

2) 天线增益

天线增益是衡量天线性能的重要参数,它是指天线将发射功率向某已指定方向集中辐射的能力。一般把有损情况下天线在最大辐射方向上的功率密度(E^2)与该天线在无损耗情况下平均辐射功率密度 E_0^2 的比值,定义为天线的增益,即

$$G = \frac{E^2}{E_0^2} \tag{6-3}$$

从接收天线的角度看,也可以把增益理解为天线收取某一指定方向来的电磁波的能力,此时把增益定义为天线的有效接收面积与各向同性天线的接收面积的比值,即

$$G = \frac{A_e}{A_0} = \frac{A_e}{\left(\dfrac{\lambda^2}{4\pi}\right)} = \frac{4\pi A_e}{\lambda^2} \tag{6-4}$$

式中,A_e 为天线的有效面积,A_0 为各向同性(即无方向性)天线的面积。

抛物面天线的增益 G 可表示成

$$G = 10 \lg\left(\eta \times A \times \frac{4\pi}{\lambda^2}\right) \qquad (6-5)$$

式中，η 是口径利用系数，一般取值在 0.5~0.6 之间；A 是口径面积，单位为 m^2；λ 是波长，单位为 m。

若天线直径为 $D(m)$，工作频率为 $f(GHz)$，$\eta=0.55$，则可将式(6-5)改写成

$$G = 17.8 + 20 \lg(D \times f) \text{ dB} \qquad (6-6)$$

由此可见，天线的增益与工作波长及天线直径有关，直径越大，增益越高。例如，工作频率在 4 GHz、站距为 50 km 的微波中继线路，常用直径为 3.2~4 m 的天线，其增益在 40 dB 左右。

3) 天线的方向性

天线对空间的不同方向具有不同的辐射或接收的能力就是天线的方向性。衡量天线的方向性通常使用方向图。

天线的作用是将发射机的输出功率有效地转换为在自由空间传播的电磁波功率或将自由空间传播的电磁波功率有效地转换为接收输入端的功率。一个天线在所有方向上均辐射功率，但在各个方向上的辐射功率不一定相等。描述天线特性的重要特征之一是天线的方向图。天线的方向图是表征天线辐射时电磁波能量（或场强）在空间各点分布的情况。

4) 天线效率

一般来说构成天线的导体和绝缘介质都有一定的能量损耗，输入天线的功率不可能全部转化为自由空间电磁波的辐射功率，我们把天线辐射功率 P_r 与天线输入功率 P_{in} 之比称作天线效率，即

$$\eta = \frac{P_r}{P_{in}} \qquad (6-7)$$

5) 天线的频带宽度

天线正常工作的频率范围称为频带宽度。在这个频率范围内，天线的增益、方向图、极化与反射系数等都在工程允许的范围内变化。

6) 天线极化

天线极化是指天线最大辐射方向上的电场强度矢量($\boldsymbol{E}$)的取向。在微波通信中常使用线极化和圆极化两种方式。线极化是指电场矢量端点随时间变化的运动轨迹为一直线时的电磁波。圆极化是指合成电场矢量的模在任何时刻都保持常量，且矢量的端点不断地沿圆周旋转，即电场矢量大小固定而方向变化。线极化又可分为垂直极化和水平极化，前者电场矢量与地面垂直，后者电场矢量则与地面平行，在微波通信中，常在同一天线上使用两种线极化。它们分别用于发信和收信，以减少相互影响，增加收发和隔离度。

7) 天线阻抗与反射系数

天线一般都是经传输线（馈线）与发射机或接收机相连。天线的输入阻抗是指天线输入端口向天线辐射口方向看过去的输入阻抗，它取决于天线结构和工作频率。在发射时，只有当天线的输入阻抗与馈线阻抗良好匹配时，功率才能有效地送到天线上辐射出去；在接收时，天线的阻抗需与接收机的输入阻抗成共轭匹配，才能获得最大的接收功率。否则，将在天线输入端口上产生反射，在馈线上形成驻波，从而增加了传输损耗和信号失真。

衡量反射大小的参数是反射系数 ρ，它定义为天线入口处反射功率 P_ρ 与入射功率 P_{in}

之比的平方根,即

$$\rho = \sqrt{\frac{P_\rho}{P_{in}}} \qquad (6-8)$$

2. 微波天馈线系统

在微波通信中,天馈线系统一般是指天线口面至下密封节所包括的天线和波导部件。天馈线系统是微波中继通信的重要组成部分之一。天线起着将馈线中传输的电磁波转换为空间传播的电磁波或将空间传播的电磁波转换为馈线中传输的电磁波的作用。而馈线则是电磁波的传输通道。在多波道共用天馈线系统的微波中继通信电路中,天馈线系统的技术性能、质量指标直接影响到共用天馈线系统的各微波波道的通信质量。

1) 馈线

馈线系统是指连接微波收发信设备与天线的微波传输线及有关的微波器件。馈线的主要作用是把发射机输出的射频载波信号高效地送至天线,或者把天线接收到的信号传输给收信机,这一方面要求馈线的衰耗要小,另一方面要求其阻抗应尽可能与发射机的输出阻抗和天线的输入阻抗相匹配。

微波通信系统中的馈线可以分为同轴电缆型和波导型两种。一般在分米波波段(2 GHz 以下),采用同轴电缆馈线。在厘米波波段(3 GHz 以上),因同轴电缆损耗较大,故采用波导馈线。波导馈线又分为圆波导馈线和矩形波导馈线两种。由于在一根圆波导馈线系统中可以传输相互正交的两种极化波,因此在与双极化天线连接时,只要一根圆波导馈线系统即可,故室外的馈线系统用圆波导馈线较多。图 6-8 是同轴电缆型天馈线系统,图 6-9 是圆波导型天馈线系统。

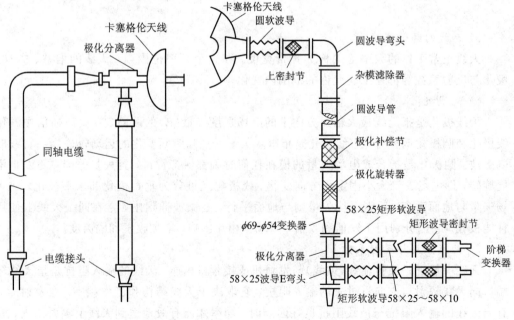

图 6-8 同轴电缆型天馈线系统　　图 6-9 圆波导型天馈线系统

2) 常用的微波天线

微波天线有多种形式,凡是能辐射或接收微波能量的天线都可以叫微波天线。但用在通信中的微波天线除此之外还应考虑一些技术要求，如天线将能量集中辐射的程度，专业上叫天线增益或天线的方向性，此外，还有反射系数、极化去耦和机械强度等。

一般用在微波通信上的微波天线都是面式天线，主要有抛物面天线、卡塞格伦天线。

(1) 抛物面天线。

抛物面天线是一种典型的反射面天线。抛物反射面能将位于其焦点处的点源发出的球面波反射形成平面波波束，因而具有强方向性、高增益和低损耗等特性。

抛物面天线的结构如图 6-10 所示，它主要由两部分组成：具有抛物面形状的金属反射面和放在焦点 F 处的辐射源(也称馈源)。反射面一般是由导电性良好的金属制成，它可以把投射到其面上的电磁能几乎全部反射出去，工作原理类似于探照灯或手电筒。金属抛物形反射面类似于手电筒的集光反射镜，馈源类似于手电筒的小灯泡。馈源实际上是一个弱方向天线，它的作用是将来自馈线的射频功率以电磁波的形式向反射面或透镜等辐射，以形成所需的锐波束或赋形波束；而抛物面则把馈源投射过来的球面波集中沿抛物面轴向反射出去，从而获得很强的方向性。抛物面天线实物图如图 6-11 所示。

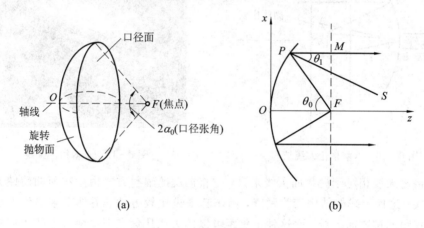

图 6-10 抛物面天线的结构

图 6-11 抛物面天线

(2) 卡塞格伦天线。

卡塞格伦天线(Kasiakelun Antenna)是基于光学中广泛应用的卡塞格伦望远镜的工作原理而构成的一种用于微波通信的双反射面天线。

卡塞格伦天线由三部分组成，即主反射器、副反射器和辐射源（馈源），如图6-12所示。其中主反射器为大的旋转抛物面（主面），副反射面为旋转双曲面（副面）。

在结构上，双曲面的一个焦点与抛物面的焦点重合，即 F_2 点，双曲面焦轴与抛物面的焦轴重合，而辐射源（馈源）位于双曲面的另一焦点上，即 F_1 点。

卡塞格伦天线的工作原理是：由副反射器对辐射源（馈源）发出的电磁波进行第一次反射，将电磁波反射到主反射器上，然后再经主反射器反射后获得相应方向的平面波波束，像探照灯一样，沿轴线方向辐射出去。具体来说就是将从抛物面天线向四面八方辐射的球面波变成了朝一定方向辐射的平面波，显著增强了方向性，以实现定向发射。卡塞格伦天线实物图如图6-13所示。

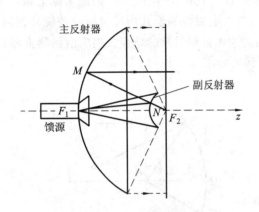

图6-12　卡塞格伦天线结构

图6-13　卡塞格伦天线

卡塞格伦天线相对于抛物面天线来讲，它将馈源的辐射方式由抛物面的前馈方式改变为后馈方式，这使天线的结构较为紧凑，制作起来也比较方便。另外卡塞格伦天线可等效为具有长焦距的抛物面天线，而这种长焦距可以使天线从焦点至口面各点的距离接近于常数，因而空间衰耗对馈电器辐射的影响要小，使得卡塞格伦天线的效率比标准抛物面天线要高。

6.3　微波传播

6.3.1　地面对微波传播的影响

地面对微波传播的主要影响有：反射、绕射和地面散射。

当微波遇到光滑地面或水面时，可把发射天线发出的一部分微波反射，有的反射折回，有的向其他方向射去，还有的反射到接收天线，与主波信号（直射波）产生干涉，并与主波信号在收信点进行矢量相加，其结果是，收信电平与自由空间传播条件下的收信电平相比，也许增加，也许减小。

地面上的障碍物，如山头、森林、高大建筑物等可阻挡微波射线，使微波绕过障碍物向非接收方向传播，使接收的微波信号减少。

地面散射往往表现为乱反射，其对主波束的影响较小。

惠更斯提出了电磁波的波动性学说，菲涅尔在这个基础上又提出了"菲涅尔"区的概念，进一步解释了电波的反射、绕射等现象，并为实践所证实。

1. 菲涅尔区的概念

1）惠更斯-菲涅尔原理

惠更斯原理关于光波或电磁波波动性学说的基本思想是：光和电磁波都是一种振动，其振动源周围的媒质是有弹性的，故一点的振动可通过媒质传递给邻近的质点，并依次向外扩展，而成为在媒质中传播的波。惠更斯原理如图6-14所示。

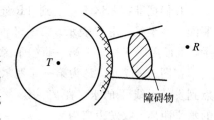

图6-14 惠更斯原理

根据惠更斯原理的基本思想可认为：一个点源的振动传递给邻近的质点后，就形成了二次波源、三次波源等。若点源发出的是球面波，那么由点源形成的二次波源的波前面也应是球面波，三次波源、四次波源……的波前面也应是球面波。

在微波通信中，当发信天线的尺寸远小于站间距离的时候，我们可以把发信天线近似看成一个点源。

当把波前面分成许许多多面积元时，这些面积元都将成为一个新的点源。尽管发信和收信点之间有障碍物，但由于它不可能阻挡住所有的面积元，故接收点仍有一定的场强值，绝不会是零。

2）菲涅尔椭球面

如图6-15所示。图中发信点为T，收信点为R，收发之间的距离$d=TR$。在高等数学中讲到：平面上一个动点P到两个定点（T、R）的距离之和若为常数，则此动点的轨迹为一个椭圆。在空间，此动点的轨迹为一个椭球面，如图6-15所示。

在讨论微波传播时，若该常数为$d+\dfrac{\lambda}{2}$（$d=TR$），则得到的椭球面称为第一菲涅尔椭球面；如该常数为$d+n\dfrac{\lambda}{2}$（$n=1,2,\cdots$），则得到的椭球面称为第n菲涅尔椭球面，如图6-15所示。图中A表示第一菲涅尔椭球面，B表示第二菲涅尔椭球面。

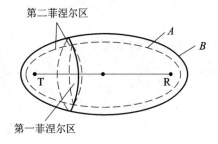

图6-15 菲涅尔椭球面及菲涅尔区

3）菲涅尔区

如果用图6-15所定义的一系列菲涅尔椭球面与我们要认定的某波前面相交割，就可在交割界面上得到一系列的圆和圆环，如图6-16所示。交割界面的中心是一个圆，称为第一菲涅尔区，其外面的圆环称为第二菲涅尔区，再往外的圆环称

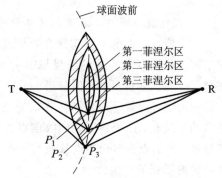

图6-16 第n菲涅尔区定义

为第三菲涅尔区、第四菲涅尔区…、第n菲涅尔区。这本应该是一些曲面圆和圆环，但为分析方便，将把它们近似地看成为铅垂面内的平面圆和圆环，这样近似后，其计算误差微

乎其微。

4）菲涅尔区半径

我们把菲涅尔区上一点到 TR 连线的垂直距离称为菲涅尔区半径，用 F 表示。第一菲涅尔区半径用 F_1 表示，下面用图 6-17 求第一菲涅尔区半径。

在图 6-17 中，P 为第一菲涅尔区上一点，d_1 为 P 点到发信天线 T 的水平距离，d_2 为 P 点到收信天线 R 的水平距离，收发距离为

$$d = d_1 + d_2 \qquad (6-9)$$

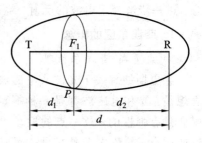

图 6-17 第一菲涅尔区半径

根据菲涅尔椭球面及菲涅尔区的定义，由图 6-17 可见

$$\sqrt{d_1^2 + F_1^2} + \sqrt{d_2^2 + F_1^2} = d + \frac{\lambda}{2} \qquad (6-10)$$

因为 $d_1 \geqslant F_1$，$d_2 \geqslant F_1$，所以

$$\sqrt{d_1^2 + F_1^2} \approx d_1 + \frac{F_1^2}{2d_1} \qquad (6-11)$$

$$\sqrt{d_2^2 + F_1^2} \approx d_2 + \frac{F_1^2}{2d_2} \qquad (6-12)$$

整理得

$$F_1 = \sqrt{\frac{\lambda d_1 d_2}{d}} \qquad (6-13)$$

同理，第二菲涅尔区半径为

$$F_2 = \sqrt{\frac{2\lambda d_1 d_2}{d}} = \sqrt{2} F_1 \qquad (6-14)$$

第 n 菲涅尔区半径为

$$F_n = \sqrt{\frac{n\lambda d_1 d_2}{d}} = \sqrt{n} F_1 \qquad (6-15)$$

当动点 P 的位置不同时，第一菲涅尔区半径也不同，P 在路径中点时 F_1 有最大值，用 F_{1m} 表示。

5）收信点场强与各菲涅尔区参量的关系

经分析可知相邻菲涅尔区在收信点产生的场强反相（相位差 180°）。也就是说，第二菲涅尔区在收信点 R 产生的场强与第一菲涅尔区反相；第三菲涅尔区在收信点 R 产生的场强与第二菲涅尔区反相，但与第一菲涅尔区同相。若以第一区为参考，奇数菲涅尔区使收信场强增强，偶数菲涅尔区使收信场强减弱。收信点场强则是整个菲涅尔区在收信点产生场强的矢量和。由于各区朝向收信点的倾斜程度不同，故各区相互干涉，进行矢量相加的结果是：收信点在自由空间从所有菲涅尔区得到的场强近似等于第一菲涅尔区在收信点 R 处产生的场强的一半。

6）菲涅尔区的意义

菲涅尔区是估算电波传播能量区域的一个重要概念，在工程设计中尤其关心第一菲涅尔区，因为它是微波传播中能量最集中的区域，一般要求在第一菲涅尔区范围内不能有阻挡。

2. 路径上刃形障碍物的阻挡损耗

绕射使无线电波能够穿过障碍物,在障碍物的后方形成场强,即绕射场强。用菲涅尔区概念可解释微波传播途中障碍物的阻挡损耗。微波如果在传播路径中存在刃形障碍物,如图 6-18 所示,只要障碍物不能阻挡全部菲涅尔区,在收信点处就可以收到微波信号。

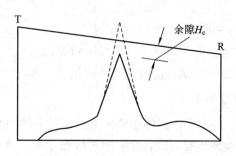

图 6-18 传播路径中的刃形障碍物

在图 6-18 中,通常把 TR 连线与地面障碍物之间的垂直距离称为传播余隙,简称余隙,障碍物顶部在 TR 连线以下时,H_c 为正值,称为正余隙;障碍物顶部在 TR 连线以上时,H_c 为负值,称为负余隙。负余隙时,障碍物阻挡使电波传播受阻,引起损耗增加,这个增加的损耗叫作附加损耗。当在传播路径上有刃形障碍物阻挡时,如果障碍物的尖峰恰好落在收发两端天线的连线上(即 $H_c=0$),则附加损耗为 6 dB;当障碍物峰顶超出连线(即 H_c 为负)时,则附加损耗很快增加;当障碍物峰顶在连线以下,且相对余隙 H_c/F_1 大于 0.5 时,则附加损耗将在 0 dB 上下少量变动。这时,实际路径的传播损耗(或接收电平)将与自由空间的数值接近。因此,在微波线路设计时,首先要保证自由空间余隙内没有任何障碍物。在实际中往往要求在第一菲涅尔区内不存在任何障碍物。

3. 平坦地形对电波传播的影响

平坦地形是指不考虑地球曲率,认为两站之间的地形为平面的情况。

在微波通信线路中,总是把收、发天线对准,以使收端收到较强的直射波。但根据惠更斯原理(或因天线方向性所限),总会有一部分电波投射到地面,所以在收信点除收到直射波外,还会收到经地面反射的反射波(反射角等于入射角)。直射波和地面反射波在接收点处形成干涉场,从而出现反射波抵消直射波的情况。如图 6-19 所示。

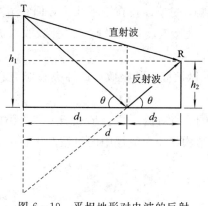

图 6-19 平坦地形对电波的反射

在收信点，收到的是直射波和反射波二者场强的矢量和，我们把合成场强 E 与自由空间场强的比，称为考虑地面影响的衰落因子 V，表示为

$$V = \frac{E}{E_0} = \sqrt{1 + \varphi^2 + 2\varphi \cos\left(\varphi + \frac{2\pi}{\lambda}\Delta r\right)} \tag{6-16}$$

$$V_{dB} = 20 \lg V \tag{6-17}$$

考虑地面影响后，实际的收信电平可由下式求出：

$$P_r(dBm) = P_{ro}(dBm) + V_{dB} \tag{6-18}$$

式中，$P_{ro}(dBm)$ 为未考虑地面影响时的自由空间收信电平。

4. 粗糙地面对电波传播的影响

在实际的微波系统中，接收点收到的能量比上述反射和绕射模型预测的场强要大。这是由于当电磁波在粗糙表面发生反射时，发射能量散布于各个方向，即发生了散射。发射一般是光滑的地面或水面，而引起散射的表面是粗糙不平的，例如树木，可以在各个方向上散射能量。

若平面上最大的突起高度 h 小于 H_c，则认为该表面是光滑的；若大于 H_c，则认为该表面是粗糙的。对于粗糙表面，计算发射时需要乘以散射损耗系数，以代表减弱的反射场。一般情况下，散射往往表现为乱反射，对主波束影响较小，常常忽略不计。

6.3.2 对流层对微波传播的影响

从地面开始，垂直向上，大气层可分为六层，依次为对流层、同温层、中间层、电离层、超离层、逸散层。

对流层是自地面向上大约 10 km 范围的低空大气层。由于天线架设的高度远不会超出这个高度，而且微波通信采用空间射线方式，故大气的影响主要是对流层的影响，其他各层对微波传播影响不大。因此研究微波在大气中的传播只要研究电波在对流层中的传播就可以了。

对流层集中了整个大气质量的 3/4，当地面受太阳照射时，地表温度上升，地面放出的热量使温度较低的大气膨胀，从而造成大气密度不均匀，产生了大气的对流运动，故称之为对流层。

对流层对微波传播的影响，主要体现在以下几个方面：

(1) 由于气体分子谐振，使微波能量被吸收，这种吸收对波长 $\lambda \leqslant 2$ cm 的微波比较显著，当 $\lambda > 2$ cm 时可不考虑。

(2) 由雨、雾、雪引起的微波能量的吸收。这种吸收对波长 $\lambda \leqslant 5$ m 的微波比较显著，当 $\lambda > 5$ m 时可不考虑。

(3) 由于气象因素等影响，使对流层也会形成云、雾之类的"水气囊"，形成了大气中不均匀的结构。这些不均匀结构将使对流层中的电波产生折射、吸收、反射和散射等现象，最主要的现象是大气折射。

1. 大气折射率

我们知道，电波在自由空间的传播速度为

$$v = c = \sqrt{\frac{1}{\mu_0 \varepsilon_0}} = 3 \times 10^8 \text{ m/s} \tag{6-19}$$

在真实大气中，介电系数 $\varepsilon = \varepsilon_0 \times \varepsilon'$，$\mu = \mu_0$。因而在大气中，电波传播的速度为

$$v = \sqrt{\frac{1}{\mu_0 \varepsilon_0 \varepsilon'}} = \frac{c}{\sqrt{\varepsilon'}} \tag{6-20}$$

式中，ε' 称为相对介电系数。

大气折射率 n 是指电波在自由空间的传播速度 c 与电波在大气中的传播速度 v 的比值，记作

$$n = \frac{c}{v} = \sqrt{\varepsilon'} \tag{6-21}$$

因为大气层温度、压力、水汽含量等随高度 h 而变化，故 ε' 及 n 也是 h 的函数。对流层中 n 值通常在 1.0 到 1.00045 之间，为了便于计算，又定义了折射率指数 $N = (n-1) \times 10^6$。在自由空间，$N=0$；在地球表面，$N=300$ 左右。

2. 折射率梯度

折射率梯度表示折射率随高度的变化率，体现了不同高度的大气压力、温度及湿度对大气折射的影响，记作 $\frac{\mathrm{d}n}{\mathrm{d}h}$。

(1) $\frac{\mathrm{d}n}{\mathrm{d}h} > 0$ 时，n 随高度的增加而增加，由式(6-21)可以看出，v 与 n 成反比。所以，在这种情况下，v 随高度的增加而减少，使电波传播的轨迹向上弯曲，如图 6-20(a)所示。

(2) $\frac{\mathrm{d}n}{\mathrm{d}h} < 0$ 时，v 随高度的增加而增加，使电波传播的轨迹向下弯曲，如图 6-20(b)所示。

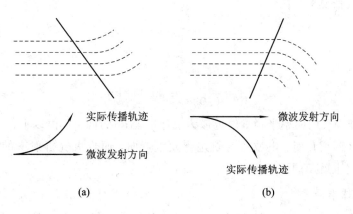

图 6-20 大气折射对微波轨迹的影响

3. 大气对电波的折射

根据无线电波的性质，当电波由一种媒质向另一种媒质传播时，在两种媒质的交界面处会发生折射。假设将地球的大气层分成许多薄片层，每一薄片层认为是均匀的，各薄片层的折射率 n 随高度的增加而减小，如图 6-21 所示。

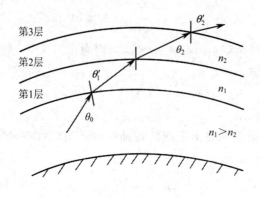

图 6-21 大气对电波的折射

电波依次通过每个界面，都将产生一次折射，由于上一层的折射率小于下一层的折射率，按照折射定律可以推出电波的折射角 θ_i' 大于入射角 θ_{i-1}，故折射线偏向下方，每折射一次，射线都将向下偏折一次，于是，在大气层中的电波射线就不再是一条直线而是一条不断偏折的折线。如果将大气层的分层取得无限薄，则射线就是一条向下弯曲的弧线。

利用折射定律，可以推出上述弧线的曲率半径 ρ 为

$$\rho = \frac{1}{-\left(\dfrac{dn}{dh}\right)} \tag{6-22}$$

式(6-22)说明：在低空大气层内传播的电波，其射线的曲率半径不是由折射率的大小来确定，而是由折射率梯度 $\dfrac{dn}{dh}$ 来确定。当 $\dfrac{dn}{dh} > 0$ 时，$\rho < 0$，因而射线轨迹向上弯曲；当 $\dfrac{dn}{dh} < 0$ 时，$\rho > 0$，因而射线轨迹向下弯曲。

在标准大气情况下，有

$$\frac{dn}{dh} = -0.039 \times 10^6 \ 1/m$$

此时

$$\rho = \frac{10^6}{0.039} \approx 25\,000 \text{ km}$$

因此，标准大气的曲率半径 ρ 值近似为地球半径 R_0 的四倍。由以上讨论可知，当考虑大气折射率的实际变化时，电波传播轨迹将发生弯曲，而且大气折射率的垂直分布不同，射线的传播轨迹也就不同。

4. 等效地球半径

如前所述，由于大气的折射作用，使得实际的微波传播不是按直线进行，而是按曲线传播的。如果考虑微波射线轨迹弯曲，将给电路设计带来困难，我们能否假定微波射线是直线，通过改变其他条件去模拟大气折射的影响呢？

为了仍能将电波轨迹按直线处理，我们引入了等效地球半径的概念。引入这个概念之后就可以把电波射线仍看成是直线，而在计算中，把实际地球半径 R_0 换成等效地球半径 R_e。从概念上讲，电波不是在真实地球上传播，而是在等效地球上传播，如图 6-22 所示。

等效的条件是:电波轨迹与地面之间的高度差相等,或等效前及等效后的电波路径与球形地面之间的曲率之差保持不变。

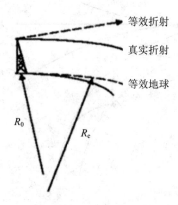

图 6-22 等效地球半径

等效前,电波射线的曲率半径 $\rho = \dfrac{-1}{\dfrac{dn}{dh}}$,曲率为 $\dfrac{1}{\rho}$;地球半径为 R_0,曲率为 $\dfrac{1}{R_0}$,二者的曲率差为 $\dfrac{1}{R_0} - \dfrac{1}{\rho}$。

等效后,等效地球曲率为 $\dfrac{1}{R_e}$,电波直射线的曲率半径为 ∞,曲率为 $\dfrac{1}{\infty}=0$,二者的曲率差为 $\dfrac{1}{R_e} - 0$,于是等效条件为

$$\frac{1}{R_e} = \frac{1}{R_0} - \frac{1}{\rho} \tag{6-23}$$

变换后可得

$$R_e = \frac{R_0}{1 - \dfrac{R_0}{\rho}} = \frac{R_0}{1 + R_0 \dfrac{dn}{dh}} \tag{6-24}$$

引入地球半径系数 K:

$$K = \frac{R_e}{R_0} = \frac{1}{1 + R_0 \dfrac{dn}{dh}} \tag{6-25}$$

由式(6-25)可知,K 决定于折射率梯度 $\dfrac{dn}{dh}$,而 $\dfrac{dn}{dh}$ 又受温度、湿度、压力等条件的影响,所以 K 是反映对流层气象条件变换对电波传播影响的重要参数,是线路设计时必须考虑的重要因素。在考虑大气折射的情况下,只要把电波在均匀大气中传播时所得到的一系列计算公式中所有的地球半径 R_0 均用 $R_e = KR_0$ 来代替,则电波就好像在无折射大气中一样,沿直线传播。

5. 大气折射分类(大气折射对电波传播路径的影响)

根据电波在大气层折射的轨迹(因 K 值的不同而不同),即 K 值的大小,大气折射可分为三类,如图 6-23 所示。

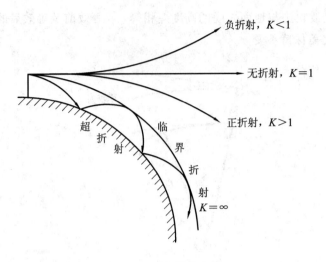

图 6-23 折射的分类

(1) 无折射。当 $\dfrac{dn}{dh}=0$ 时，$K=1$，$R_e=R_0$，无折射。

(2) 负折射。当 $\dfrac{dn}{dh}>0$ 时，$R_e<R_0$，$K<1$，电波射线折射向上弯曲，与地球弯曲方向相反，故称负折射。

(3) 正折射。当 $\dfrac{dn}{dh}<0$ 时，$K>1$，电波射线折射向下弯曲，与地球弯曲方向相同，故称正折射。

正折射还可以进一步分为标准折射、临界折射、超折射等几种情况。临界折射和超折射在这里不作过多介绍。重点介绍一下标准折射。

在温带地区，通过大量的实验求得 K 的平均值为 $4/3$，我们称此时的大气为标准大气，它代表了温带地区气象条件的平均情况。因此 $K=4/3$ 的大气折射叫作标准折射。在两级地区，K 取值为 $6/5\sim 4/3$。在赤道地区，K 取值为 $4/3\sim 2/3$。

6. 天线的余隙标准

以上讨论菲涅尔区和等效地球半径的概念是为了得出对余隙的理解，余隙的计算与第一菲涅尔区半径(F_1)和等效地球半径系数(K)有关，其中 K 主要随气象变化而受影响。在路由设计中，路径的余隙是衡量电路质量非常重要的参数。从某种意义上讲，它可以影响到一段路由的命运。为此，国家行业标准对此数据作出了具体要求。为避免微波传播遭受地形、地物的阻挡，最高障碍物处的余隙不能太小，否则会出现绕射现象，使信号产生衰落；也不能太大，余隙太大，将使多个菲涅尔区同时落入传输视距范围内，使接收点处的场强产生同相或反相叠加，造成信号不稳定。随着余隙的不断增大，还容易产生严重的地面反射。理想的余隙状态是：微波路由既保证第一菲涅尔区不受地形、地物的阻挡，又使其他菲涅尔区不在视距范围内。在调整天线的过程中，不但余隙发生变化，上面所讲的反射点的位置也将改变，两者相互影响。

因此，在天线高度设计中，K 值是一个重要指标。在温带平均情况下，取 $K=4/3$，其变化范围为 $2/3\sim\infty$。若 K 值较小，余隙将会变小，电波产生绕射衰减增大，使收信电平降低，故天线不能太低。反之，若天线较高，而气象变化使 K 增大，则 H_c 增大，显得天线太高，造成浪费。具体工程设计中余隙取值可参见表 6-1。

表 6-1 数字微波接力段余隙取值标准表

障碍物类型	$K=2/3$	$K=4/3$	$K=\infty$
地面反射系数小于 0.7	$H_c \geqslant 0.3F_1$	$H_c \geqslant 1.0F_0$	对余隙没有要求
地面反射系数大于 0.7（光滑地面）	$H_c \geqslant 0.3F_1$	$H_c \geqslant 1.0F_0$	$H_c \leqslant 1.38F_1$

注：$F_0 = 0.577F_1$，为最小菲涅尔半径。

6.4 微波传输线路噪声

噪声指标是微波传输线路的一项重要指标，微波信道的噪声可分为四类：热噪声（包括本振噪声）、各种干扰噪声、波形失真噪声以及外部噪声。热噪声主要是由传输设备中导体内部电子的热骚动和电子器件中载流子的不规则运动所产生的噪声；各种干扰噪声主要是由电波的多径传播、阻抗失配、电源波动以及其他波道信号的干扰所产生的噪声；波形失真噪声是由传输设备的线性失真和非线性失真所产生的噪声；外部噪声则是指由其他各种工业电气设备产生电火花所引起的电磁干扰、各种雷电和云层放电所辐射的电磁干扰和宇宙间其他星系辐射的电磁干扰所产生的噪声。微波通信中的噪声主要是热噪声和各种干扰噪声。下面分别进行分析。

1. 热噪声

热噪声是由媒质中带电粒子（通常是电子）随机运动而产生的。从通信系统的角度看，天线噪声、馈线噪声及接收机产生的噪声，均可等效为热噪声来处理，或者其本身就是热噪声。

根据热噪声的性质，往往把收信机的热噪声分成两部分：一部分认为是由噪声源产生的；另一部分是收信机本身产生的。前者一般认为在天线、馈线系统中存在一个收信机的噪声源，热噪声是由它们引入的；后者与电波衰落有关，衰落越严重，即收信电平越低，这种热噪声越严重。

因为天线是金属导体，所以其内部一定存在电子的热运动。电子的运动可以形成电流，而当电子之间发生碰撞时就会产生电流脉冲，所处的环境温度越高，碰撞就越频繁，热运动就表现为一个波形极其复杂的交流电压，这就是热噪声。除此之外，天线还收到周围空间环境辐射引起的热骚动噪声。当天线馈线系统与收信机匹配连接时，天馈线系统送给收信机输入端的固有热噪声功率 N 为

$$N = N_F k T_0 B \tag{6-26}$$

式中，N_F 为接收机已知的噪声系数；k 为波尔兹曼常数，$k=1.38\times10^{-23}$（W/Hz/K）；T_0 为收信机的环境温度（用绝对温度表示）；B 为收信机的等效带宽（单位为 Hz）。

2. 各种干扰噪声

从噪声的来源看，各种干扰噪声基本上可分为两大类：一类是设备及馈线系统造成的，例如，回波干扰、交叉极化干扰；另一类属于其他干扰，可以认为是外来干扰，下面简

述几种常见的干扰噪声。

1) 回波干扰

在馈线及分路系统中,有很多导波元件,当导波元件之间连接处的连接不理想时,会形成对电波反射。其结果是在馈线及分路系统中,除主波信号之外,还存在反射所造成的回波。因回波与主波信号的振幅以及时延都不同,并且回波是叠加在主波信号之上的,因而成为主波信号的干扰信号,故称为回波干扰,并称为回波干扰噪声。

2) 交叉极化干扰

为了提高高频信道的频谱利用率,在数字微波通信中用同一个射频的两种正交极化波(即利用水平极化波和垂直极化波的相互正交性)来携带不同波道的信息,这就是同频再用方案。尽管采用该方案可以提高系统的通信容量,但也给系统带来新的问题,这就是交叉极化干扰,即同频的两个交叉极化波的相互耦合所形成的干扰。这通常是由于天线馈线系统本身性能不完善及电波的多径传播等因素造成的。

3) 收发干扰

在同一个微波站中,对某个通信方向的收信和发信通常是共用一副天线的。这样发支路的电波就可以通过馈线系统的收发公用器件(也可能通过天线端的反射)而进入收信机,从而形成收发支路间的干扰。这种干扰与微波射频频率的配置方案有关,与收发射频的频率间隔及收信系统的滤波特性关系较大。

4) 邻近波道干扰

当多波道工作时,发端或收端各波道的射频频率之间应有一定的间隔,否则就会造成对邻近波道的干扰。例如 2 GHz 的 34 Mb/s 的数字微波设备的波道间隔为 29 MHz,6 GHz 的 140 Mb/s 的数字微波设备的波道间隔为 40 MHz。这样使得相邻波道间的频率相关性较小。这表现为当本波道中的主波信号出现深衰落时,而邻近波道(干扰波)没有出现衰落,此时本波道的收发信机中的滤波器(包括收发信微波滤波器、分路系统滤波器和收发信机中的中频滤波器)具有足够地抑制邻近波道干扰的能力。

5) 天线系统的同频干扰

天线间的耦合会使二频制系统通过多种途径产生同频干扰。

6.5 微波传输线路参数计算

1. 微波传输线路的载噪比

信道的传输质量不仅取决于信号功率的大小,而且与信道中所存在的噪声功率的大小有关。在数字微波以及卫星通信中是用载噪比来描述它们之间的关系。

衡量数字信道传输质量最主要的指标是误码率,要达到指标规定的误码率,就必须有一定的载噪比来保证。载噪比是指载波功率与噪声功率之比,通常用符号 C/N 表示。载噪比越低,误码率越高,信道的传输质量也就越差。因此必须对信道的载噪比加以限制。

若假设各种噪声是彼此独立的,则总噪声功率是各种噪声功率之和,即

$$N_{总} = N_1 + N_2 + \cdots + N_n \tag{6-27}$$

总噪声"载噪比"与各项噪声"载噪比"的关系式为

$$\frac{C}{N_{总}} = \frac{C}{N_1 + N_2 + \cdots + N_n} = \frac{1}{\dfrac{1}{\dfrac{C}{N_1}} + \dfrac{1}{\dfrac{C}{N_2}} + \cdots + \dfrac{1}{\dfrac{C}{N_n}}} \tag{6-28}$$

2. 一定误码率指标下的实际门限载噪比

理论载噪比表示的是一定误码率指标下信号与高斯白噪声的比值，这些噪声包括热噪声和各种干扰噪声，但没有考虑设备性能不完善的影响，这些不完善的影响将使理论载噪比恶化。考虑到这些实际情况，实际门限载噪比 $\left[\dfrac{C}{N}\right]_{MX}$ 应等于理论载噪比 $\left[\dfrac{C}{N}\right]_{LL}$ 与恶化储备 $\left[\dfrac{C}{N}\right]_{EH}$（即固有恶化成分值）之差，那么实际接收门限载噪比可由下式表示，即

$$\left[\frac{C}{N}\right]_{MX} = \left[\frac{C}{N}\right]_{LL} - \left[\frac{C}{N}\right]_{EH} \tag{6-29}$$

式中，N 是天线馈线系统送给收信机输入端的固有热噪声功率，$N = N_F K T_0 B$。

3. 衰落储备

为保证接收电平降低到门限以下的概率小于某个值，必须使信号电平留有足够的余量，此余量即为衰落储备。可以通过增加发送功率、提高天线增益、减少通信距离、降低噪声系数等方法实现衰落储备。衰落储备包括平衰落储备和多径衰落储备。

1) 平衰落储备

当信号传输带宽较窄(小于10 Mb/s)时，可以忽略频率选择性的影响，认为在信号传输带宽内具有相同的电平衰落深度，即频带内各频率成分所受衰减近似相等，这种衰落称为平衰落。平衰落储备是数字微波系统考虑热噪声的影响时，为保证传输质量而预留的电平余量，其数值上等于自由空间收信电平与实际门限接收电平之差。

当发射机所发射的功率信号经过自由空间后，如果收、发端的天线增益相同（等于 G_A），那么根据平衰落储备的定义，平衰落储备 M_f 为

$$M_f(\text{dB}) = 51.6 + 10 \lg P_T + 2G_A - 10 \log B - \left[\frac{C}{N}\right]_{sjmx} - \\ N_F - 2L_f - 2L_c - 20 \lg f - 20 \lg d \tag{6-30}$$

式中，P_T 为发射机的发射功率(mW)；L_f 为单端馈线损耗(dB)；L_c 为包括环行器和连接电缆在内的单端附加损耗(dB)；N_F 为噪声系数；f 为发信频率(MHz)；d 为收发天线距离(km)；B 代表信道的频带宽度(Hz)。

2) 多径衰落储备

在通信系统中，由于通信地面站天线波束较宽，受地物、地貌等诸多因素的影响，使接收机收到经折射、反射和直射等几条路径到达的电磁波，这些电磁波由于时延不同、相位不一致，导致码间干扰，使带内各频率分量的幅度受到的衰减程度不同，这种受多径效应产生的衰落叫多径衰落。

从时域上看，接收端所接收的码元波形发生较大变化，严重时便会对数字微波系统的误码性能产生很大的影响。为了描述多径衰落对系统性能的影响，引入多径衰落储备 M_S。

多径衰落储备 M_S 指标由厂家提供，但对于不同的地貌，所提供的多径衰落储备数据不同，如表6-2所示。表中的数值是针对 BER$=10^{-3}$ 情况。KQ 是环境地物条件因子，C

是与类型有关的参量。

表 6-2 不同地区的多径衰落储备及 KQ、C 值

断面类型	M_S/dB	KQ	C
A 型(高干燥山区)	36	1.58×10^{-4}	1.2
B 型(大陆温带、丘陵地区)	34	1.48×10^{-5}	1.96
C 型(沿海温带平原)	33	2.88×10^{-5}	2.2
D 型(跨海地区)	32	2.29×10^{-6}	3.26

3) 衰落概率指标分配及估算

数字微波传输信道系统是以高误码率作为设计指标的,不同信道的衰落概率分配指标是不同的。对电话传输信道高误码率时允许的衰落概率指标为:误码率大于 1×10^{-3} 时,概率不超过 0.054%(针对假想参考链路 2500 km 而设定)。对数据传输信道高误码率时允许的衰落概率指标为:误码率大于 1×10^{-6} 时,概率不超过 0.01%(针对假想参考链路长度 2500 km 而设定),当一条实际微波线路的总长为 d km 时,则电路分配的允许的衰落概率 P_x 指标不得超过以下值。

对电话传输信道

$$P_x = 0.054\% \times \frac{d}{2500} \quad (6-31)$$

对数据传输信道

$$P_x = 0.01\% \times \frac{d}{2500} \quad (6-32)$$

在大容量的数字微波通信系统中,系统的衰落概率 P_m 估算可用平衰落引起的衰落概率 P_{mf} 和多径衰落引起的衰落概率 P_{ms} 来表示,即

$$P_m = P_{mf} + P_{ms} \quad (6-33)$$

平衰落引起的衰落概率 P_{mf} 计算可以根据 ITU 规定,以经验式进行计算:

$$P_m = KQ \cdot f^H \cdot d^C \cdot 10^{\frac{M_f}{10}} \quad (6-34)$$

式中,KQ 是与气象、地物有关的参数,如表 6-1 所示;d 为微波站之间的距离(km);f 为微波工作频率(GHz);H、C 均为与类型有关的参数,其中 $H=1$ 时 M_f 为平衰落储备。

多径衰落引起的衰落概率 P_{ms} 的计算可根据式(6-34),将 M_f 替换为厂家提供的多径衰落储备量 M_S 即可。

6.6 微波通信线路设计

微波中继通信的线路设计必须在保证通信质量的前提下,考虑维护使用的方便和战时及自然灾害等特殊情况下的通信安全。总体方案、设备容量等近期建设规模应与远期发展规划相结合,做到既符合国家的通信规划,又能适合本地当前通信任务的实际需要。同时,还应根据建设和技术发展情况、经济效果、设备寿命、扩建和改建的可能等因素统筹考虑。

微波站站址严禁选择在矿山开采区、易受洪水淹灌等地方,应选择在交通方便、靠近可靠电源和居民点的地方;不应选择在过于偏僻的地方,应避开经常有较大震动或强噪声

的地方；应保证通信质量、节约投资、节约维护费、便于维护管理。微波干线路由一般不宜经过城市，在需要下话路或电视节目的大城市，可在郊外分路站用"T"型转接方式进城。

微波接力通信线路的接力段长度必须根据地形、气候、天线位置、电波传播等因素来定。尤其在多接力段的线路中，任何一段站距的取值不仅与本段的传播条件有关，而且还和全线路中的其余各段的传播条件和站距有关。接力段站距的取值必须根据具体线路的具体情况来定，在传播条件好的地区，站距选择宜均匀，站距可以适当地长一些，这样不但能保证线路质量，而且可以大大节约投资。传播条件困难的地区，站距不宜过长。站距较长或较短的接力段可采取技术措施，保证接收机输入口无衰落电平值与标准站距段在该处的无衰落电平值之差不超过 3 dB。

由于地面对电波传播的影响，线路应尽量选择起伏不平的断面，重复利用地形条件，应尽量避免跨越水面和平坦的开阔地面，防止造成强反射信号而形成的深衰落。如果在线路上不可避免地要经过强反射地域时，应使一端天线架得很高，另一端天线架得很低，使反射点落在低端，并注意利用障碍物阻挡反射波。线路要尽量减少分支，在需要分支的站上，当分支线路采用同频率、同极化波道的设备时线路分支角要大于 85°。

微波接力通信线路的每一个接力段，在所考虑 K 值变化的时间范围内，电波射束和障碍物之间应留有足够的余隙值，以保证能量的有效传输。在平原地区，余隙不应太大，以免 K 为无穷时反射波使收信电平造成深衰落；在山区，余隙不应太小，以免 K 值变小时，直射波被路径中的高山所阻挡，造成较大的绕射损耗。

微波接力通信线路的余隙值不但对电波射束下方有要求，而且对于电波射束四周都有要求。但是大气对电波的折射主要发生在垂直高度方向，其他方向的折射可以忽略。因此对于电波射束下方的余隙值有比较严格的要求而对于射束的其他方向的余隙值要求，仅仅只需要保证能量的有效传输即可。一般说只要保证有 $0.6F_1$ 余隙值就够了，但考虑到留有一定的余地，并且尽可能使接收电平值高一点，故在这一条中规定除电波射束下方以外的其余各侧的远区余隙值必须不小于第一菲涅尔区半径 F_1 值。

在多接力段的线路中，干扰噪声值是有一定限制的，但是这个限制一般是指整条线路而言，其中一个站的转折角大小并不能判断整条线路是否满足质量指标。在该条线路中的转折角值的规定是按照直径为 3~4 米二次反射抛物面天线的方向性图，当允许的干扰噪声值为 30 微微瓦时计算得到的。按我国大容量微波接力通信系统体制规定，在一个调制段中允许的天线主一侧间干扰噪声为 100 微微瓦左右，平均每个站允许 15~20 微微瓦左右，如果按平均每个站允许的噪声值来作为转折角的设计要求是不妥当的，因为倘若有某一个站超过了这个数值，而在整个调制段中，同类干扰噪声的总和又未超过总指标，应该认为这个设计是合理的。

此外，还应避免越站干扰。微波通信线路中，一般都采用二频制，即某一中继站所用的频率间隔一站后又重复使用，所以相邻的四个站不能选在一条直线上，第四个中继站也不能选在第一、第二两站连线的延长线上，否则由于气象的变化，第四个站可能同时收到从两个站传来的信号，并造成同频干扰。

6.7 卫星通信的概念及特点

卫星通信是利用卫星作为中继站转发或反射无线电波，以此来实现在两个或多个无线电通信站之间进行通信，它是宇宙无线电通信的一种形式。

卫星地球站发射的无线电波必须通过大气层到达卫星，通过卫星上的转发器对信号进行放大、变频后重新发回地面。由于电离层中带电离子和电子的吸收和反射，只有微波波段的无线电波才可以较低的损耗穿过电离层，因此卫星通信实际上是一种微波通信。又由于卫星通信的中继站设在离地面 36 000 km 的天空中，因此卫星通信是一种特殊的微波接力通信系统。卫星通信系统自诞生之日起便得到了迅猛的发展，成为当今通信领域最重要的通信方式之一。

通信卫星就是一个悬挂在空中的通信中继站。它居高临下，视野开阔，只要在它的覆盖照射区以内，不论距离远近都可以通信，通过它转发和反射电视、广播和数据等无线信号。

卫星通信具有如下特点：

(1) 传播距离远，覆盖范围广。

由于卫星悬挂在离地面 36 000 km 的天空中，距离地球站的传输距离非常远，而且卫星天线波束能够发射到地球表面的很大一部分区域，在其覆盖区内任何一个地方都能接收到卫星转发下来的电波。

(2) 卫星通信频带宽，通信容量大。

卫星通信通常使用 300 MHz 以上的微波波段，因而可供使用的频带很宽，随着新技术的不断发展，卫星通信容量越来越大，传输的业务类型越来越多样化。

(3) 卫星通信线路稳定，质量好，可靠性高。

卫星通信中电磁波主要在大气层以外的自由空间传播，电波在自由空间传播非常稳定，因此，卫星通信不仅不受气候和气象变化的影响，而且通常只经过卫星一次转送，噪声影响小，通信质量好。

(4) 传输时延较大。

卫星距地球站的距离大概 36 000 km，电波的传输速度是每秒 30 万公里，从一地球站发出的信号，经卫星中转，再回到另一座地球站收下，大约走了 7 万多公里，需时约 240 毫秒，收端即刻回答，并经同样路由返回发端，又需约 240 毫秒，这就是说，发端最快也要半秒钟后才能听到对方的回答，语音延时现象严重，特别是在传送电视节目时，画面上会出现讲话人的口形与声音不同步的现象。

6.8 卫星通信系统

6.8.1 通信卫星

1. 地球卫星轨道

地球卫星都有自己的运行轨道，这种轨道有圆形，也有椭圆形，轨道所在的平面称为轨道面，轨道面都要通过地心。当卫星的轨道平面与赤道平面的夹角为 0°时，卫星的轨道称为赤道轨道。当卫星的轨道平面与赤道平面的夹角为 90°时，卫星的轨道称为极轨道。当卫星的轨道平面与赤道平面的夹角在 0~90°之间时，称卫星的轨道为倾斜轨道，如图 6-24 所示。当卫星运行轨道为赤道轨道，如轨道呈圆形且离地面高度为 35 786.6 km 时，此轨道称为同步轨道。同步轨道只有一个，是宝贵的空间资源。

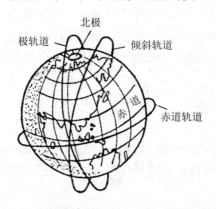

图 6-24　地球卫星的几种轨道

2. 地球同步通信卫星

在同步轨道上，卫星的运行方向与地球自转方向相同，由西向东作圆周运动，运行轨道为位于地球赤道平面上的圆形轨道，运行周期与地球自转一周的时间相等，为恒星日（23小时56分4秒），一般称为24小时。卫星在轨道上的均匀绕行速度约为3.1公里/秒，其运行角速度等于地球自转的角速度，这时卫星相对于地球表面呈静止状态，在地球上观察卫星时，此卫星是静止不动的，人们把这个卫星叫做同步卫星或叫静止卫星。这个轨道也称为静止轨道。

利用同步卫星（静止卫星）来转发无线电信号组成的通信系统就称为卫星通信系统，作为通信用的这个卫星就叫做同步通信卫星。我们这里主要讲述的就是同步卫星通信。

地球同步卫星上的天线所辐射的电波，对地球的覆盖区域基本是稳定的，在这个覆盖区内，任何地球站之间可以实现24小时不间断通信，如图6-25所示。不过，一颗静止卫

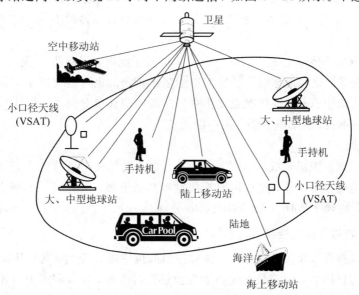

图 6-25　卫星通信示意图

— 165 —

星只能覆盖地球21370万平方公里,仅占地球总面积的40%,尚有60%的地区不在其覆盖范围内,无法进行通信。一般地说,配置三颗地球同步卫星即可基本解决全球通信问题。目前,在太平洋、大西洋和印度洋上空各有一颗国际通信卫星组织的地球同步卫星在运行,提供除两极外的全球通信使用。它的优点是使用者只要对准人造卫星就可进行通信而不必再追踪卫星的轨迹。

3. 影响同步卫星通信的因素

1) 摄动

在空中运行的卫星受到来自地球、太阳、月亮的引力影响,以及地球不均匀、太阳辐射压力等影响,使卫星运行轨道会偏离预定理想轨道,这种现象称为摄动。

2) 轨道平面倾斜效应

当静止卫星受到某些因素影响而发生相对于赤道平面向上、向下的固定偏离时,会使卫星的视在位置及星下点发生改变,这就称为倾斜效应。

卫星的摄动及倾斜效应的影响,将引起卫星的位置发生变化,使卫星偏离原来的经度、纬度。对于静止卫星通信系统就必须采取措施,使卫星稳定在预定的位置,这就称为位置控制。在卫星上有许多喷嘴,当发生位置偏离时,控制其喷射气体燃烧,推动卫星回到原位置。

3) 自然现象

通信卫星、地球、月亮和太阳夜以继日不停地在各自轨道上运行。当它们之间处于特定的相对位置时,会构成对卫星通信的影响,这就是通常所说的"天象影响"。

(1) 地星蚀。

当太阳—地球—卫星走成一线时,将发生地星蚀。此时,地球挡住了太阳光,卫星处于地球的阴影区,此时,星上的太阳能电池缺乏光照,只能靠蓄电池供电,这种情况发生在每年的春分(3月21日)和秋分(9月22日)前后21天,春分和秋分这两天的遮挡时间最长,达72分钟,为了保证通信,通常采用轮流关闭部分转发器的办法,以节省能源。

(2) 日凌。

当太阳—卫星—地球走成一线时,将发生日凌。此时,卫星处于太阳和地球的中间,即光照最强的位置。这时地球站天线在对准卫星的同时,也可能对准了太阳,由太阳引起的强大噪声从天线引入。这种情况也发生在每年的春分和秋分前后,持续6天,每次约10分钟,时间虽然不长,但影响严重,能中断通信。

(3) 月星蚀。

当太阳—月球—卫星走成一线时,发生月星蚀。卫星处于月球的阴影区,也会影响卫星上太阳能电池的正常工作,这种情况不是每年都会出现,但有时一年则会出现数次,每次短则数分钟,长则2小时,平均每次约40分钟。

4. 卫星姿态的保持与控制

要使卫星保持在预定位置,首先就要对卫星的位置进行控制,其次还必须使卫星的天线波束指向覆盖区中心,使卫星上太阳能电池板正对太阳。这就要求卫星相对于地球保持一定的姿态,使之达到上述两项要求。使卫星姿态保持的控制方法主要有两种:角度惯性控制(自施稳定法)和三轴稳定法。后者采用较多,因后者具有控制精度较高,可节省燃料,太阳能电池板可以做得较大,电能供给功率较大等优点。

6.8.2 卫星通信系统的组成

一个卫星通信系统由通信卫星(空间分系统)、通信地球站系统、跟踪遥测及指令分系统和监控管理分系统等四大部分组成,如图 6-26 所示。它们有的可以直接用来进行通信,有的用来保障通信的进行。

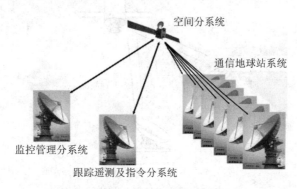

图 6-26 卫星通信系统组成

(1) 通信卫星(空间分系统):通信卫星主要是起无线电中继站的作用,主体是通信装置,包括一个或多个转发器(微波收、发信机)和天线。保障部分是星体上的遥测指令、控制系统和能源装置。其主要作用是转发各地球站信号。一个卫星的通信系统可以有一个或多个地球站信号。显然,当每个转发器所能提供的功率和带宽一定时,转发器越多,卫星通信系统的容量就越大。

(2) 通信地球站系统:它是微波无线电收、发信台(站)。主要作用是发射和接受用户信号,用户通过它接入卫星线路,进行通信。

(3) 跟踪遥测及指令分系统:用来接收卫星发来的信标、各种数据,然后进行分析处理,再对卫星发出指令,去控制卫星的位置、姿态及工作状态,对卫星进行修正。

(4) 监控管理分系统:对在轨道定点上的卫星进行业务开通前、后的监测和控制,如卫星转发器功率、卫星天线增益以及各地球站发射的功率、射频和带宽等基本的通信参数,以便保证通信卫星的正常运行和工作。

6.8.3 卫星通信传输线路

卫星通信传输线路包括上行线路、下行线路以及发端和接收端地球站。

上行线路是指从发信地球站到卫星之间的通信线路;下行线路是指从卫星到收信地球站之间的通信线路。上、下行线路合起来就构成一条最简单的单工卫星通信线路。所谓单工就是单方向通信,通信的双方,一端固定为发信站,另一端固定为收信站。当两个地球站都有收发设备和上、下行线路,而且这两条线路共用一个卫星转发传播相反的信号进行通信,就构成了双工卫星通信线路。

在一个卫星通信系统中,地球站中各个已调载波的发射或接收通路经过卫星转发器可以组成很多条单跳或双跳的双工或单工卫星通信线路,整个系统的全部通信任务,就是分别利用这些线路来实现的。

在卫星通信系统中,发送站发送的信号只经一次卫星转发后就被接收站接收的卫星通信传输线路称为单跳通信线路;如果发送站发送的信号经过两次卫星转发后才被对方接收,此卫星通信传输线路称为双跳通信线路。双跳工作的情况很少,大多是单跳工作,即只经一次卫星转发后就被对方接收。如图 6-27 所示。

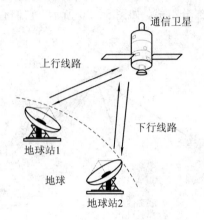

图 6-27 单跳卫星通信传输线路图

6.8.4 卫星通信系统的工作过程

如图 6-28 所示,当地球站 A 的用户要与地球站 B 的用户进行通信时,A 站首先要把

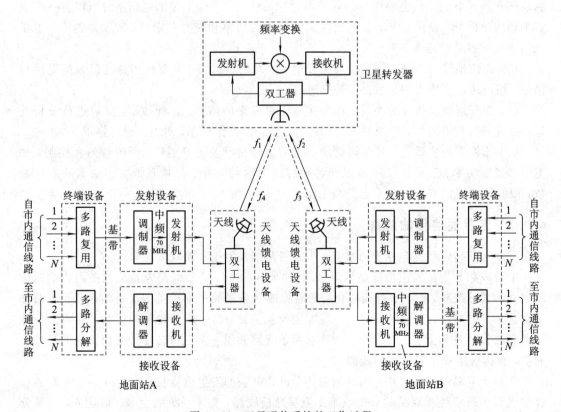

图 6-28 卫星通信系统的工作过程

本站的信号复用后形成基带信号，经过调制器变换为中频信号，再经发射机上变频变为微波信号，经高功放放大后，经天线发向卫星(上行线)，卫星收到地面站的上行信号经放大处理，变换为下行的微波信号。B 站收端站收到从卫星传送来的信号(下行线)，经低噪声放大、下变频、中频解调，还原为基带信号，并分路后送到用户。这就完成了 A 站到 B 站信号的传输过程。B 站终端站发向 A 站的信号过程与此相同，只是上行线、下行线的频率不同而已。

6.8.5 卫星通信系统的频段分配

在卫星转发器与地球站之间，信息是利用电磁波来承载的。但由于卫星通信电波传播的中继距离远，从地球站到卫星的长距离传输中，既要受到对流层大气噪声的影响，又要受到宇宙噪声的影响。因此，卫星通信工作频段的选取将影响到系统的传输容量、地球站发信机及卫星转发器的发射功率、天线口径尺寸及设备的复杂程度。选用工作频率，通常依据以下几个方面来综合考虑：

（1）传播损耗及传播引入的外部噪声要小。
（2）可能提供的有效带宽要足够宽。
（3）与其他系统之间的干扰要小。
（4）尽可能地利用现有的通信技术和设备。

卫星通信中的无线电波是在地球站和通信卫星之间的空间传播，图 6-29 所示是静止卫星电波传播路径。可见，星、站之间的微波传播要通过包含对流层(包括其中的云层和雨层)、平流层和电离层的大气层及外层空间，且主要在大气层以外的自由空间传播，也就是外层空间传播。所以，电波应能穿透大气层，进入外层空间。

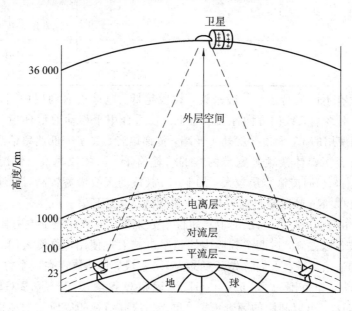

图 6-29 地球外围空间示意图

从电波传播机理和传播损耗看，300 MHz 以下的电波不能穿过电离层，而 10 GHz 以上的电波由于受大气层中的云、水蒸气、雨的影响会造成较大的衰减，因此，卫星通信的工作频段在 300 MHz～10 GHz 之间。

从电波传播中引入的外部噪声看，工作频率越高，从外部进入天线系统的宇宙和工业噪声就越小。频率在 300 MHz 以上时，噪声影响基本可以忽略，但是随着频率升高，大气层中云、水蒸气、雾气、雨、雪等引起的噪声却不断增加，特别是在 10 GHz 以上时，对通信的影响较大。而电波穿过大气层时，会受到电离层中自由电子和离子的吸收，从而产生衰减。这种衰减与工作频率有很大关系，所以，300 MHz～10 GHz 频段的电波损耗最小，称为"无线电窗口"；此外在 30 GHz 附近有一个衰减的低谷，称为"半透明无线电窗口"，因此选择工作频段时，应尽量选在这些"窗口"。

基于信道可用带宽及系统容量，频率的选择越高越好，因此 1～10 GHz 频段被公认为是最适合卫星通信的频段。在这个频段的无线电波大体上可以看作是自由空间传输，但通信卫星的工作频段主要是根据电波传播特点和合理利用无线电频率资源等因素确定的。由于技术条件的限制，迄今实际应用的频段还十分有限。目前卫星通信常用的工作频段划分如表 6-3 所示。

表 6-3 目前常用的卫星通信频段

名称	频率范围/GHz	下/上行载波频率/GHz	单向带宽/MHz	适用业务
UHF 频段	0.3～1	0.2/0.4	500～800	
L 频段	1～2	1.5/1.6		移动通信、声音广播
S 频段	2～4	2.5/2.6		移动通信、图像广播
C 频段	4～8	4/6	500～700	固定通信、声音广播
X 频段	8～12	7/8		固定通信（通常用于政府和军方业务）
Ku 频段	12～18	12/14 或 11/14	500～1000	固定通信、电视直播
Ka 频段	27～40	20/30	高达 3500	固定通信、移动通信

不同的频段有不同的特点。一般来说，频段越低，电波进入雨层中引起的衰减越小，绕射能力越强，对终端天线的方向性要求也低，较适合用于移动通信环境，但缺点是带宽较小。人们早期使用的 L、S 频段就处于低端，传递语音、文字等低速率信息不成问题，但很难满足当今社会多媒体视频等宽带内容的传输需求。而频段越高，情况正好相反，C、Ku 频段相对较高，它们传输容量较大，加上 Ku 频段的天线增益较高，可使用较小口径的地面天线，因此 C、Ku 频段是目前卫星通信领域的主流频段。

但是目前，由于 C 和 Ku 频段的卫星轨位十分紧张，地球赤道上空有限的地球同步卫星轨位几乎已被各国占满，这两个频段内的频率也被大量使用，迫使人们寻找、开发更高频段来满足新的通信需求。人们首先开发的为 Ka 频段，具体体现在四个方面：

(1) Ka 频段工作范围为 26.5～40 GHz，远超 C 频段(3.95～8.2 GHz)和 Ku 频段(12.4～18.0 GHz)，可以利用的频带更宽，更能适应高清视频等应用的传输需要。

(2) 由于频率高，卫星天线增益可以做得较大，用户终端天线可以做得更小更轻，这有利于灵活移动和使用。

(3) 由于频率高使其远离一般地面通信系统所在的频率范围，具有天然高抗干扰性能。

(4) 运用点波束和频率复用技术，使得 Ka 宽带卫星通信的系统容量得到数十倍甚至百倍以上的提高。

6.8.6 卫星通信天馈线系统

1. 通信卫星的天线系统

对卫星的天线要求严格，要体积小、重量轻、馈电方便、易折叠、展开；电器特性好、增益高、效率高、宽频带等。其种类有：

1) 全方向性天线

此类天线是完成遥测和指令信号的发送、接收。

2) 用于通信的微波天线

此类天线主要是接收、转发地面站的通信信号，要对准所覆盖的区域，按其波束覆盖区的大小，如图 6-30 所示，可分为如下三类。

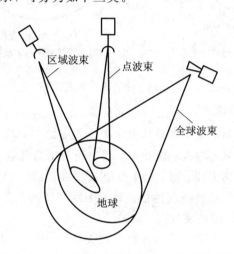

图 6-30 全球波束、区域波束与点波束示意图

（1）全球波束天线：其波束宽度约为 17°～18°，恰好覆盖卫星对地球的整个视区。这类天线一般由圆锥喇叭加上 45°的反射面构成，如图 6-31 所示。

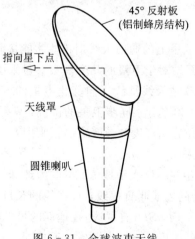

图 6-31 全球波束天线

(2) 点波束天线：其波束比全球波束天线窄很多，覆盖区面积小，一般为圆形。此类天线通常用前抛物面天线。可根据需要采取直照或偏照45°。

(3) 区域波束天线：如果地面要求覆盖的区域形状不规则，就使用赋形波束天线。其覆盖区域可通过修改天线反射器的形状或使用多个馈源从不同方向照射天线反射器，由反射器产生多个波束的组合来实现，如图6-32所示。

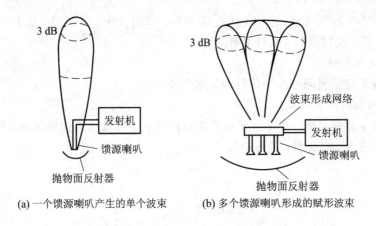

图 6-32 赋形波束形成过程

2. 地球站的天馈线系统

在卫星通信中，地球站的天馈线系统是主要的设备之一，其主要功能是实现能量的转换，是卫星通信地球站信号的输入和输出口。其建设费用约占整个地球站的1/3。通常，地球站的收、发设备共用一副天线，因此收、发电波要在馈线中很好地分离，设计天线时必须同时满足收、发频带内的各种电气性能。对天馈线系统的主要性能要求是：高增益、宽频带、低接收噪声温度、机械精密度高、旋转性好。

卫星通信的地球站天线有两种：直接辐射式天线（如喇叭天线）和反射天线。前者难于制成较大型的结构，往往不能满足地球站天线增益高的要求，因此很少使用；反射式天线在地球站中应用极为广泛，例如抛物面天线、卡塞格伦天线等。但是，目前广泛采用的是标准的经过某些改进的卡塞格伦天线。

6.8.7 观察参量

卫星地面站的天线要与卫星上的通信天线对准，才能接收和发送通信信号。如何才能使两者对准呢？这主要由地面站对于卫星的几个观察参量来决定。

这几个观察参量是指地球站天线轴线指向静止卫星的方位角、仰角和距离三个参数。同步卫星的观察参量如图6-33所示。同步卫星的位置，只要有了经度就能确定（因在同步轨道上由经度定点），地面站位置由经度和纬度确定。利用以上的条件和卫星高度35 786 km，即可用公式（工程用）计算出来。

图6-33中S表示同步卫星，D表示地球站，O为地球中心。S与O连线在地表面的交点M叫做星下点。D与S的连线叫直视线，直视线的长度就是地球站至卫星的距离d。D所在的水平面称为地球站平面，SD（直视线）在地面的投影称为方位线。直视线与方位线所确定的平面称为方位面，由图可见SM在此方位面内。

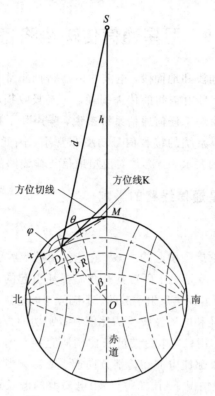

图 6-33 同步卫星的观察参量

方位角用 φ 来表示,定义为地面站所在正北方向(经线正北方向)按顺时针方向旋转与方位线的夹角。

可证明:

$$\varphi = 180° - \arctan\left(\pm \frac{\mathrm{tg}\lambda}{\sin\rho}\right) \tag{6-35}$$

$$d = R_0 \sqrt{(k^2+1) - 2K\cos\lambda \cdot \cos\rho} \tag{6-36}$$

地球指向卫星的仰角用 θ 表示,θ 定义为地球站方位线与直视线之间的夹角,即

$$\theta = \arcsin\left[\frac{(K\cos\lambda \cdot \cos\rho - 1)R_0}{d}\right] \tag{6-37}$$

式中,$K=(R_0+h/R_0)$;R_0 为地球半径 6378 km;h 为卫星离地面高度 35 786.6 km;$\lambda = \lambda_1 - \lambda_2$,$\lambda_1$ 为卫星所在位置经度,λ_2 为地面站所在位置经度;ρ 为地面站所在位置纬度。

【例 6-1】 试计算东方红三号卫星(E125°)在重庆所在地的观察参量(重庆位于东经 106.5°,北纬 29.6°)。

解:
$$\lambda = 125 - 106.5 = 18.5°$$
$$\rho = 29.6°$$
$$\varphi = 180° - \arctan\left(\pm \frac{\mathrm{tg}\lambda}{\sin\rho}\right) = 145.9°$$
$$d = R_0 \sqrt{(k^2+1) - 2K\cos\lambda \cdot \cos\rho} = 37\,056 \text{ km}$$
$$\theta = \arcsin\left[\frac{(K\cos\lambda \cdot \cos\rho - 1)R_0}{d}\right] = 50°$$

6.9 卫星通信传输线路特性

卫星通信系统涉及空间段和地面段，电波的传播路径非常长，由于电波在开放的空间中进行传播，因此信号除有自由空间的传播损耗、大气吸收损耗、降雨损耗外，还要受到各种噪声和干扰的影响。而对于任何通信系统来说，噪声和干扰是限制其容量和性能的一个基本因素。由于卫星通信系统的接收信号功率非常小，因此，对噪声的影响更为敏感。为了满足用户对服务质量的要求，就必须对卫星通信传输线路的特性进行研究。

6.9.1 自然现象对卫星通信线路的影响

1. 雨衰带来的影响

雨衰是指电磁波进入雨层中引起的衰减。它包括雨粒吸收引起的衰减和雨粒散射引起的衰减。雨粒吸收引起的衰减是由于雨粒具有介质损耗引起的，雨粒散射引起的衰减是由于电波碰到雨粒时被雨粒反射而再反射引起的。不同频率的电磁波对于雨水的穿透率不同。

雨衰的大小与雨滴直径和电磁波波长的比值有着密切的关系：当电磁波波长比雨滴直径大时，散射衰减起决定作用；当电磁波波长比雨滴直径小时，吸收损耗起决定作用。无论是吸收还是散射，其效果都使电波在传播方向上遭受衰减。当电磁波的波长与雨滴的直径越接近时，衰减越大。一般情况下（比如中短波）电磁波的波长远大于雨滴直径，故衰减很小，C 波段信号受雨衰的影响也可以忽略。当卫星通信的工作频段在 10 GHz 以上时，雨衰的影响就非常明显了，严重时会使通信线路中断。由于 Ku 波段的波长与雨滴的直径大小比较接近，因此雨衰对 Ku 频段信号的影响较大，所以在信号传输过程中必须考虑雨衰的影响。

图 6-34 是国际无线电咨询委员会（CCIR）现为国际电联（ITU）提供的雨衰与频率和降雨大小的关系图，从图中可以很清楚地看出 Ku 波段信号受雨衰的影响。图中，降雨对

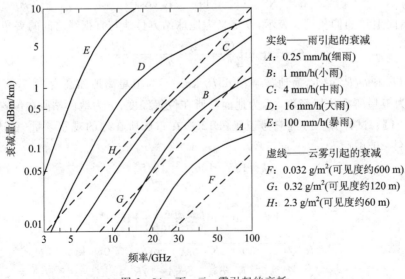

实线——雨引起的衰减
A：0.25 mm/h（细雨）
B：1 mm/h（小雨）
C：4 mm/h（中雨）
D：16 mm/h（大雨）
E：100 mm/h（暴雨）

虚线——云雾引起的衰减
F：0.032 g/m²（可见度约600 m）
G：0.32 g/m²（可见度约120 m）
H：2.3 g/m²（可见度约60 m）

图 6-34　雨、云、雾引起的衰耗

电波的衰减为实线，而云、雾引起的衰减为虚线。Ku 波段频率较高，一般是 12～18 GHz，Ku 波段的波长与雨滴的直径大小比较接近，受雨衰的影响比较严重。从图 6-34 和图 6-35 可以看出，在 Ku 波段，中雨（雨量为 4 mm/h）以上的降雨引起的衰耗相当严重。当电波穿过雨区路径长度为 10 km 时，对于 Ku 波段上行线路，衰耗为 2 dB 左右，下行线路的衰耗为 1 dB 左右，在暴雨（雨量为 100 mm/h）情况下，每公里的损耗强度较大，但雨区高度一般小于 2 km，暴雨引起的衰耗将超过 10 dB 以上。随着降雨强度的加大，在 Ku 波段降雨衰减系数也急剧增加，其降雨衰减量与降雨强度几乎成正比。而对于 C 波段 4～6 GHz 来说，雨衰的影响就不是很明显，中雨区上行线路的衰耗为 1 dB 左右，下行线路的衰耗仅为 0.4 dB 左右，即使是暴雨区上行线路总衰耗值也仅为 1 dB。

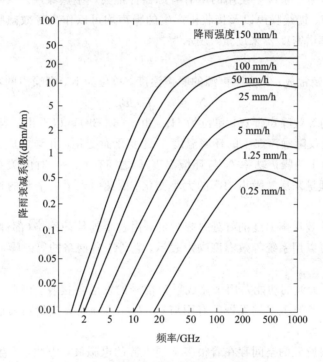

图 6-35 降雨衰减系数与降雨量

从以上分析发现，雨衰与降雨量有很强的相关性，降雨量越大，雨衰越大；同样降雨量下，对电波的衰减不是一个唯一值。在时间上雨衰与降雨量有相关性，但雨衰对降雨量在时间上没有确定的对应，很多时候雨衰可能超前或滞后降雨时间。降雨过程对电波衰减是一个复杂的过程，降雨过程影响电波衰减的因子包括了降雨云层类型、厚度、移向、水汽含量、水汽凝成物的几何尺寸、形状、水态、电磁波的波长、电磁波穿越雨区的长度等。

2. 雾、雪、雹带来的影响

尽管雨衰是影响毫米波传播的主要因素，但是还需要了解其他水象对毫米波传播的影响，如雾、雪、雹等。雾是大气中水蒸气凝结为水滴并仍然悬浮在空气中的一种状态，它所产生的云、水滴或冰晶会包围观察者，并且水平可视距离不超过 1 km。蒸发和冷却是形成雾的主要过程。因为形成雾的水滴尺寸很小，在 35～94 GHz 的毫米波频段，雾的最大反射截面小于 $1.0 \text{ mm}^2/\text{m}^3$，它比雨的反射截面小两个数量级，因此在系统设计时可以忽略雾对系统性能的影响。冰的介电常数比液态水要小许多，所以雪花、冰晶、冰雹等的散射截面比同尺寸的液态水滴的散射截面小许多。冰颗粒的吸收也比同体积的雨滴小许多,因此在相同降水量的情况下,雪和雹产生的衰减比雨衰减小很多。

6.9.2 卫星通信线路的噪声和干扰

1. 噪声

1) 系统热噪声

只要传导媒质不处于热力学温度的零度,带电粒子就存在随机运动,产生对有用信号形成干扰的噪声,称为热噪声。这里的"热"是以绝对零度为尺度来判断的,而不是通常人们所说的冷和热,通信系统中使用的所有有源器件都会产生热噪声。从研究通信系统的角度来看,天线噪声、馈线噪声以及接收机产生的噪声均可以作为等效热噪声来处理。噪声的大小以噪声功率谱密度 n_0 来度量,表示为

$$n_0 = kT \tag{6-38}$$

式中,k 为玻尔兹曼常数;T 为噪声源的噪声温度,单位为 K。则噪声的功率 N 为

$$N = k \cdot T \cdot B_n \tag{6-39}$$

式中,B_n 为网络的等效噪声带宽,单位为 Hz。由式(6-39)可以看出,当网络的带宽 B_n 一定时,噪声功率仅仅随噪声产生的环境温度 T 的变化而变化,并与之成正比,而与噪声频率的大小无关。由于热噪声功率 N 与环境温度 T 之间存在一一对应关系,这就说明可以用"温度"这一物理量来反映噪声功率的大小变化。因此引入了一个新的物理量——等效噪声温度。

定义网络的等效噪声温度的好处是显然的,由各个连接的网络(部件)组成的系统,累加的总噪声性能可以用系统等效温度噪声表示,它等于各网络的等效噪声温度之和。

2) 天线噪声

卫星系统中,天线的功能是用来完成射频信号的发送与接收。因此,系统中的卫星接收天线一方面接收来自卫星转发器的有用信号,另一方面还会接收到其他外部噪声源发出的噪声信号。

由于接收天线所处的空间存在着很多不同来源的电磁波,因此,产生接收天线噪声的源一般分为外部噪声源和内部噪声源。

天线与接收机之间的馈线通常是波道或同轴电缆,由于它们是有耗的,因此会附加上一些热噪声;而接收机中,线性或准线性部件放大器、变频器等会产生热噪声和散弹噪声;线路的电阻损耗会引起热噪声。以上这些都是接收系统内部噪声。

天线从其周围辐射源的辐射中所接收到的噪声,称为外部噪声,这种噪声来自大地、大气层和大气层以外(宇宙空间)的各种噪声来源。例如,当天线的副瓣较大或架设不当时,地面热辐射和地面反射的噪声进入天线;微波信号经过大气层时大气的吸收;对流层内雷电放电等的衰减。主要的外部噪声有:宇宙噪声、大气噪声及降雨噪声、地面噪声等。

(1) 宇宙(银河系)噪声。

宇宙噪声是指来自地球大气层外的无线电辐射干扰。宇宙噪声源主要是银河和太阳。当银河宇宙噪声穿过大气层时,其强度将受到衰减,衰减的程度与其经过的路径上电子浓度和中性粒子成分浓度的乘积成正比。宇宙噪声是频率的函数,在 1 GHz 以下时它是天线噪声的主要部分。

(2) 大气噪声及降雨噪声。

大气层对穿过它的电磁波在吸收能量的同时，也产生电磁辐射而形成噪声。大气噪声电平不仅与地区、季节、昼夜、时间及气象条件有关，而且与频率关系密切，一般是随频率增加而降低。但由于白天电离层对电波的吸收随频率增加而减小，因此短波波段出现的大气噪声电平随频率增高而加大，夜间电离层吸收较小，大气噪声电平几乎与频率无关。对于 30 MHz 以上电波，大气噪声的影响逐渐减弱。降雨时既会对电波产生衰减，又会产生噪声，如在 4 GHz 时噪声温度可达 100 K。

大气噪声也是天线仰角函数，仰角越小，穿过大气层的途径越长，给系统引入的天线噪声温度越高；而当天线仰角越大时，给系统引入的天线噪声温度越小。

(3) 地面噪声。

当天线的副瓣电平较大时，地面温度的热辐射和地面反射的其他辐射进入接收系统造成的噪声称为地面噪声。对微波来说，地球是一个比较好的吸收体，是个热辐射源。从卫星看地球，平均噪声温度约为 254 K。地球站天线除由其旁瓣、后瓣接收到直接由地球产生的热辐射外，还可能接收到经地面反射的其他辐射。卡塞格伦天线在 1 GHz 以上频段时，若仰角不高(小于 30°)，其接收到地面噪声的量是相当大的。

2. 卫星通信中常见的几种干扰

1）互调干扰

由于卫星线路很长，因而信号经过传输到达地球站或者卫星的信号功率都很弱，因此在卫星或者地球站都安装了高功率放大器用于信号放大，由于高功率放大器都是非线性设备，当有多个载波同时送入放大器进行功率放大时，由于其幅度和相位的非线性，就会在输出信号中出现各种新的频率分量(即通常所说的互调产物)，当这些频率正好落在工作频带内时，便会对有用信号造成干扰，这就是互调干扰。

2）邻星干扰

天然的静止卫星轨道只有一条，而且为世界各国共用，因此，静止通信卫星的轨道位置资源十分有限。如果两颗通信卫星的通信频段和服务区域相同时，则会产生相邻卫星干扰。两颗卫星轨道位置越接近，邻星干扰就越大。邻星干扰示意图如图 6-36 所示。

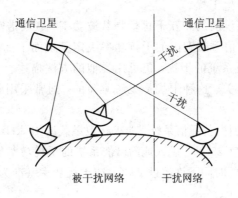

图 6-36 两个静止卫星通信网间干扰示意图

邻星干扰分为上行邻星干扰和下行邻星干扰。上行邻星干扰形成的主要原因是：

(1) 由于地球站天线对星错误，使发到本卫星转发器的载波发到了相邻卫星上。

(2) 天线旁瓣增益过高。

(3) 地球站发射功率过高。

下行邻星干扰形成的主要原因是：

(1) 卫星所在地区被两颗卫星覆盖，致使地球站天线接收正常信号时，旁瓣接收到了相邻卫星发送的信号。

(2) 地球站天线对星错误，接收到邻星信号。

(3) 邻星有用户发射功率过高或使用口径过小的天线。

3) 交叉极化干扰

为了充分利用卫星的频率资源，在卫星通信系统中可以采用区域彼此重叠、空间指向一致、工作频带相同、极化方式不同的两个波束来实现信号隔离。一个信号波使用水平极化，另一个信号波使用垂直极化；或一个信号波使用右旋圆极化，另一个信号波使用左旋圆极化。它们各自传递各自的信息。有的系统这两种方法都用，这样频带的利用率相当于原来的 4~6 倍。尽管这样的系统的容量得到了提高，但引入了交叉极化干扰。

交叉极化干扰是指当这两个极化波彼此没有完全正交时所造成的相互干扰，即能量从一种极化状态耦合到另一种极化状态引起的干扰。这种干扰产生的原因是地球站与卫星天线间有限的交叉鉴别度和雨雾等引起的去极化效应，即由于环境的影响，使原本正交的极化波到达接收端时彼此不完全正交了，即不同极化方式的信号之间会相互产生干扰。

正交极化鉴别度的定义为对同一入射信号，收到的主极化功率对正交极化功率的比值。因此当两个极化信号功率相等时，正交极化隔离度就表示载波对正交极化干扰的比值。高质量天线沿着天线轴可以获得 30~40 dB 的正交极化鉴别度。卫星线路的净正交极化鉴别度是地球站天线和卫星天线在上行和下行线的组合效果。

4) 地面微波系统的干扰

分配给卫星通信的 6/4 GHz 同时用于地面微波线路。这些频段的地面微波网络多年来已经发展成为一个巨大的、复杂的网络。在发达国家的人口稠密地区，地面线路已十分拥挤，以致装一个地球站都困难。由于地球站接收 4 GHz 频带的信号，因此它对来自地面传输的 4 GHz 微波干扰也很敏感。此外，地球站以 6 GHz 频带发射，因而也对使用 6 GHz 频段接收的地面微波系统产生干扰。

地球站和地面微波系统间的相互干扰量是载波功率、载波谱密度和两载波间频率差值的函数。地面收到的卫星信号带宽内的干扰功率决定于地面干扰载波的谱密度。对窄带发送地球站进入到地面微波系统的干扰，仍可用类似的方法描述。干扰数量与干扰载波频率和地面载波频率的间隔有关。这种干扰是无法避免的，通常采用限制双方功率的方法来降低这种同频干扰。

国际上规定，对于地面微波通信系统，要求在卫星载波 40 kHz 的带宽内，其功率谱密度低于地球站接收功率谱密度 25 dB。进入地面微波系统的干扰功率基准为 -154 dBW/4 kHz，并且干扰功率达到这个值的时间不许超过 20%；或干扰功率基准为 -131 dBW/4 kHz，且达到这个值的时间不超过 0.01%。

5) 邻道干扰

邻道干扰是一种来自相邻或相近信道的干扰。相邻信道间隔太小或滤波不完全是造成邻道干扰的主要原因。在一个通信系统中，一般包括多条信道，并且通常用滤波器来分隔不同的信道。对于频率资源较紧张的卫星通信系统来说，为充分利用频带，相邻信道之间的间隔(即保护频带)可能比较小，滤波器不可能把邻近信道的信号完全滤掉，因此，会在一条信道中出现邻近信道的信号，造成邻道干扰。对于工作频带相近的地球站来说，其发射机的寄生发射可能会落入其他站的接收频带内，从而造成邻道干扰。通常规定地球站的轴外方向图来限制这类干扰。

6) 码间串扰

这种类型的干扰不是来自外部源，而是由信道内部产生的。在数字通信中，每个信息比特在发送前都要进行脉冲成形，成形的结果是每个比特都在时间上被展宽，不同的滚降性能在相邻比特时间内产生不同大小的残余波形，从而造成与其他比特波形的重叠，产生所谓的"码间串扰"。

根据奈奎斯特准则，对于数据速率为 R、占用信号带宽不小于 $R/2$ 的线性信道，其码间串扰是可以消除的。然而实际情况并不这样。由于每个数字传输系统只能具有有限的带宽，并且在传播过程中会遭受各种传播损伤，因此，接收信号中肯定存在波形失真并且叠加有干扰和噪声。任何一条随机信道的幅度和相位频率响应特性都不可能是完全线性的，必然存在或多或少的失真。因此码间串扰是不可能完全消除的，从而会影响系统的性能。

3. 卫星通信系统传输线路主要性能参数

在卫星通信系统中，信号从发端地面站到收端地面站，经过了信号发射、上行线、卫星转发、下行线和收端接收这一系列的传输过程。在整个传输过程中，信号会受到各种干扰、衰耗、噪声加入及本身信道频率特性等影响使波形失真，从而使信号质量恶化。因此，我们必须规定所传输的信号要达到的质量标准、基本要求和限度。这就必须对传输线路的各参数进行一系列规范(原 CCIR 及现在 ITU-R 的建议标准)。在这里只对卫星传输的几个主要参数进行介绍，其他有关参数性能及线路计算可参阅有关专著。

1) 全向有效辐射功率(EIRP)

它表示天线对着目标方向所辐射的电波强度(一般用 dBW 来表示)，即

$$\text{EIRP} = \frac{P_\text{T}}{L_\text{T}} G_\text{T} \tag{6-40}$$

式中，P_T 为设备发送功率(W)；G_T 为发射天线增益；L_T 为发射部分天馈系统损耗。

$$G_\text{T} = \left(\frac{\pi D}{\lambda}\right)^2 \cdot \eta \tag{6-41}$$

式中，D 为天线直径(m)；λ 为发射电波波长(m)；η 为天线效率。

这里 EIRP 有两个含义：其一是指地面站天线向着卫星接收方向辐射的电波强度用 EIRPE 表示；其二是指卫星转发器天线向接收地面站方向所辐射的电波强度用 EIRPS 表示。

2) 传播衰耗

它表示电波在自由空间(恒参信道)传播的衰耗，又称故有衰减(卫星与地面站两天线间传输衰耗)，即

$$L_\text{P} = \left(\frac{4\pi d}{\lambda}\right)^2 \tag{6-42}$$

式中，d 为卫星与地面站之间的距离(m)；λ 为电波的波长(m)；L_P 为传播衰耗。

3) 传播方程

它表示卫星通信系统接收信号的能力。它与对方的全向辐射功率成正比，与传播衰耗成反比，与接收天线增益成正比，即

$$P_R = \frac{\text{EIRP}}{L_P} G_R \tag{6-43}$$

式中，P_R 为接收端的信号强度；EIRP 为发送端的全向有效辐射功率(它可以是 EIRPS，也可为 EIRPE)；G_R 为接收天线有效增益(这已经排除了天馈系统的损耗，称有效增益)；L_P 为传播衰耗(它可以是上行线，也可以是下行线的传播路途的衰耗)。

【例 6-2】 一卫星通信系统地球站，发射天线增益为 10000，$f_\text{上} = 6$ GHz，发射功率为 40 dBm，卫星接收功率为 1 pW(1 pW＝10^{-12} W＝10^{-9} mW)，求卫星接收天线增益 G_R 为多少？(发射和接受部分的损耗不计，地球站距卫星距离设为 4 万公里)

解：依题意

$$\text{EIRP} = \frac{P_T}{L_T} G_T, \quad L_P = \left(\frac{4\pi d}{\lambda}\right)^2, \quad P_R = \frac{\text{EIRP}}{L_P} G_R$$

将上述数值代入，运算得

$$[L_P] = 200 \text{ dB}$$

$$[G_R] = [P_R] - [P_T] - [G_T] + [L_R] + [L_P]$$
$$= 10 \lg 10^{-9} - 10 \lg 10000 - 40 + 200 = 30 \text{ dB}$$

4) 接收地球站性能指数

接收地球站性能指数用 G/T 表示，这是卫星通信系统中的特有参数，G/T 值越大，表明地球站的接收系统性能越好。

$$[G/T] = 10 \lg \frac{G_R}{T} = 10 \lg G - 10 \lg T \tag{6-44}$$

式中，G_R 表示天线的有效增益(可以是卫星上天线的增益，也可以是地面站天线的增益)；T 指接收系统的等效噪声温度(这里的 T 要折合到信号输入端进行计算)。

从 $[G/T]$ 值来看，接收天线增益越大越好，从 T 来看，接收部分的等效噪声越小越好，这就直观反映了接收端的性能优劣，所以一般称为地面站或者卫星接收机的性能指数。世界卫星组织一般规定了 A 级卫星地面站性能指数

$$[G/T] \geq 40.7 + 20 \lg f/4 \text{ dB/K} \tag{6-45}$$

这里的 f 为千兆赫(GHz)。

5) 接收机输入端载噪比

接收机输入端载噪比是指接收机输入端所接收到的有用信号功率与噪声之比，用符号 C/N 表示。上行线路和下行线路的载噪比表达式分别为

$$\left(\frac{C}{N}\right)_\text{上行} = \text{EIRP}_e + G_{rs} - L_{pu} - 10 \log(kT_{sat}B_{sat}) \tag{6-46}$$

$$\left(\frac{C}{N}\right)_\text{下行} = \text{EIRP}_s + G_r - L_{pd} - 10 \log(kT_t B) \tag{6-47}$$

设卫星上接收到的载噪比为 $\left(\dfrac{C}{N}\right)_\text{上行}$，它被卫星通信接收机放大，进行下变频，然后送到 TWTA 进行功率放大，由卫星天线重新发回地球。那么整个传输线路的载噪比可用下

式计算：

$$\frac{C}{N} = \frac{1}{\left(\frac{C}{N}\right)_{\text{上行}}^{-1} + \left(\frac{C}{N}\right)_{\text{下行}}^{-1}} \tag{6-48}$$

6) C/T 值与 S/N

载波噪声温度比 C/T 是衡量卫星线路未经解调前送入接收设备的重要参数。

由前面的分析可知，当接收机与输入端匹配时，折合到输入端的热噪声功率为

$$N = kTB \tag{6-49}$$

这样 $\frac{C}{T}$ 与 $\frac{C}{N}$ 的关系可表示为

$$\frac{C}{T} = \frac{C}{N} \cdot k \cdot B$$

式中，k 为玻尔兹曼常数；T 为系统等效噪声温度；B 为接收机带宽。

这里 C/N 和 C/T 的区别在于 C/T 中没有带宽因素。

S/N 是指卫星传送信号经解调后的输出信噪比，它随传送信号种类（如图像、语音、数据等业务）不同而有区别。

7) 门限电平

卫星通信系统中，在接收端恢复出的信号的质量一般用 S/N 来表示，以此表示信号优劣，在数字系统一般用误码率来表示，也可以等效为 S/N。当设备已经确定时，卫星通信系统的 $C/N(C/T)$ 与 S/N 的关系，可用门限电平来表示，如图 6-37 所示。

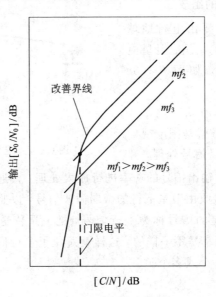

图 6-37 调频系统的门限电平

门限效应：如图 6-37 所示，在卫星接收机解调器输出端的 S/N 与系统输入端的 C/N 之间，如 C/N 小于某一数值时，S/N 会急剧下降的这种现象称为门限效应。产生门限效应的这一门限值称为门限电平。

门限电平的含义是：为保证接收到的语音、图像、数据等信号的质量，或者说为使接收系统对接收到的信号进行解调后，能有起码的信噪比或误比特率，接收系统必须得到的

最小载噪比值。由于在卫星通信系统中有些不确定因素，如电子设备性能变化、天线定向偏差、气候条件变化等引起传输衰耗增大和噪声增加，使 C/N 下降，为保证卫星通信线路不致于工作在门限电平以下，门限电平都留有一定的余量，此余量称为门限余量（E），在传输线路总体设计时就必须考虑"门限余量（E）"。

6.10 卫星通信系统应用

6.10.1 卫星电视广播

卫星电视广播是由设置在赤道上空的地球同步卫星接收卫星地面站发射的电视信号，然后把它转发到地球上指定的区域，再由地面接收设备接收，供电视机收看。

1. 卫星电视广播的特点

卫星电视广播的特点主要有：

(1) 在它的覆盖区内，可以有很多条线路直接和各个地面发生联系，传送信息。

(2) 它与各地面站的通信联系不受距离的限制，其技术性能和操作费用也不受距离远近的影响。

(3) 卫星与地面站的联系可按实际需要提供线路，因为卫星本身有许多线路可以连接任何两个地面站。

2. 卫星电视广播系统的组成

卫星电视广播系统主要由上行地球站、广播卫星、卫星电视接收站、卫星测控站四大主要部分组成，如图 6-38 所示。

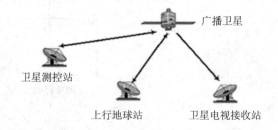

图 6-38 卫星电视广播系统组成

1) 上行地球站（简称上行站）

上行地球站的主要任务就是把电视广播中心的广播电视信号加以信号处理，并经过调制、上变频，然后对输出信号的功率进行放大处理，再通过定向发射天线向卫星发送上行微波信号。同时也接收由卫星下行的微弱微波信号，以监测卫星转播节目质量。

通常将地面发送到卫星的信号称为上行信号，把卫星传送到地面的信号叫做下行信号。上、下行信号的载波频率是不一样的，这样就避免了上行信号和下行信号之间的相互干扰。上行地球站可以是一个或多个。

2) 广播卫星

电视广播卫星相当于设在地球赤道上空的转播台，其作用是将设置在地球上的上行站发射的电视信号接收，进行频率变换和功率放大处理后，再向所服务的覆盖区域转发。为了实现广播电视信号的正常转发，要求卫星保持精确的姿态和轨道位置。并且卫星相对于地球是静止的，以便地面卫星接收站准确地接收卫星传送的信号。

3) 卫星电视接收站

卫星电视接收站主要用来接收广播卫星转发的电视节目，为用户服务。接收站可分为个体接收者、集体接收站、无线接收站、有线电视收转站等四种类型。

4）卫星测控站

卫星测控站的主要任务是测量卫星内部各种设备的技术参数和环境参数，进行设备的切换，测控卫星的姿态和轨道。

6.10.2　VSAT 卫星通信系统

VSAT 是 Very Small Aperture Terminal 的缩字，直译为甚小口径卫星终端站，所以也称为卫星小数据站（小站）或个人地球站（PES），这里的"小"字指的是 VSAT 卫星通信系统中小站设备的天线口径小，通常为 1.2～2.4 m。

对于一般的卫星通信系统，用户在利用卫星通信的过程中，必须要通过地面通信网汇接到地面站后才能进行，使一些用户感到不太方便，他们希望能自己组建一个更为灵活的卫星通信网络，并且各自能够直接利用卫星来进行通信，把通信终端直接延伸到办公室或个人家庭，面向个人进行通信，这样就产生了 VSAT 卫星通信系统。

利用 VSAT 系统进行通信具有灵活性强、可靠性高、使用方便及小站可直接装在用户端等特点，利用 VSAT 用户数据终端可直接和计算机联网进行单向或双向的数据传递、文件交换、图像传输等通信任务，从而摆脱了远距离通信中继站的问题。使用 VSAT 作为专用远距离通信系统是一种很好的选择。

1. VSAT 系统的特点

VSAT 系统可支持数据、语音、图像等多种业务，工作在 C 波段或 Ku 波段，终端天线小、设计结构紧、功耗小、成本低、安装方便、对环境要求低、组网灵活。

与传统卫星通信网相比，VSAT 卫星通信网有如下特点：

（1）面向用户而不是面向网络，VSAT 与用户设备直接通信而不是如传统卫星通信网中那样中间经过地面电信网络后再与用户设备进行通信。

（2）小口径天线，天线口径一般小于 2.4 m，某些环境下可达到 0.5 m。

（3）智能化（包括操作智能化、接口智能化、支持业务智能化、信道管理智能化等），功能强，可无人操作。

（4）安装方便，只需简单的安装工具和一般的地基（如普通水泥地面、楼顶、墙壁等）。

（5）低功率的发射机，一般几瓦以下。

（6）集成化程度高，VSAT 从外表看只能分为天线、室内单元（IDU）和室外单元（ODU）三个部分。

（7）VSAT 站很多，但各站的业务量较小。

（8）一般用作专用网而不像传统卫星通信网那样主要用作公用通信网。

2. VSAT 的网络结构

典型的 VSAT 卫星通信网络主要由主站、卫星和许多远端小站（VSAT）三部分组成。从网络结构上分为星型网、网状网和混合网三种，如图 6-39(a)、(b)、(c)所示。

星型网又称之为卫星通信的单（双）跳形式，如图 6-39(a)所示，此种通信方式是各远端的站（VSAT 站）与处于中心城市的枢纽站间通过卫星建立双向通信信道，这里通常把远端站（PC）通过卫星到枢纽站（计算中心）叫做内向信道，反之称为外向信道。这种方式中，

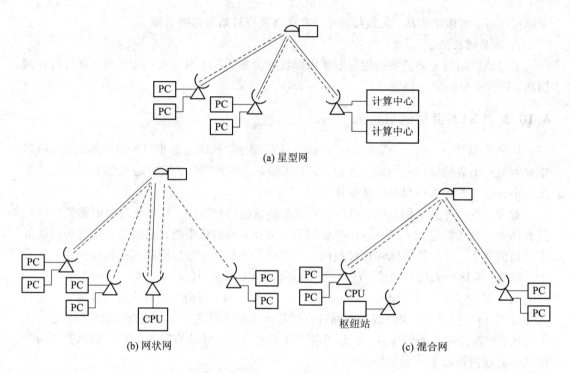

图 6-39 VSAT 网络结构

各远端站之间不能直接进行通信,称之为单跳方式,只经卫星一次转发。另一种情况为双跳,如图 6-39(C)所示,当各小站内要进行双向通信时,必须首先通过内向信道与枢纽站联系,通过主站再向另一小站通过外向信道联系,即小站→卫星→枢纽站→卫星→另一小站,以"双跳"方式完成信号传送过程,这是 VSAT 系统最典型的常用结构,其核心部分是枢纽站,或称主站。它通过卫星数字基带处理器及通信控制器与各子网的主计算机或交换机接口,通过网络控制中心对全网的运行状态进行监测管理,此种通信一般用于数据通信和计算机通信。

网状网如图 6-39(b)所示,这种结构为全连接网形式,各站可通过单跳直接进行相互通信,为此,对各站的 EIRP、G/T 值均有较高的要求。此种系统虽然不经过枢纽站进行双向通信,但必须有一个控制站来控制全网,并根据各站的业务量大小分配信道。此种系统的地球站设备技术复杂一些,成本较高,但延时小,可开展语音业务。

混合网兼顾了星型网和网状网的特性,如图 6-39(c)所示,它可实现在某些站间以双跳形式进行数据、录音电话等非实时业务,而在另一些站内进行单跳形式的实时语音通信,它比网状网的成本低。此种形式可以收容成千上万个小站,组成特殊的 VSAT 卫星通信系统。

3. VSAT 地球站终端设备

VSAT 系统一般都由主站(枢纽站)和许多远端小站构成,从终端设备来看,它具有与普通地球站相同的硬件设备结构。在这里主要就 VSAT 终端的特殊点作一介绍。

1) 主站设备

在 VSAT 系统中,主站是 VSAT 网的心脏,在卫星通信中使系统可靠性达 99.5% 以上,一般主站设一个备份。从降低成本出发,一个系统采用一个主站,那么在公共通路部分要采用1∶1热备份，并具有自动切换功能。基带单元可采用1∶N冷或热备份。

主站设备包括了大型的天馈系统、高功放(HPA)、低噪声放大器(LNA)、上/下变频器、调制解调器及数字接口设备、基带设备以及监控设备等。主站主要设备的有关参数如表6-4所示。

表6-4　主站主要设备参数

天线口径	3.5～8 m/Ku 频段；7～13 m/C 频段
LNA 噪声温度	180 K/Ku 频段，55 K/C 频段
HPA 输出功率	6 W～1 kW

2) VSAT 小站设备(Ku 频段)

VSAT 小站一般由小口径天馈系统、室外单元和室内单元组成，其结构如图6-40所示。VSAT 天馈系统具有尺寸小、重量轻、性能好、易于安装的特点，一般采用前馈式抛物面天线。VSAT 小站的室外单元主要包括发射在内的射频电路，它主要由功率放大器、低噪声放大器，上/下变频器等。为减少高频馈线的噪声温度，一般把这部分电路安装在室外靠近天馈系统的地方，称之为室外单元，使之与馈源的连接馈线最短，如图6-41所示，要求这部分设备密闭性能好，稳定、可靠。

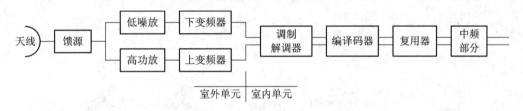

图6-40　VSAT 小站组成框图

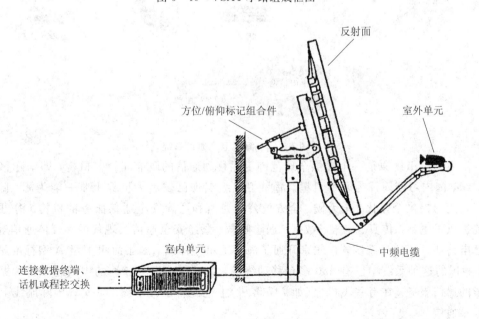

图6-41　VSAT 站的基本结构

VSAT 小站的室内单元包括调制解调器、编译码器、复用器、中频以及为用户提供数据的接口等。

6.10.3 海事卫星通信系统

目前海事卫星(INMARSAT)系统是世界上能对海、陆、空中的移动体提供静止卫星通信的唯一系统。它使用 L 波段，是集全球海上常规通信、遇险与安全通信、特殊与战备通信于一体的实用性高科技产物。

此系统由地球段和空间段组成，系统的操作中心设在伦敦，卫星的控制中心设在华盛顿和达姆斯特。另外还有跟踪、遥测和指令地球站，通信网络控制地球站和数量庞大的船舶地球站，如图 6-42 所示。系统的空间部分由分布在大西洋、印度洋、太平洋三个区域上空的卫星(大西洋上 26°W 卫星，印度洋上 63°E 卫星，太平洋上 180°E 卫星)所组成，以形成覆盖全球的通信网。卫星都有两个以上转发器，卫星上天线采用 C 波段覆球波束，波束边缘增益可达 16 dB。一般采用 SCPC 方式，按需分配的频分多址，此类系统的地球站可分为 A、B、C、D 四种船舶标准站。

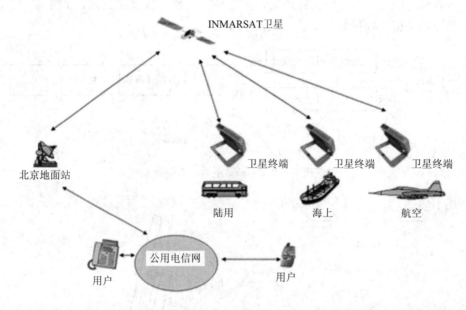

图 6-42 海事卫星通信系统

海事卫星组织原是一个提供全球范围卫星移动通信的政府间合作机构，即国际移动卫星组织，国内习惯简称为海事卫星。海事卫星组织现已发展为世界上唯一能为海、陆、空各行业用户提供全球化、全天候、全方位公众通信和遇险安全通信服务的机构。海事卫星系统提供了电话、传真、电报、数据、遇险呼救、紧急安全通信及现代的多媒体通信等。我国已申请加入了这一系统，在北京开通了海事卫星地球站，属于海事卫星 A 型标准站。目前，我国的这种系统中已有 350 多台移动终端，为航行在世界各地的中国远洋船队提供全天候的通信服务。在有些飞机上(如 747 客机)上也配备了移动终端，实现国际航线上的移动卫星通信。

6.10.4　IDR 卫星通信系统

所谓 IDR(Intermediate Data Rate Digital Carriers，中速数字载波通道)系统是国际卫星组织(INTELSAT)引入的一种综合性的数字卫星通信系统。

IDR 采用 TDM/QPSK/FDMA(时分多路复用/移相键控/频分多址)制式，IDR 传输的是数字化信息，即基带采用 TDM 复用方式，调制采用连续方式的四相移相键控(QPSK)。IDR 系统中的 TDM 不同于 SCPC 的单路数字语音信号，而是提供 64 kb/s～45 Mb/s 的数字多路语音和数据业务。

1. IDR 特点

IDR 主要是数字基带信号，是专为广大中、小容量用户设计的公众业务，它包括了数字语音、数据、数字电视等多种数字业务，以及计算机通信和其他新业务，此种系统投资省，是 SCPC 数字系统的扩展。它与时分多址 TDMA 系统相比，设备简单，在开通路数不多的情况下较经济。

IDR 利用了 DCME 技术来降低空间段的租费，IDR 通过 DCME 信道复用，复用度可为 1∶7、1∶5 甚至可达 1∶10 以上，提高了信道的使用效率，这样每信道可降低几倍的资费。

IDR 卫星系统技术比较成熟，设备规范比较完善，比 TDMA 系统简单，成本较低。在当前或今后一个时期内，中小容量用户需求比较突出，特别适合于包括中国在内的发展中国家组成 IDR 卫星通信系统，我国目前许多省会城市都建立了 IDR 卫星通信系统地球站。

2. IDR(数字卫星通信终端的)数字基带信号

数字卫星通信的数字基带信号在前面已经讲述过，对输入的原数字单路信号(数据信号)经 TDM 处理后，还要进行帧的变换，加入辅助帧。

IDR 通过加入辅助帧的方式来提供(ESC)公务及告警通道，辅助帧速率为 96 kb/s。主要用于信息速率为 1.544～44.736 kb/s 的数据信号，如 2.048 kb/s、34.36 kb/s 信号等。通过辅助帧与输入信息数据帧复接后构成新的 IDR 帧结构，每个 IDR 帧的帧长为 125 μs。

6.10.5　GPS 定位及差分原理

由于全球卫星导航定位系统具有全能(陆地、海洋、航空和航天)、全球性、全天候、连续性和实时性等特点，因此，在信息、交通、安全防卫、环境监测等方面具有其他手段无法替代的重要作用。目前已经成为移动设备(智能手机、平板电脑等)的标配。而在定位导航技术中，目前精度最高、应用最广泛的为 GPS，尤其是 GPS 在汽车导航中的应用前景非常可观。下面简单介绍一下 GPS 卫星定位系统的基本原理。

GPS(Navigation Satellite Timing And Ranging/Global Position System，导航星测时与测距/全球定位系统)，简称全球定位系统，是由美国建立的一个卫星导航定位系统。GPS 定位实际上就是通过四颗已知位置的人造卫星来确定 GPS 接收器的位置，如图 6-43 所示。

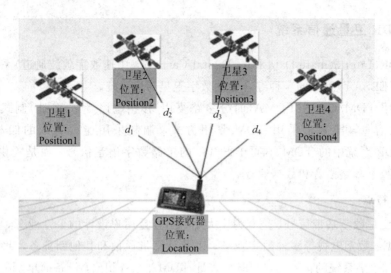

图 6-43 GPS 定位

1. GPS 系统

GPS 卫星向广大用户发送的信号采用 L 频段做载波,采用扩频技术来传送卫星导航电文。

GPS 系统主要由三大部分构成:空间部分(GPS 卫星星座)、控制部分(地面监控系统)、用户部分(GPS 信号接收机),如图 6-44 所示。

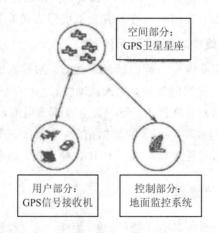

图 6-44 GPS 系统的构成

1) 空间部分

GPS 的空间部分由 GPS 卫星组成,它们作为"天文"参考点,向空间发射精准的定位信号。空间卫星星座由 21 颗工作卫星和 3 颗在轨备用卫星组成。24 颗卫星均匀分布在 6 个轨道平面内(每个轨道面 4 颗),轨道平面的倾角为 55°,卫星的平均高度为 20 000 km,运行周期为 11 h 58 min。卫星用 L 波段的两个无线电载波向广大用户连续不断地发送导航定位信号,导航定位信号中含有卫星的位置信息,使卫星成为一个动态的已知点。在地球的任何地点、任何时刻,在高度角 15°以上,平均可同时观测到 6 颗卫星,最多可达到 9 颗,因此,GPS 是一个全天候、实时性的导航定位系统。

2) 控制部分

地面控制部分由 1 个主控站，5 个全球监测站和 3 个地面控制站组成。

监测站均配装有精密的铯钟和能够连续测量到所有可见卫星的接收机。监测站跟踪视野内的所有卫星，获得卫星观测数据，包括卫星之间的距离、电离层和气象数据等，经过初步处理后，传送到主控站。

主控站从各监测站收集跟踪数据，计算出卫星的轨道和时钟参数，然后将结果送到 3 个地面控制站。

地面控制站在每颗卫星运行至上空时，把这些导航数据及主控站指令注入卫星。这种注入对每颗 GPS 卫星每天至少 3 次，如果某地面站发生故障，那么在卫星中预存的导航信息还可用一段时间，但导航精度会逐渐降低。

3) 用户部分

用户设备部分即 GPS 信号接收机。其主要功能是能够捕获到按一定卫星截止角所选择的待测卫星，并跟踪这些卫星的运行。当接收机捕获到跟踪的卫星信号后，即可测量出接收天线至卫星的伪距离和距离的变化率，解调出卫星轨道参数等数据。根据这些数据，接收机中的微处理计算机就可按定位解算方法进行定位计算，计算出用户所在地理位置的经纬度、高度、速度、时间等信息。

用户设备包括接收机硬件、软件以及 GPS 数据的后处理软件包。GPS 接收机的结构分为天线单元和接收单元两部分。目前各种类型的接收机体积越来越小，重量越来越轻，便于携带使用。

2. GPS 定位原理

24 颗 GPS 卫星在离地面 2 万公里的高空上，以 12 小时的周期环绕地球运行，使得在任意时刻，在地面上的任意一点都可以同时观测到 4 颗以上的卫星。

GPS 定位的原理实际是根据 GPS 接收机与其所观察到的卫星之间的距离，利用三维坐标中的距离公式，利用 3 颗卫星，就可以组成 3 个方程式，解出观测点的位置 (x, y, z)。考虑到发出信息时刻的轨道偏差、电离层与对流层的延迟效应、卫星时钟和接收机时钟与统一的时间基准之间的偏差等因素的影响，造成卫星与接收机之间时钟的误差，实际上有 4 个未知数，x、y、z 和钟差，因而需要引入第 4 颗卫星，形成 4 个方程式进行求解，从而得到观测点的经纬度和高程。

如图 6-45 所示，假设 t 时刻在地面待测点上安置 GPS 接收机，可以测定 GPS 信号到达接收机的时间 Δt，再加上接收机所接收到的卫星星历等其他数据，可以确定以下四个方程式：

$$[(x_i - x)^2 + (y_i - y)^2 + (z_i - z)^2]^{\frac{1}{2}} + cv_{t_0} + c(v_{A_i} - v_{t_i}) = d_i \quad (i = 1, 2, 3, 4)$$

上述方程式中，待测点坐标 x、y、z 和 v_{t_0} 为未知参数。$d_i (i=1, 2, 3, 4)$ 分别为卫星 1、卫星 2、卫星 3、卫星 4 到接收机之间的距离。c 为 GPS 信号的传播速度（即光速）。四个方程式中各个参数意义如下：

x、y、z 为待测点坐标的空间直角坐标。

x_i、y_i、$z_i (i=1, 2, 3, 4)$ 分别为卫星 1、卫星 2、卫星 3、卫星 4 在 t 时刻的空间直角坐标，可由卫星导航电文求得。

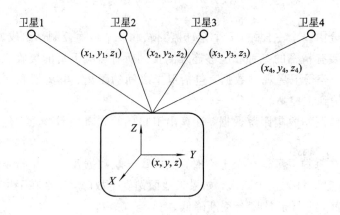

图 6-45 GPS 定位原理

$v_{t_i}(i=1,2,3,4)$ 分别为卫星 1、卫星 2、卫星 3、卫星 4 的卫星钟的钟差,由卫星星历提供;v_{A_i} 是传播延时误差;v_{t_0} 为接收机的钟差。

由以上四个方程即可解算出待测点的坐标 x、y、z 和接收机的钟差 v_{t_0}。

事实上,接收机往往可以锁住 4 颗以上的卫星,这时,接收机可按卫星的星座分布分成若干组,每组 4 颗,然后通过算法挑选出误差最小的一组用作定位,从而提高精度。

由于卫星运行轨道、卫星时钟存在误差,大气对流层、电离层对信号的影响,以及人为的 SA 保护政策,使得民用 GPS 的定位精度只有 100 米。为提高定位精度,民用 GPS 普遍采用差分 GPS(DGPS)技术,建立基准站(差分台)进行 GPS 观测,利用已知的基准站精确坐标,与观测值进行比较,从而得出一修正数,并对外发布。接收机收到该修正数后,与自身的观测值进行比较,消去大部分误差,得到一个比较准确的位置。实验表明,利用差分 GPS,定位精度可提高到 5 米。

3. 差分 GPS

随着生活水平的进步,无线通信技术和全球卫星定位系统(GPS)技术越来越多地应用于日常生活的方方面面。无论是在汽车定位、寻找儿童或老年人,还是在智力残疾人士的安全监控等方面,无线通信(GSM)和差分全球定位系统(DGPS)技术发挥了重要作用。

差分 GPS 的出现,能实时给定载体的位置,精度为米级,满足了引航、水下测量等工程的要求。根据差分 GPS 基准站发送的信息方式,可将差分 GPS 定位分为三类,即:位置差分、伪距差分和载波相位差分。这三类差分方式的工作原理是相同的,即都是由基准站发送修正数,由用户站接收并对其测量结果进行改正,以获得精确的定位结果。所不同的是,发送改正数的具体内容不一样,其差分定位精度也不同。

1) 位置差分

这是一种最简单的差分方法,任何一种 GPS 接收机均可改装和组成这种差分系统。安装在基准站上的 GPS 接收机观测 4 颗卫星后便可进行三维定位,解算出基准站的坐标。由于存在着轨道误差、时钟误差、SA 影响、大气影响、多径效应以及其他误差,解算出的坐标与基准站的已知坐标是不一样的,存在误差。基准站利用数据链将此改正数发送出去,由用户站接收,并且对其解算的用户站坐标进行改正。最后得到的改正后的用户坐标已消去了基准站和用户站的共同误差,例如卫星轨道误差、SA 影响、大气影响等,提高了定位精度。以上先决条件是基准站和用户站观测同一组卫星的情况。位置差分法适用于用户与基准站间距离在 100 km 以内的情况。

2）伪距差分

伪距差分是目前用途最广的一种技术。几乎所有的商用差分 GPS 接收机均采用这种技术，国际海事无线电委员会推荐的 RTCM SC-104 也采用了这种技术。在基准站上的接收机要求得到它至可见卫星的距离，并将此计算出的距离与含有误差的测量值加以比较；利用一个滤波器将此差值滤波并求出其偏差；然后将所有卫星的测距误差传输给用户，用户利用此测距误差来改正测量的伪距；最后，用户利用改正后的伪距来解出本身的位置，就可消去公共误差，提高定位精度。与位置差分相似，伪距差分能将两站公共误差抵消，但随着用户到基准站距离的增加又出现了系统误差，这种误差用任何差分法都是不能消除的。用户和基准站之间的距离对精度有决定性影响。

3）载波相位差分

载波相位差分技术又称为 RTK 技术(Real Time Kinematic)，是建立在实时处理两个监测站的载波相位基础上的。它能实时提供观测点的三维坐标，并达到厘米级的高精度，是更加精密的测量技术。

与伪距差分原理相同，载波相位差分技术由基准站通过数据链实时将其载波观测量及站坐标信息一同传送给用户站，用户站接收 GPS 卫星的载波相位与来自基准站的载波相位，并组成相位差分观测值进行实时处理，能实时给出厘米级的定位结果。

实现载波相位差分 GPS 的方法分为两类：修正法和差分法。前者与伪距差分相同，基准站将载波相位修正量发送给用户站，以改正其载波相位，然后求解坐标。后者将基准站采集的载波相位发送给用户站，进行求差，解算坐标。前者为准 RTK 技术，后者为真正的 RTK 技术。

6.10.6 量子通信

量子通信是指利用量子纠缠效应进行信息传递的一种新型的通信方式，是近二十年发展起来的新型交叉学科，是量子论和信息论相结合的新的研究领域。高效安全的信息传输日益受到人们的关注。量子通信基于量子力学的基本原理，具有高效率和绝对安全等特点，是国际量子物理和信息科学的研究热点。

1. 量子通信发展现状

1993 年，美国科学家 C. H. Bennett 提出了量子通信(Quantum Teleportation)的概念。量子通信是由量子态携带信息的通信方式，它利用光子等基本粒子的量子纠缠原理实现保密通信过程。量子通信概念的提出，使爱因斯坦的"幽灵"(Spooky)——量子纠缠效益开始真正发挥其威力。

我国在量子通信方面起步比较晚，但发展很快：1995 年，中国科学院物理所在国内首次完成了自由空间 BB84 量子密钥分发协议的演示实验。

1997 年在奥地利留学的中国青年学者潘建伟与荷兰学者波密斯特等人合作，首次实现了未知量子态的远程传输。这是国际上首次在实验上成功地将一个量子态从甲地的光子传送到乙地的光子上。实验中传输的只是表达量子信息的"状态"，作为信息载体的光子本身并不被传输。

2003 年，韩国、中国、加拿大等国学者提出了诱骗态量子密码理论方案，彻底解决了真实系统和现有技术条件下量子通信的安全速率随距离增加而严重下降的问题。

2006年夏，中国科学技术大学教授潘建伟小组、美国洛斯阿拉莫斯国家实验室、欧洲慕尼黑大学与维也纳大学联合研究小组各自独立实现了诱骗态方案，同时实现了超过100公里的诱骗态量子密钥分发实验，由此打开了量子通信走向应用的大门。

2009年9月，潘建伟的科研团队正式在三节点链状光量子电话网的基础上，建成了世界上首个全通型量子通信网络，首次实现了实时语音量子保密通信。这一成果在同类产品中位居国际先进水平，标志着中国在城域量子网络关键技术方面已经达到了产业化要求。

2012年，中国科学家潘建伟等人在国际上首次成功实现百公里量级的自由空间量子隐形传态和纠缠分发，为发射全球首颗"量子通信卫星"奠定了技术基础。

2013年10月，中国科学技术大学郭光灿院士领导的中科院量子信息重点实验室在高维量子信息存储方面取得重要进展，该实验室史保森教授领导的研究小组在国际上首次实现了携带轨道角动量、具有空间结构的单光子脉冲在冷原子系统中的存储与释放。这项研究成果在线发表在《自然·通讯》上。

2. 量子通信的类型

经过二十多年的发展，量子通信这门学科已逐步从理论走向实验，并向实用化发展，主要涉及的领域包括量子密码通信、量子隐形传态和量子密集编码等。

1）量子密码通信

量子密码技术是用我们当前的物理学知识来开发不能被破获的密码系统，即如果不了解发送者和接受者的信息，该系统就完全安全。量子密码技术与传统的密码系统不同，它依赖于物理学作为安全模式的关键方面，而不是数学。实质上，量子密码技术是基于单个光子的应用和它们固有的量子属性开发的不可破解的密码系统，因为在不干扰系统的情况下无法测定该系统的量子状态。

2）量子隐形传态

量子隐形传态(Quantum Teleportation)，也称为量子远程通信、量子离物传态，是企图表现一种信息的无须直接通过一个通道的隐形传送过程，即先提取原物的所有信息，然后传送到接收地点，接收者根据这些信息复制出原物的复制品。量子隐形传态应用量子力学的纠缠特性，将携带信息的光量子与纠缠光子对之一进行贝尔态测量，将测量结果发送给接收方，基于两个粒子具有的量子关联特性建立量子信道，可以在相距较远的两地之间实现未知量子态的远程传输。

在量子隐形传态过程中，原物并没有被传送给接收者，它始终停留在发送者处，被传送的仅仅是原物的量子态。在传输过程中，发送者不需要知道原物的这个量子态。接收者将另一个光子的状态变换成与原物完全相同的量子态。在传输过程结束以后，原物的这个量子态由于发送者进行测量和提取经典信息而坍缩损坏。

3）量子密集编码

量子密集编码(Dense Coding)是指在纠缠通道中通过传输一个量子比特而传输两个比特的经典信息，发送方实际传送给接收方的信息量小于接收方真正得到的信息量。量子密集编码是目前量子信息科学里保密性非常强的一种通信技术，它的理论依据是量子理论中纠缠态的非局域性。

量子纠缠在量子信息学中起着非常重要的作用。在量子隐形传态、量子密集编码和量子密钥分配等领域有着很重要的应用。自 1992 年 Bennett 等提出利用 ERP 对实现量子密集编码方案以来，量子密集编码在理论和实验上都取得了很大的进展。量子密集编码已经由两方之间推广到多方之间，所利用的量子通道也由二级能级纠缠态推广到多能级粒子纠缠态，密集编码在实验室中也得到了证实。

3. 量子通信系统

1）量子通信模型

量子通信模型包括量子信源、信道和量子信宿三个主要部分，其中信道包括量子传输信道、量子测量信道和辅助信道三个部分。图 6-46 中的密钥信道是通信者之间最终将获得的密钥对应的信道，是量子密钥分配协议的最终目标，该信道不是量子密钥分发过程中的组成部分，图中用虚线表示。辅助信道是指除了传输信道和测量信道外的其他附加信道，如经典信道，图中用虚线表示。

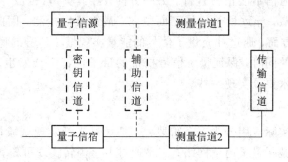

图 6-46 量子通信模型

2）量子误码率

量子误码率（Quantum Bit Error Rate，QBER）是指承载信息的光量子波包中，能用来使发送和接收双方进行有效通信的那部分信息的误码率。由于信道的损耗和接收机探测器的效率等原因，使得发送的大部分光子不能得到有效的计数，而实际通信系统中只保留双方认可的那部分比特值。

3）通信速率

量子通信系统的速率随通信的样式不同而不同。在量子保密通信系统中，除了加密数据传输的经典通信速率外，更重要的是密钥产生速率。衡量不同 QKD 系统性能时，往往用密钥产生率（Key Rate），其含义是发送一个光脉冲，它能形成最后密钥的概率。在间接量子通信系统和量子安全直接通信系统中，通信速率指传输经典信息（用经典比特表示的信息）或量子信息（用量子态表示的信息）的传输速率。

4）通信距离

由于量子信号不能放大，而且量子中继器还处在实验室研究阶段，所以通信距离是一个重要指标。由于量子信道的损耗，随着通信距离的增加，量子通信的速率（不是加密后的经典数据）迅速下降，所以实际应用时往往要在两者之间进行权衡。

5）量子中继

不同于近距离通信，在经典或者量子通信中，要保证远距离通信的进行，必须有中继的传输保证。信号在传输过程中由于受到外界环境的影响，会发生衰减，中继将对信号进行能量补充，以保证更远距离的传输。量子中继设备的研究对于实现全球空间量子通信网络有着举足轻重的作用。

量子通信的物理传输模式有两种：直接传输和间接传输。所谓直接传输模式就是将量子信号在通信协议的控制下，直接从发送方传送到接收方。所谓间接传输模式就是需要传送的量子比特不直接在量子信道中传输，而是利用量子信道的量子特征间接地将量子比特发送到接收方。如果直接传输，或者采用隐形传态的模式传输量子信号，只能在几十公里至一百公里左右的范围内传输。为了在实际通信网络系统中实现量子通信，需要解决不受距离限制的量子信号传输问题。因此，在量子通信中，要保证远距离通信的进行，必须采用中继传输技术，在传输的过程中对信号进行能量补充，以保证更远距离的传输。

与经典信道不同，量子通信中信息的载体是量子，它具有特殊的量子特性，传输和最终检测的核心部分不是能量而是信号的某种量子状态。研究表明，量子信号的状态同时受到经典噪声和量子噪声的影响，这些噪声会导致量子比特的消相干现象的发生，从而导致信息丢失，使得量子通信不能正常进行。另一方面，经典噪声（色散、吸收等）使得量子信号的传输特性不断衰减，导致量子信号不断变弱，最终难以检测。因此，量子中继应该具有两方面的功能：一方面，通过补充量子信号的能量实现量子信号的稳定传输；另一方面，在补充量子信号能量的同时，保证量子信号携带的量子比特不会发生改变。显然，量子中继技术比经典中继技术要难实现一些。

4. 量子卫星通信

量子通信技术的实际应用分为三个阶段：一是通过光纤实现城域量子通信网络；二是通过量子中继器实现城际量子通信网络；三是通过卫星中转实现可覆盖全球的广域量子通信网络。

陆地量子通信基于光纤传输，但光纤存在固有的光子损耗，与环境的耦合会使纠缠品质下降，因此光量子传输难以通过光纤向远距离拓展；近地面自由空间通道会受地面障碍物、地表曲率、气象条件的影响，光量子传输难以在地面自由空间中向远距离拓展。

卫星通信的优势在于：克服了地表曲率，没有障碍物的阻碍；大气对某些波长的光子吸收非常小；只有5～10公里的水平大气等效厚度；大气能保持光子极化纠缠品质；外太空无衰减和退相干。以上特质，使得卫星通信成为远距离光量子传输的必由之路。

量子信号从地面上发射并穿透大气层，卫星接收到量子信号并按需要将其转发到另一特定卫星，量子信号从该特定卫星上再次穿透大气层到达地球某个角落的指定接收地点。

由于量子信号的携带者光子在外层空间传播时几乎没有损耗，如果能够在技术上实现纠缠光子再穿透整个大气层后仍然存活并保持其纠缠特性，人们就可以在卫星的帮助下实现全球化的量子通信。

星地量子通信不受地形地貌限制，具有覆盖面广、机动性好、生存能力强等优点，同时，外层空间传输损耗和退相干效应很小，能够显著拓展量子密钥分发的组网距离。量子态的传输损耗和退相干效应随距离呈指数增长，真正意义上的量子通信广域组网必须借助量子中继技术。现阶段，量子态的控制存储和纠缠纯化等技术尚不成熟，量子中继短期内难以突破。

星地量子通信通过发射近地空间量子卫星，在星地之间进行量子纠缠对分发或量子密钥传输，能够为广域量子通信提供量子纠缠源和密钥中继，成为下一阶段广域量子通信组网的可行技术方案。在前期大量自由空间量子通信研究和实验验证的基础上，世界各国都在准备或已经开展了星地量子通信计划，其中包括美国 NASA 的"PhoneSat 计划"、奥地利研究机构联合欧空局开展的"Space-QUEST 实验计划"等。

在国内，2013 年中科院设立战略先导专项"量子科学实验卫星计划"，由中科大、中科院多家院所和航天八院共同攻关，2016 年 8 月 16 日 1 时 40 分，我国在酒泉卫星发射中心用长征二号丁运载火箭成功将世界首颗量子科学实验卫星"墨子号"发射升空。这将使我国在世界上首次实现卫星和地面之间的量子通信，构建天地一体化的量子保密通信与科学实验体系。图 6-47 示意了卫星向两个地面站发出一对纠缠光子。此次发射任务的圆满成功，标志着我国构建广域量子通信体系迈出重要的一步。中国将完成和投入使用全球最大的量子通信网络，从北京绵延至上海长达 2000 公里。到 2030 年，中国的量子通信卫星网将扩展至全球。

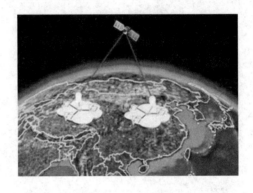

图 6-47 卫星向两个站发出一对纠缠光子

5. 量子通信的前景

量子通信系统将由专网走向公众网络，目前大多数实验量子通信系统均是针对专门的应用，对量子信号的传输需要单独采用一根光纤，这样的话一方面成本较高，另一方面应用范围受限。为了将量子通信推广使用，如何利用现有的光纤网络同时传输量子信号与数据信号，克服强光信号对单光子信号的影响，是最近实验和研究的热门课题，已经有了实际的实验结果。

量子通信网络向覆盖全球发展，实现长距离量子通信的一种方法是借助于量子中继器，需要采用量子纠缠交换和纠缠纯化，由于纠缠交换成功的概率性使得建立两个远程终端之间的纠缠的时延较长；另一种方法是基于卫星的量子通信，随着"墨子号"量子卫星的发射，我国已经具备开展基于卫星的实验的条件，量子通信网络覆盖全球指日可待。

量子计算技术的发展将会大大促进量子通信的发展，随着量子存储能力的突破和量子计算技术的发展，量子纠错编码、量子检测等技术的应用，量子通信系统的性能将会得到很大的提高。

思考与练习题

1. 微波通信和卫星通信各有什么特点？
2. 为什么微波通信和卫星通信都选微波作为载波？

3. 微波天线有几种类型？简述各自的特点。
4. 什么是星蚀和日凌中断现象？
5. 简述余隙的概念及其在工程中的选择条件。
6. 微波线路的噪声有哪些？
7. 目前常用的卫星通信系统有哪几种，简述各个系统的应用领域。
8. 简述卫星电视广播原理。
9. 简述 GPS 定位原理。
10. 简述量子卫星通信原理。

第7章 移动通信无线传输

7.1 移动通信概述

现代移动通信技术的发展始于上世纪20年代,历经了模拟移动通信(1G)和数字移动通信(2G、3G、4G),目前5G正在研发阶段。30年前,谁也无法想象有一天每个人身上都有一部电话,被连接到这个世界。如今,人们可以通过手机进行通信,智能手机更如同一款随身携带的小型计算机,通过3G、4G等移动通信网络实现无线网络接入后,可以方便地实现个人信息管理及查阅股票、新闻、天气、交通、商品信息,还可下载应用程序、音乐、图片等。

那么什么是移动通信呢?移动通信是指通信双方至少有一方处于运动状态中,并且其中的一部分传输介质是无线的通信方式。因此,移动通信是移动体之间的通信,或移动体与固定体之间的通信。

从技术角度看,移动通信中通信双方至少有一方是利用便携无线终端(可移动),通过无线传输方式接入网络与其他终端用户进行通信的一种方式。

按照移动体所处的位置不同,移动通信可分为陆地移动通信系统、海上移动通信系统和卫星移动通信系统。其中陆地移动通信系统又包括蜂窝系统、集群系统、无绳电话系统、无线电传呼系统等。蜂窝系统是覆盖范围最广的陆地公用移动通信系统。本章以蜂窝移动通信系统为例,分析移动通信无线传输特性。

7.1.1 移动通信的发展

移动通信综合利用了有线、无线的传输方式,为人们提供了一种快速便捷的通信手段。由于电子技术,尤其是半导体、集成电路及计算机技术的发展,以及市场的推动,使物美价廉、轻便可靠、性能优越的移动通信设备成为可能。现代的移动通信发展至今,主要走过了四代,目前第五代移动通信系统正在研发阶段。

1. 1G 移动通信系统

1978年,美国贝尔实验室研制成功了先进的移动电话系统(AMPS),建成了蜂窝状移动通信网,采用小区制,实现了频率复用,大大提高了系统容量。该阶段从二十世纪七十年代中期至八十年代中期,称为1G(第一代移动通信技术),主要采用的是模拟技术和频分多址(FDMA)技术。

第一代移动通信系统的典型代表是美国的 AMPS 系统和后来的改进型系统 TACS(总接入通信系统),以及 NMT 和 NTT 等。AMPS 使用模拟蜂窝传输的 800 MHz 频带,在北美、南美和部分环太平洋国家广泛使用；TACS 使用 900 MHz 频带，分 ETACS(欧洲)和 NTACS(日本)两种版本，英国、日本和部分亚洲国家广泛使用此标准。

1987 年 11 月 18 日，第一个模拟蜂窝移动电话系统在我国广东省建成并投入商用。

2. 2G 移动通信系统

2G 时代从二十世纪八十年代中期开始，2G 是第二代手机通信技术规格的简称。第二代移动通信系统采用数字移动通信技术，解决了模拟系统中存在的技术缺陷，主要采用时分多址(TDMA)技术和码分多址(CDMA)技术，以 GSM 和 IS－95 为代表。欧洲首先推出了泛欧数字移动通信网的体系，随后，美国和日本也制订了各自的数字移动通信体制。数字移动通信网相对于模拟移动通信，提高了频谱利用率，支持多种业务服务，并与 ISDN 等兼容。第二代移动通信系统以传输语音和低速数据业务为目的，因此又称为窄带数字通信系统。第二代数字蜂窝移动通信系统的典型代表是美国的 DAMPS 系统、IS－95 和欧洲的 GSM(全球移动通信系统)系统。

(1) GSM 发源于欧洲，它是作为全球数字蜂窝通信的 DMA 标准而设计的，支持 64 kb/s 的数据速率，可与 ISDN 互连。GSM 使用 900 MHz 频带，使用 1800 MHz 频带的称为 DCS1800。GSM 采用 FDD 双工方式和 TDMA 多址方式，每载频支持 8 个信道，信号带宽 200 kHz。GSM 标准体制较为完善，技术相对成熟，不足之处是相对于模拟系统容量增加不多，仅仅为模拟系统的两倍左右，无法和模拟系统兼容。1995 年 GSM 数字电话网正式开通。

(2) IS－95 是北美的一种数字蜂窝标准，使用 800 MHz 或 1900 MHz 频带，使用 CDMA 多址方式。

3. 3G 移动通信系统

3G 是英语 3rd Generation 的缩写，是指支持高速数据传输的第三代移动通信技术，由国际电信联盟(ITU)于 1985 年提出。与第一代、第二代移动通信技术相比，第三代移动通信的目标就是移动宽带多媒体通信。第三代移动通信有更宽的带宽，其传输速率最低为 384 kb/s，最高为 2000 kb/s，带宽可达 5 MHz 以上。不仅能传输语音，还能传输数据，从而提供快捷、方便的无线应用，如无线接入 Internet。能够实现高速数据传输和宽带多媒体服务是第三代移动通信的另一个主要特点。3G 存在三种标准：CDMA2000、WCDMA、TD－SCDMA。第三代移动通信网络能将高速移动接入和基于互联网协议的服务结合起来，提高无线频率的利用效率，提供包括卫星在内的全球覆盖并实现有线和无线以及不同无线网络之间业务的无缝连接，可以满足多媒体业务的要求，从而为用户提供更经济、内容更丰富的无线通信服务。

4. 4G 移动通信系统

4G 是第四代移动通信及其技术的简称，该技术包括 TD-LTE 和 FDD-LTE 两种制式，集 3G 与 WLAN 于一体，不仅音质清晰，而且能够快速高质量地传输数据、音频、视频和图像等，支持交互式多媒体业务，如视频会议、无线因特网等，能够提供更广泛的服务和应用。4G 系统能够以 100 Mb/s 的速度进行下载，比拨号上网快 2000 倍，上传的速度也能达到 20 Mb/s，并能够满足几乎所有用户对于无线服务的要求。在容量方面，可在 FDMA、TDMA、CDMA 的基础上引入空分多址（SDMA），容量达到 3G 的 5～10 倍。另外，可以在任何地址宽带接入互联网，包含卫星通信，能提供信息通信之外的定位定时、数据采集、远程控制等综合功能。它包括广带无线固定接入、广带无线局域网、移动广带系统和互操作的广播网络（基于地面和卫星系统）。

5. 5G 移动通信系统

作为通信领域最权威的国际标准化组织之一，国际电信联盟（ITU）从 2012 年开始组织全球业界开展 5G 标准化前期研究，持续推动全球 5G 共识形成。截至 2015 年 6 月，ITU 已确认将我国主推的 IMT-2020 作为唯一的新一代 IMT 系统候选名称上报至 2015 无线通信大会（RA-15）讨论通过，并顺利完结了 IMT-2020 愿景阶段的研究工作。2016 年 4 月，华为联合中国信息通信研究院、中国移动、中国联通、中国电信，率先完成 IMT-2020 推进组第一阶段 5G 空口技术外场的测试验证，并在成都建设全球最大规模的 5G 技术验证网络，相继完成了三大类业务切片的性能测试并实现百万用户级的快速网络切片生成、网络功能重构，以及 CUPS 架构下的用户面灵活部署。目前第二阶段的测试工作已经按期启动，华为将进一步加强和中国运营商的合作，共同完成北京 5G 测试外场的建设，并针对频谱效率提升、高低频混合组网、5G 多业务场景、网络架构演进等方面完成测试验证。

对于 5G 来说，在业务方面，5G 将在大幅提升"以人为中心"的移动互联网业务体验的同时，全面支持"以物为中心"的物联网业务，实现人与人、人与物和物与物的智能互联。在应用场景方面，5G 将支持增强移动宽带、海量机器类通信和超高可靠低时延通信三大类应用场景，并在 5G 系统设计时充分考虑不同场景和业务的差异化需求。在流量趋势方面，视频流量增长、用户设备增长和新型应用普及将成为未来移动通信流量增长的主要驱动力，2020 至 2030 年全球移动通信流量将增长数十至上百倍。

除传统的峰值速率、移动性、时延和频谱效率之外，ITU 还提出了用户体验速率、连接数密度、流量密度和能效四个新增关键能力指标，以适应多样化的 5G 场景及业务需求。其中，5G 用户体验速率可达 100 Mb/s～1 Gb/s，能够支持移动虚拟现实等极致业务体验；5G 峰值速率可达 10～20 Gb/s，流量密度可达 10 Mb/s/平方米，能够支持未来千倍以上移动业务流量增长；5G 连接数密度可达 100 万个/平方公里，能够有效支持海量的物联网设备；5G 传输时延可达毫秒量级，可满足车联网和工业控制的严苛要求；5G 能够支持 500 公里/小时的移动速度，能够在高铁环境下实现良好的用户体验。此外，为了保证对频谱和能源的有效利用，5G 的频谱效率将比 4G 提高 3～5 倍，能效将比 4G 提升 100 倍。

7.1.2 移动通信的网络结构

移动通信的网络结构简图如图 7-1 所示。

用户终端通过基站经传输线路与核心网相连，这样就可以形成移动台→基站→核心网→固定用户或移动台→基站→核心网→移动用户等不同情况的通信线路。移动台与基站之间通过无线信道进行连接，无线通信信道分为上行线路和下行线路。上行线路是指从移动台到基站；下行线路是指从基站到移动台。

移动通信系统的性能主要受到无线信道特性的制约。对于移动通信无线传输的研究实际上是对无线信道的特性和电磁波在各种传播环境中的传播特性等方面的研究。

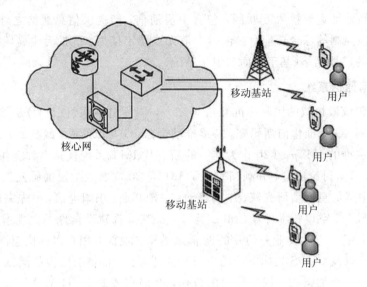

图 7-1 移动通信的网络结构简图

7.1.3 移动通信的特点

1. 信道特性差

移动通信中的用户可以在一定范围内自由活动，其位置不受束缚，因此，必须利用无线电波进行信息传输。但是，无线电波的传播特性一般要受到诸多因素的影响，使电波会随着传输距离的增加而出现衰减；不同的地形、地物对信号也会有不同的影响，发生"阴影效应"；信号可能经过多点反射，会从多条路径到达接收点，产生多径效应（电平衰落和时延扩展）；当用户的通信终端快速移动时，会产生多普勒效应，影响信号的接收；并且，由于用户的通信终端是可移动的，所以，这些衰减和影响还是不断变化的，严重影响通信质量。

2. 传播环境干扰严重

由于移动通信开放式的传输环境，系统运行在复杂的干扰环境中，如外部噪声干扰（天电干扰、工业干扰、信道噪声）、系统内干扰和系统间干扰（邻道干扰、互调干扰、交调干扰、共道干扰、多址干扰和远近效应等），因此要求移动通信系统具有抗干扰和抗噪声的能力。如何减少这些噪声和干扰的影响，也是移动通信系统要解决的重要问题。

3. 移动通信的频谱资源非常有限

由于移动通信可利用的频率资源有限，而用户又越来越多，再者，人们对移动通信的业务需求越来越多样化和丰富，已不满足于简单的语音，移动通信业务正在向高速数据传输、多媒体业务等方面发展，而这些高速数据传输、多媒体业务将需要比语音业务大得多的带宽。如何提高移动通信系统的通信容量，始终是移动通信发展中的焦点。为了解决这一矛盾，一方面要开辟和启用新的频段；另一方面要研究各种新技术和新措施，以压缩信号所占的频带宽度和提高频率利用率。

4. 通信系统复杂

由于移动台处于移动状态，要求能够随机选用无线信道进行频率和功率控制，地址登记、越区切换等要随时能够跟踪到用户位置并提供可靠有效的通信服务，因此通信系统是一个复杂的系统。

5. 对移动终端的要求高

移动通信终端长期处于位置不固定的移动状态，外界的影响时刻存在，这就要求移动终端要有很强的适应能力。此外还要求移动终端性能稳定、体积小、重量轻、省电、携带方便、操作简单、可靠耐用和维护方便，还应保证在振动、冲击、高低温环境变化等恶劣条件下能够正常工作。同时，应使用户操作方便、支持各种新业务，能满足不同用户。

7.2 移动通信的信道特征

信道是信号的传输介质，可分为有线信道和无线信道两类。有线信道包括明线、对称电缆、同轴电缆及光缆。无线信道有地波传播、短波电离层反射、超短波或微波视距中继、人造卫星以及各种散射信道等。由于移动通信采用无线通信方式，因此系统性能主要受无线信道的制约。无线传播环境中的传播路径非常复杂，包括从简单的视距传播到遭遇各种复杂地物的非视距传播。信号传播的开放性、接收点地理环境的复杂性和多样性以及移动用户的随机移动性是移动无线信道的固有特征。

7.2.1 表征衰落特性的常用数字特征

1. 场强中值

在移动通信中，接收信号的强弱值称为场强，为了表征电波传播的特性，特用统计分析的方法，采用统计的数字特征来描述。

场强值超过设定场强值的概率为50%时，该设定值称为场强中值，这是一个统计平均值，如图7-2所示。在图中，场强变化曲线高于规定电平值的持续时间占统计时间的一半时，所规定的那个电平值即为场强中值。图中的 T 为统计时间，规定电平值为 E_0，高于 E_0 值的时间段有 t_1、t_2、t_3。如果统计时间 T 足够长，则在 T 时间内超过 E_0 的概率为

$$P(\%) = \frac{t_1 + t_2 + t_3}{T} \times 100\% \tag{7-1}$$

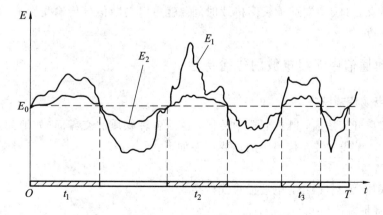

图7-2 场强中值的确定

用一般式表示为

$$P(\%) = \sum_{i=1}^{n} \frac{t_i}{T} \times 100\% \qquad (7-2)$$

在上式统计时间 T 内,当超过 E_0 值的百分比为 50% 时,即称 E_0 为场强中值。

依次类推,当概率超过设定场强值的 80% 或 90% 时,称 80% 或 90% 概率场强值。在实际应用中,场强中值恰好等于接收机的最低门限值,即通信的可通率为 50%,这就是说,只有 50% 能维持通信。因此,在实际应用中要使场强中值远远大于接收机门限,才能在绝大多数时间保证通信正常进行。

2. 衰落深度

衰落深度定义为接收的电平值与场强中值电平之差,即以场强中值电平为参考电平,表示信号起伏偏离其中值电平的幅度。这是电波衰落程度的一种量度,用电平表示为

$$衰落深度/dB = 20 \lg \frac{E_i}{E_0} \qquad (7-3)$$

式中,E_i 为接收电平值,E_0 为场强中值。一般在移动通信系统中,衰落深度可达 20~30 dB。

3. 衰落速率

衰落速率描述接收信号场强变化的快慢,即衰落的频繁程度。衰落速率与工作频率、移动台行进速度及行进方向有关。工作频率越高,衰落越快;移动台移动速度越快,衰落越快,其平均衰落速率表示为

$$N = \frac{v}{\frac{\lambda}{2}} = 1.85 \times 10^3 \cdot v \cdot f \text{ Hz} \qquad (7-4)$$

式中,N 为衰落速率;v 为移动台移动速度,单位为 km/h;λ 为波长,应与 v 同单位(km);f 为频率,一般以 MHz 为单位。

4. 衰落持续时间

衰落持续时间是指场强低于某一给定电平值的持续时间。在移动通信中,常会出现移动台收不到基站信号或信号中断的情况。这种情况是由于接收到的信号电平值低于接收机门限电平所致。因此,了解衰落低于门限电平的持续时间,对提高移动通信系统的可靠性有着重要的意义。例如,知道了衰落持续时间,就可以判断信号传输受影响的程度,或者确定误码的长度。

7.2.2 移动通信中无线电波的传播特性

1. 无线电波传播特性

无线电波离开天线后,既在媒质中传播,也沿各种媒质的交界面(如地面)传播,具有一定的规律性。无线电波在传播中的主要特性如下:

1) 直线传播

在均匀媒质(如空气)中,电波沿直线传播。

2) 反射与折射

电波由一种媒质传到另一种媒质时,在两种介质的分界面上,传播方向要发生变化。

由第一种介质射向第二种介质,在分界面上出现两种现象:一种是射线返回第一种介质,叫做反射;另一种现象是射线进入第二种介质,但方向发生了偏折,叫做折射。一般情况下反射和折射是同时发生的。入射角等于反射角,但不一定等于折射角。反射和折射给测向准确性带来很大的不良影响,反射严重时,测向设备误指反射体,给干扰查找造成极大困难。

3) 绕射

电波在传播途中绕过障碍物而传播的现象称为绕射。绕射能力的强弱与电波的频率有关,又和障碍物大小有关。频率越低的电波,绕射能力越弱;障碍物越大,绕射越困难。工作于 80 m(375 MHz)波段的电波,绕射能力是较强的,除陡峭高山(相对高度在 200 m 以上)外,一般丘陵均可逾越。2 m 波段的电波绕射能力就很差了,一座楼房或一个小山丘,都可能使信号难以绕过去。

4) 干涉

直射波与地面反射波或其他物体的反射波在某处相遇时,测向机收到的信号为两个电波合成后的信号,其信号强度有可能增强(两个信号相互叠加)也可能减弱(两个信号相互抵消),这种现象称为波的干涉。产生干涉的结果,使得测向机在某些接收点收到的信号强,而在某些接收点收到的信号弱,甚至收不到信号,给判断干扰信号距离造成错觉。

由于无线传播的特性,使得终端用户接收到的无线电波主要有:直射波、反射波、绕射波、透射波和散射波。

2. 移动信道的特点

移动信道的主要特点如下:

1) 传播的开放性

一切无线信道都是基于电磁波在空间传播来实现信息传播的。

2) 接收点地理环境的复杂性与多样性

接收信号地理环境可能是高楼林立的城市中心繁华区,即密集城区,也可能是一般高楼宇的城市区域、郊区或者是以山丘、湖泊、平原为主的农村及远郊区。

3) 通信用户的随机移动性

通常用户的随机移动性体现为慢速步行时的通信、高速车载时的不间断通信等。

7.2.3 移动信号传播的四种效应

移动信号传播的四种效应包括:阴影效应、远近效应、多径效应和多普勒效应。

1. 阴影效应

在移动通信系统中,移动台在运动的情况下,由于大型建筑物和其他物体对电波的传输路径的阻挡(这些障碍物通过吸收、反射、散射、绕射等方式衰减信号功率,严重时会阻断信号)而在传播接收区域内形成半盲区,称为电磁场阴影。这种随移动台位置的不断变化而引起的接收点场强平均值的起伏变化叫做阴影效应。

电磁场阴影效应类似于太阳光受阻挡后产生的阴影,不同点在于光波的波长较短,太阳光阴影可见,而电磁波波长相对来说较长,电磁场阴影不可见。虽然阴影不可见,但我们在接收端(如手机)采用专用仪表可以测量出来。

阴影衰落的速度与地形地貌、终端移动的速度有关，而与载波频率无关。但阴影衰落的深度却是与载波频率相关的，这是因为低频信号比高频信号具有更强的绕射能力。

2. 远近效应

由于移动台在蜂窝小区内随机移动，各移动台与基站之间的距离不同，若各移动台发射信号的功率相同，那么到达基站时各接收信号的强弱将有所不同，离基站近者信号强，离基站远者信号弱。移动通信系统中器件的非线性将进一步加剧各个信号强弱的不平衡。这种由于各移动台与基站之间的距离远近不同，导致在基站接收端信号以强压弱，使离基站较远的移动台产生通信中断的现象称为远近效应。

3. 多径效应

由于移动台所处地理环境的复杂性，使得移动信号传播的主要特征是多径传播，传播过程中会遇到各种建筑物、树木、植被以及起伏的地形，会引起能量的吸收和穿透以及电波的反射、散射及绕射等。这样，移动信道不但具有直射波，而且还充满了反射波、散射波和绕射波的传播环境。如图7-3所示。

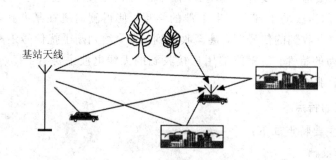

图7-3 多径效应

在移动传播环境中，到达移动台天线的信号不是单一路径来的，而是许多路径来的。不仅含有直射波的主径信号，还有从不同建筑物反射和绕射过来的多条不同路径的信号，而且它们到达时的信号强度、时间及载波相位都不同。在接收端，上述各路径（直射、反射、绕射）信号进行叠加，有时同相叠加而增强，有时反相叠加而减弱。这样，接收信号的幅度将急剧变化，即产生干扰和衰落。这种干扰或衰落是由于多径现象所引起的，故称这类干扰或衰落为多径效应。多径效应对移动通信系统性能带来的主要影响是时延扩展。

4. 多普勒效应

由于移动台的高速运动而产生的传播信号频率的扩散，称为多普勒效应，如图7-4(a)所示。其频率扩散与移动台的运动速度成正比，即多普勒频率 f_d 为

$$f_d = \frac{v}{\lambda} \cos\theta \tag{7-5}$$

式中，v 是移动台的速度，λ 是信号的波长，θ 是移动台前进方向与入射波的夹角。在图(b)中，f_c 为发送信号的中心频率，f_{dmax} 表示最大多普勒频率。由于多普勒效应，接收信号的功率谱 $s(f)$ 扩展到 $f_c - f_{dmax}$ 和 $f_c + f_{dmax}$。

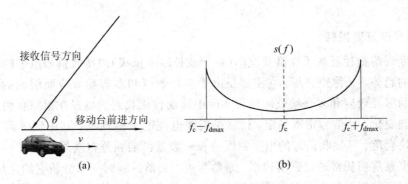

图 7-4 多普勒效应

7.2.4 移动信号传播的三类衰落损耗

移动通信系统是依靠无线信道实现的，它是最复杂的无线通信信道之一。移动通信系统的性能主要受到无线信道的制约，无线信道环境的好坏直接影响着通信质量的好坏。信号从发送机到接收机的过程中，受到地形或障碍物的影响，会发生反射、绕射、衍射等现象。

在移动信道电波传播的特点、电波的传播形式及信号的四种效应下，信号从发射端经过无线信道到达接收端，功率会发生衰减，主要表现为以下三类衰落损耗：路径传播损耗、大尺度衰落损耗、小尺度衰落损耗。

1. 路径传播损耗

路径传播损耗是指电波在空间传播所产生的损耗，即在发射端和接收端之间由传播环境引入的损耗的量，是由发射功率的辐射扩散及信道的传播特性造成的，反映接收信号的平均电平在宏观（千米量级）范围内随空间距离变化的趋势。一般接收信号电平的幅度与移动台和基站之间的距离 d 的 n 次方成反比，即其衰减特性服从 d^n 律，如无线电波在自由空间传播，接收信号的电平随距离的平方而衰减。路径传播损耗在无线通信和有线通信中都存在，只不过在有线通信中的路径传播损耗一般比无线通信的小。理论上认为，对于相同的收发距离，路径损耗也相同。但实践中往往发现，相同收发距离的不同接收点上的接收功率却存在较大变化，甚至同一接收点上的接收功率在不同时间点上也产生较大波动。

2. 大尺度衰落损耗

大尺度衰落损耗又称慢衰落，主要是指信号由于阴影效应而产生的损耗，由于电波在传播路径上遇到障碍物就会产生电磁场的阴影区，当手机通过不同的阴影区时，就会引起场强中值变化，因此它反映了在中等范围内（数百波长量级）接收信号电平的平均值随机起伏变化的趋势。这类损耗一般为无线通信所特有，从统计规律来看服从对数正态分布，因接收信号的场强中值在长时间内的变化速率比传送信息速率慢，故又称慢衰落或大尺度衰落。

大尺度衰落损耗除了上面所说的阴影衰落外，由于大气参数变化而引起折射率的缓慢变化还形成另一种慢衰落，该种慢衰落在移动台静止时也存在，它是随时间的慢变化。所以实际上的慢衰落是随地点和时间变化的两种衰落综合而形成的，但这两种变化相互独立。

3. 小尺度衰落损耗

小尺度衰落损耗反映了在微观范围（数十波长以下量级）内接收信号电平的平均值随机起伏变化的趋势，又称快衰落。它主要是由于多径效应和多普勒效应而引起的损耗。由于信号传播的多径效应和多普勒效应使得实际中移动台接收到的场强在振幅和相位上均随时随地在急剧变化，使信号很不稳定，这就是天线电波的衰落现象，其中随时间急剧变化的部分称为快衰落。其接收信号的电平幅度分布一般遵循瑞利分布或莱斯分布。

小尺度衰落损耗常通过衰落速率、衰落深度、衰落持续时间来分析它的定量特性。

小尺度衰落损耗分为平坦衰落损耗和选择性衰落损耗。其中，选择性衰落又分为空间选择性衰落、频率选择性衰落和时间选择性衰落。所谓选择性是指在不同的空间、不同的频率和不同的时间其衰落特性不同。空间选择性衰落是指不同的地点与空间位置，其衰落特性不同；频率选择性衰落是指在不同的频段上衰落特性不一样；时间选择性衰落是指不同的时间衰落特性不同。

移动通信跨越较大的区域，其信号必然同时受大尺度衰落和小尺度衰落的影响，如图7-5所示。为了防止因衰落（包括大尺度衰落和小尺度衰落）引起通信中断，在信道设计中，必须使信号的电平留有足够的余量，以使中断率小于规定指标。这种电平余量称为衰落储备。衰落储备的大小决定于地形、地物、工作频率和要求的通信可靠性指标。

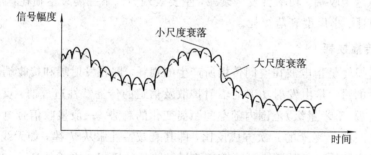

图 7-5 大尺度衰落和小尺度衰落

7.2.5 移动信道参数

1. 空间选择性衰落

移动信道的多径环境引起的信号多径衰落可从空域角度方面进行描述。

1) 角度扩展

不同的地点、不同的传输路径衰落特性不一样。由于多径反射、散射，信号在接收天线上的到达角度会展宽，称为角度扩展。角度扩展使得接收信号的大小与空间位置有关，从而带来空间选择性衰落。角度扩展是用来描述空间选择性衰落的重要参数。

2) 相关距离

角度扩展的倒数就是相关距离，描述空域的相关性。空间选择性衰落用相关距离 ΔR 表示，即

$$\Delta R = \frac{\lambda}{\varphi} \tag{7-6}$$

式中,λ 为波长,φ 为天线扩散角。

相关距离为两根天线上的信道响应应保持强相关时的最大空间距离。信号的相关距离越短,角度扩展就越大,表明不同天线接收到的信号之间的相关性就越小;反之,相关距离越长,角度扩展就越小,表明不同天线接收到的信号之间的相关性就越大。

接收天线距离小于相关距离,信号的相关性好,信道的衰减特性平坦;接收天线距离大于相关距离,信号的相关性变差,信道的衰落呈空间选择性衰落。

角度扩展和相关距离是描述空间选择性衰落的两个主要参数。

2. 频率选择性衰落

移动信道的多径环境引起的信号多径衰落也可从时域角度方面进行描述。

1) 时延展宽

移动信道的多径环境使得发射端发射的一个脉冲信号经过多径信道后,由于各信道时延的不同,接收端接收到的信号表现为一串脉冲,即接收信号的波形比原脉冲展宽了。这种由于信道时延引起的信号波形的展宽称为时延扩展。时延扩展产生频率选择性衰落。

2) 相关带宽

频率选择性衰落用相干带宽 B_c 描述,即

$$B_c = \frac{1}{T_m} \tag{7-7}$$

式中,T_m 为最大时延扩展。

相关带宽为信道在两个频移处的频率响应保持强相关时的最大频率差。相干带宽越小,时延扩展就越大;反之相干带宽越大,时延扩展就越小。

传输带宽小于相干带宽,信号的相关性好,信道的衰落特性平坦;传输带宽大于相干带宽,信号的相关性变差,信道的衰落为频率选择性衰落。

3. 时间选择性衰落

时间选择性衰落是指不同的时间衰落特性不同。

1) 频率扩散

用户的快速移动,在频域上产生多普勒效应而引起频率扩散,频率扩散引起时间选择性衰落。其频率扩散与移动台的运动速度成正比。

2) 相关时间

时间选择性衰落用相关时间 ΔT 描述,即

$$\Delta T = \frac{1}{B} \tag{7-8}$$

式中,B 为最大多普勒扩展。

相关时间为两个瞬时时间的信道冲击响应保持强相关时的最大时间间隔,相关时间越小,多普勒频移就越大;反之,相关时间越大,多普勒频移就越小。

取样时间间隔小于相关时间,信号的相关性好,信道的衰落特性平坦;取样时间间隔大于相关时间,信号的相关性变差,信道的衰落呈时间选择性衰落。

7.3 移动信道的噪声与干扰

信道是信息传输的通道。如果传输的是无线信号,则电磁波所经历的路径就为无线信

道。无线信道对信号传输的限制除了损耗和衰减外，另一个重要的限制因素是噪声和干扰。当噪声和干扰严重时，会使有用信号出现损伤，甚至无法恢复，导致通信质量下降。因此，移动通信中的噪声和干扰是不能被忽视的。

在通信系统中，任何不需要的随机自发脉冲信号都称为噪声，噪声可分为内部噪声和外部噪声。无线电台(如基站与移动台接收机)之间的相互干扰则统称为干扰。干扰主要有邻道干扰、同频道干扰、互调干扰等。因此，从移动通信信道设计和提供设备抗干扰能力以及减少它们对通信质量影响的角度来看，研究各种干扰和噪声的特征，对移动通信质量的提高具有实际意义。

7.3.1 移动信道的噪声

严重影响移动通信系统性能的主要噪声是加性白高斯噪声。加性是指噪声与传送的信号遵从简单的线性叠加关系；白噪声是指噪声的频谱是平坦的；高斯噪声是指噪声的分布服从正态分布。

1. 噪声的分类与特性

移动通信中，根据噪声来源的不同，可分为内部噪声和外部噪声，其中外部噪声又分为自然噪声和人为噪声，它们都属于不能预测准确波形的随机噪声。内部噪声主要是由系统设备本身产生的各种噪声。外部噪声来源不同、频率范围和强度也不同，对移动信道影响较大。由美国ITT(国际电话电报公司)公布的各种噪声功率与频率的关系，如图7-6所示。

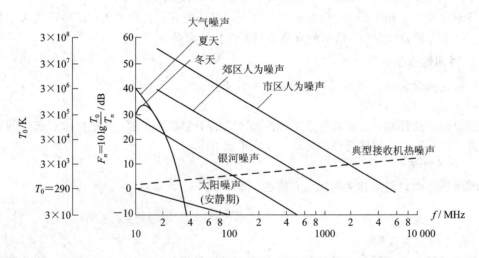

图7-6 各种噪声功率与频率的关系

由图7-6可知，当工作频率在150 MHz左右时，来自太阳、大气和银河系的噪声都比接收机的内部噪声小，可以忽略不计。在100 MHz以上频段，人为噪声尤其是市区内人为噪声比较严重，直接影响移动信道的质量。

2. 内部噪声

内部噪声是指系统设备(如电台)本身电气元件产生的各种噪声。例如，电阻和导线中电子的热运动所引起的热噪声，集成电路中半导体载流子(电子、空穴)的起伏变化所引起的散弹噪声。这些噪声称为随机噪声,既无法避免,又不能准确预测其波形。它们的瞬时特征服从高斯分布,又称为高斯噪声。由理论分析和实测表明,从直流到微波的频率范围内,内部噪声功率频谱密度是一个常数,故又称为白噪声。

3. 外部噪声

自然噪声和人为噪声统称为外部噪声。移动台工作频率在 450 MHz 以下,自然噪声强度低于人为噪声,基本上可以忽略,这时,人为噪声是外部噪声的主体。人为噪声是由汽车电子点火系统以及各种电气装置(如电动机、电焊机、电器开关、工业设备等)中电缆或电压发生急剧变化所产生的火花放电形成的电磁辐射。这种噪声的电磁波除了直接辐射外,还可以通过电力线传播并由电力线和接收天线间的电容性耦合而进入接收机,对接收信号形成噪声干扰。在城市中,由于工业电气设备和道路上行驶的车辆密集,并且车辆间点火噪声相互交织,合成噪声具有连续噪声或叠加有冲击性噪声的连续性噪声的特性。因此,这种环境噪声的大小主要取决于汽车流量,汽车流量越大,噪声电平越高。

人为噪声的大小还与接收天线高度以及接收天线离开公路的距离有关。因此,基站和移动台的人为噪声强度是不一样的。此外,人为噪声源的数量和集中程度随时间和地点而异,只能用统计测试方法来表示,噪声强度随地点的分布近似服从对数的正态分布。美国国家标准局(National Bureau of Standards)公布的几种典型环境噪声系数平均值如图 7-7 所示。由图可见,城市商业区的噪声系数比城市居民区的噪声系数高 6 dB 左右,比郊区高 12 dB 左右。人为噪声在农村地区通常可忽略不计(100 MHz 以上时)。

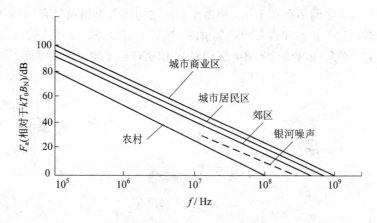

图 7-7 几种典型环境的人为噪声系数平均值

7.3.2 移动信道的干扰

在移动通信系统中,基站或移动台的接收机必须能在其他通信系统产生的众多较强的干扰信号中检测出有用信号。在接收远距离移动台信号时,往往不仅受到各种噪声的干扰,而且还受到附近系统内其他基站及系统外电台的干扰,如图 7-8 所示。因此,移动通信与固定通信相比,对干扰的限制更为严格,对收、发信设备的抗干扰特性要求更高。

在蜂窝移动通信网中,存在邻道干扰、同频道干扰、互调干扰等问题,这些都是在组网过程中产生的干扰。

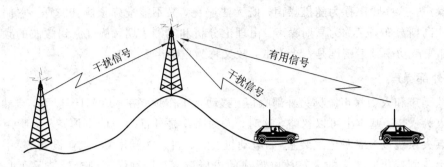

图 7-8 移动通信中干扰示意图

1. 邻道干扰

邻道干扰是指相邻的或邻近的信道之间的相互干扰。目前,移动通信系统广泛使用 VHF(甚高频)、UHF(特高频)电台,频道间隔为 25 kHz。当对语音信号采用调频方式时,理论上讲,发射机的调频信号具有较宽的频谱,调频信号可能含有无穷多个边频分量,如果其中某些边频分量落入邻频道接收机的通频带内,就会造成邻道干扰。而发信机边带噪声又存在于发信机工作载频两侧,噪声频谱也很宽,可以在数兆赫兹范围内对接收机造成干扰,成为邻道干扰的又一个来源。

这里以多信道工作的移动通信系统为例来说明邻道干扰的产生。如图 7-9 所示,假设用户 A 占用了 K 信道,用户 B 占用了 $(K\pm1)$ 信道,这两个用户就是在相邻信道上工作,通常情况下,两信道之间不存在干扰。但由于它们之间的信道相隔只有 25 kHz,当移动台 B 发射机存在调制边带扩展和边带噪声辐射时,就会有部分 $(K-1)$ 信道的边带成分落入 K 信道,并且与有用信号强度相差不多,从而对 K 信道产生干扰,造成邻道干扰。

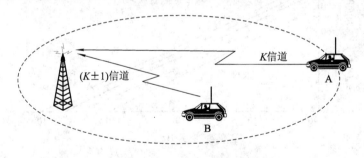

图 7-9 邻道干扰

邻道干扰由发射机调制边带扩展或发射机边带辐射噪声而产生。通常,产生干扰的移动台距基站越近,路径传播损耗越小,则邻道干扰越严重。相反,基站发射机对移动台接收机的邻道干扰却不大。这是因为有信道滤波器,所以此时移动台接收的有用信号功率远远大于邻道干扰功率。

因此,要减小邻道干扰,常采取以下方法:

(1) 提高收发射机滤波器的性能。

(2) 合理调整信道分配,在频率管理中在同一小区不分配相邻的频点,并提供足够的保护间隔。

(3) 移动台和基站都具有自动功率控制功能。

2. 同频道干扰

同频道干扰是指所有落到接收机通带内的、与有用信号频率相同或相近的无用信号的干扰。这是移动通信在组网中采用频率复用所出现的一种干扰，若频率管理或系统设计不当就会造成同频道干扰。另外，在 CDMA 系统中，同一载波的不同扩频码之间的互调干扰也可以看成同频道干扰，这里主要讨论前者。

在移动通信系统中，为了提高频率利用率，在相隔一定距离后，可以重复使用相同的频率，即把相同的频率（或信道）分配给彼此相隔一定距离的两个或多个小区使用，如图 7-10 所示，这种方法称为同频道复用。图中，在覆盖半径为 R 的地理区域（例如一个小区）C_1 内使用无线信道频率 f_1，又可以在距离为 D、覆盖半径也为 R 的另一小区内再次使用频率 f_1。信道复用可以极大地提高频率利用率，但如果系统设计不好，将产生严重的干扰，称为同频道干扰。显然，复用距离 D 越近，同频道干扰就越严重；反之，复用距离 D 越远，同频道干扰就越小，但频率复用次数也随之降低，即频率利用率降低。目前，频谱资源非常紧张，为了提高频谱利用率，在进行区群的频率分配时，应在满足一定通信质量的前提下，确定相同频率重复使用的最小距离。

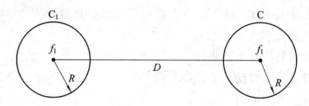

图 7-10　不同小区相同频率的信道使用示意图

3. 互调干扰

互调干扰是由传输信道中的非线性电路产生的。当两个或多个不同频率信号同时作用在通信设备的非线性电路上，由于非线性器件的作用，会产生许多谐波和组合频率分量，其中一部分谐波或组合频率分量与所需有用信号频率相近，就会顺利地落入接收机通带内而形成干扰，这就是互调干扰。电路的非线性特性是造成互调干扰的根本原因。

在移动通信系统中，互调干扰分为：发射机的互调干扰、接收机的互调干扰、发信机变频滤波和天线馈线等插接件接触不良引起的互调干扰三种情况。其中，发信机变频滤波和天线馈线等插接件接触不良引起的互调干扰，通过良好的维护基本上可以避免，下面简要介绍前两种情况。

1) 发射机的互调干扰

发射机的互调干扰是基站使用多部不同频率的发射机所产生的特殊干扰，如图 7-11 所示。由于多部发射机设置在同一个地点时，无论它们是分别使用各自天线还是共用一副天线，它们的信号都可能通过电磁耦合或其他途径进入其他发射机中，从而产生互调干扰。发射机末级功率放大器通常工作在非线性状态，所以这种互调干扰通常发生在末级功率放大器中。

减小发射机的互调干扰可以采取以下措施：

(1) 尽量增大发射机间的耦合损耗 L_c。

(2) 为了减小移动台发射机互调干扰，应采用移动台自动功率控制系统。

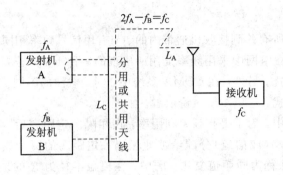

图 7-11 基站发射机互调干扰示意图

(3) 选用无三阶互调信道组工作。

2) 接收机的互调干扰

接收机的互调干扰是指两个或多个信号同时进入接收机高频放大器或混频器,只要它们的频率满足一定的关系,则由于接收机中器件的非线性特性,就有可能形成互调干扰。

就一般移动通信系统而言,三阶互调干扰是主要的,其中又以两信号三阶互调干扰的影响最大。接收机的互调干扰,可折算为同频道干扰来估算对通信的影响。

减小接收机的互调干扰可以采取以下措施:

(1) 提高接收机的射频互调抗拒比,一般要求优于 70 dB。

(2) 移动台发射机采用自动功率控制系统;减小无线小区半径、降低最大接收电平等。

(3) 选用无三阶互调信道组工作。

7.4 移动信道的传播模型

传播模型是非常重要的。传播模型是移动通信网小区规划的基础。模型的价值就是在保证精度的同时,节省人力、费用和时间。在规划某一区域的蜂窝系统之前,选择信号覆盖区的蜂窝站址使其互不干扰是一个重要的任务。如果不用预期方法,唯一的方法就是尝试法,通过实际测量进行。这就要进行蜂窝站址覆盖区的测量,在所建议的方案中,选择最佳者。这种方法费钱、费力。利用高精度的预期方法并通过计算机计算,通过比较和评估计算机输出的所有方案的性能,我们就能够很容易地选出最佳蜂窝站址配置方案。因此可以说传播模型的准确与否关系到小区规划是否合理,运营商是否以比较经济合理的投资满足了用户的需求。

由于我国幅员辽阔,各省、市的无线传播环境千差万别,例如,处于丘陵地区的城市与处于平原地区的城市相比,其传播环境有很大不同,两者的传播模型也会存在较大差异,因此如果仅仅根据经验而无视各地不同地形、地貌、建筑物、植被等参数的影响,必然会导致所建成的网络或者存在覆盖、质量问题或者所建基站过于密集,造成资源浪费。随着我国移动通信网络的飞速发展,各运营商越来越重视传播模型与本地区环境相匹配的问题。

一个优秀的移动无线传播模型要具有能够根据不同的特征地貌轮廓,像平原、丘陵、山谷等,或者是不同的人造环境,例如开阔地、郊区、市区等,做出适当的调整。这些环境因素涉及了传播模型中的很多变量,它们都起着重要的作用。因此,一个良好的移动无线传播模型是很难形成的，为了完善模型，就需要利用统计方法，测量出大量的数据，对模型进行校正。一个好的模型还应该简单易用。模型应该表述清楚，不应该给用户提供任何主观判断和解释。因为主观判断和解释往往在同一区域会得出不同的预期值。

一个好的模型应具有好的公认度和可接受性。应用不同的模型时，得到的结构有可能不一致，良好的公认度就显得非常重要了。多数模型是预期无线电波传播路径上的路径损耗的，所以传播环境对无线传播模型的建立起关键作用，确定某一特定地区的传播环境的主要因素有：

（1）自然地形、高山、丘陵、平原、水域等；
（2）人工建筑的数量、高度、分布和材料特性；
（3）该地区的植被特征；
（4）天气状况；
（5）自然和人为的电磁噪声状况。

另外，无线传播模型还受到系统工作频率和移动台运动状况的影响。在相同地区，工作频率不同，接收信号衰落状况各异，静止的移动台与高速运动的移动台的传播环境也大不相同。

无线传播模型一般分为室外传播模型和室内传播模型，常用的模型如表 7-1 所示。

表 7-1 常用的无线传播模型

模型名称	使用范围
Okumura-Hata	适用于 900 MHz 宏蜂窝预测
COST231-Hata	适用于 1800 MHz 宏蜂窝预测
COST231Walfisch-Ikegami	适用于 900 MHz 和 1800 MHz 微蜂窝预测
Keenan-Motley	适用于 900 MHz 和 1800 MHz 室内环境预测
规划软件 ASSET 中使用	适用于 900 MHz 和 1800 MHz 宏蜂窝预测

7.4.1 室外传播模型

室外传播模型分为两类：宏蜂窝模型和微蜂窝模型。宏蜂窝模型一般是指适用于覆盖半径 1 km 以外的传播模型，常用的宏蜂窝模型包括：Okumura-Hata 模型、Walfisch-Ikegami 模型。微蜂窝模型一般是指适用于覆盖半径 1 km 以内的传播模型，常用的微蜂窝模型包括 LEE 微蜂窝模型、标准微蜂窝模型。由于篇幅有限，这里仅介绍 Hata 模型。

Hata 模型是一种广泛使用的传播模型，适用于宏蜂窝、小区半径大于 1 公里的系统的路径损耗预测。根据应用频率不同，Hata 模型分为：Okumura-Hata 模型和 COST231-Hata 模型。

1. Okumura-Hata 模型

Okumura-Hata 模型是根据测试数据统计分析得到的经验公式，其适用频率范围是 $150\sim 1500$ MHz；适用于小区半径大于 1 km 的宏蜂窝系统；基站有效天线高度在 $30\sim 200$ m 之间；移动台有效天线高度在 $1\sim 10$ m 之间。Okumura-Hata 模型以市区传播损耗为标准，郊区等其他地区在此基础上做了修正。

市区的路径损耗中值 L_m 可以用下面的经验公式表示：

$$L_m = 69.55 + 26.16 \lg f - 13.82 \lg(h_{te}) - a(h_{re}) + [44.9 - 6.55 \lg(h_{te})] \lg d \tag{7-9}$$

式中，f 是载波频率；h_{te} 是发射天线有效高度；h_{re} 是接收天线有效高度；d 是发射机与接收机之间的距离；$a(h_{re})$ 是移动天线修正因子，其数值取决于环境。

对于中小城市，有
$$a(h_{re}) = (1.1 \log f - 0.7) h_{re} - (1.56 \log f - 0.8) \text{ dB} \tag{7-10}$$

对于大城市，有
$$a(h_{re}) = 8.29 (\log 1.54 h_{re})^2 - 1.1 \text{ dB}, \quad f < 300 \text{ MHz} \tag{7-11}$$
$$a(h_{re}) = 3.2 (\log 11.75 h_{re})^2 - 4.97 \text{ dB}, \quad f > 300 \text{ MHz} \tag{7-12}$$

在郊区，路径损耗中值 L_m 修正为
$$L_m = L(\text{市区}) - 2\left[\log\left(\frac{f}{28}\right)\right]^2 - 5.4 \tag{7-13}$$

在农村，路径损耗中值 L_m 修正为
$$L_m = L(\text{市区}) - 4.78(\log f)^2 - 18.33 \log f - 40.98 \tag{7-14}$$

图 7-12 显示了不同地区采用 Okumura-Hata 模型计算得到的不同路径损耗值。

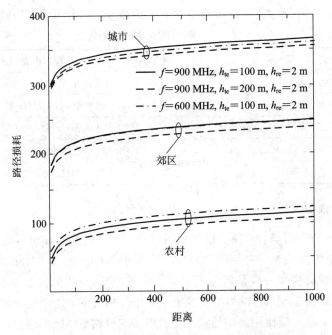

图 7-12 Okumura-Hata 模型中不同地区的路径损耗

Okumura-Hata 模型适用于大区制移动系统，但是不适合覆盖距离不到 1 km 的个人通信系统。

2. COST231-Hata 模型

在不少城市的高密度区，经过小区分裂，站距已缩小到数百米。而在基站密集的地域使用 Okumura-Hata 模型将出现预测值明显偏高的问题。因此，EURO-COST（科学和技术研究欧洲协会）组成 COST231 工作委员会提出了 Okumura-Hata 的扩展模型，即 COST231-Hata 模型。

COST231-Hata 模型的适用频率范围是 1500～2300 MHz；适用于小区半径 1～20 km 的宏蜂窝系统；基站有效天线高度在 30～200 m 之间；移动台有效天线高度在 1～10 m 之间。

COST231-Hata 模型损耗的计算公式为

$$L_m(d) = 46.3 + 33.9 \log f - 13.82 \log h_{te} - a(h_{re}) + (44.9 - 6.55 \log h_{te}) \log d + C_M \tag{7-15}$$

式中，C_M 为大城市中心校正因子。在中等城市和郊区 $C_M = 0$ dB，在市中心 $C_M = 3$ dB，接收到的场强为

$$P_r(d) = 10 \lg[P_r(d_{ref})] + PL_{m,urban}(d_{ref}) - L_m(d) \text{ dBm} \tag{7-16}$$

式中，$L_m(d)$ 就是式(7-15)中的 $L_m(d)$。

COST231-Hata 模型和 Okumura-Hata 模型的主要区别在于频率衰减系数不同。COST231-Hata 模型的频率衰减因子为 33.9，而 Okumura-Hata 模型的频率衰减因子为 24.16。另外，COST231-Hata 模型还增加了一个大城市中心衰减因子 C_M，大城市中心地区路径损耗增加 3 dB。

7.4.2 室内无线传播模型

室内传播模型是指无线电波通过介质在室内分布系统进行传播而采用的一种模型。室内的传播环境与室外不同，因此在影响电磁波传播的因素上也有很大不同，这大大增加了室内传播模型研究的难度。室内环境有大量的障碍物，如墙体、窗体、门以及地板等，其材质也各种各样，如木材、玻璃、混凝土以及钢材等。这些复杂的结构及形色各异的材质对电磁波的影响与室外的情况非常不同，室内无线传播同样受到反射、绕射、散射三种主要传播方式的影响，但是与室外传播环境相比，条件却大大不同。天线的安装高度、房间门的开关等都会影响到室内无线信号的传播。因而对室内传播特性的预测，需要使用针对性更强的模型。一般说来，室内信道分为视距(LOS)和阻挡(OBS)两种，并且随着环境杂乱程度而不断变化。

国外从 20 世纪 80 年代开始对室内无线传播进行系统的研究。美国 Bell 实验室和英国电信等率先对大量家用和办公室建筑物周围及内部的路径损耗进行了仔细的研究。

常用的室内传播模型有：分隔损耗(同楼层)模型、楼层间分隔损耗模型、对数距离路径损耗模型、Ericsson 多重断点模型、衰减因子模型。本节仅对衰减因子模型进行介绍。

在进行室内覆盖的网络规划时，由于衰减因子模型灵活性很强，经常选取为室内传播模型，预测路径与测量值的标准偏差为 4 dB。衰减因子模型公式为

$$L(d) = L(d_0) + 10n \log\left(\frac{d}{d_0}\right) + FAF_{[dB]} \tag{7-17}$$

式中，$L(d)$ 为路径 d 的总损耗值；$L(d_0)$ 为自由空间终端距离天线 1 m 处的传输损耗；n 为衰减因子，针对不同的无线环境，n 的取值不同。在自由空间中，路径衰减与距离的平方成正比，即衰减因子为 2。在建筑物内部，距离对路径损耗的影响将明显大于自由空间。一般来说，对全开放环境，n 的取值为 2.0～2.5；对于半开放环境，n 的取值为 2.5～3.0；对于较封闭环境，n 的取值为 3.0～3.5。FAF 为建筑物的穿透损耗。典型建筑物的穿透损耗如表 7-2 所示。

表 7-2 典型建筑物的穿透损耗

类 型	CDMA800 频段损耗/dB	PHS 频段损耗/dB	WLAN 频段损耗/dB
普通砖混隔墙（＜30 cm）	8	10	14
混凝土墙体	12	15	20
混凝土楼板	15	18	22
天花板管道	2	4	6
箱体电梯	25	30	35
人体	3	3	3
木质家具	2	3	5
玻璃	2	2	5
石膏板	2	3	3

对于多层建筑物，室内路径损耗等于自由空间损耗加上损耗因子，并随距离成指数增长，即

$$L(d) = L(d_0) + 20\log\left(\frac{d}{d_0}\right) + \alpha d + \text{FAF}_{[\text{dB}]} \tag{7-18}$$

式中，α 为信道的衰减常数，单位是 dB/m，α 的取值范围在 0.48～0.62 之间。

7.5 蜂窝组网技术

7.5.1 移动通信网的体制

一般来说，移动通信网的服务区覆盖方式可分为两类：一类是小容量的大区制；另一类是大容量的小区制。

1. 大区制

大区制是移动通信网的区域覆盖方式之一，一般在较大的服务区内设一个基站，负责移动通信的联络与控制。其覆盖范围半径为 30～50 km，天线高度约为几十米至百余米。发射机输出功率也较高。在覆盖区内有许多车载台和手持台，它们可以与基站通信，也可直接通信或通过基站转接通信。一个大区制系统有一个至数个无线电信道，用户数约为几十个至几百个。另外，基站与市话有线网连接，移动用户与市话用户之间可以进行通信。这种大区制的移动通信系统，网络结构简单、所需频道数少、不需交换设备、投资少、见效快，适合用在用户数较少的区域。

2. 小区制

小区制将所要覆盖移动通信网络的地区划分为若干小区，每个小区的半径可视用户的分布密度在 1～10 公里左右，在每个小区设立一个基站为本小区范围内的用户服务。在小区制中，可以应用频率复用技术，即在相邻小区中使用不同的载波频率，而在非相邻且距离较远的小区中使用相同的载波频率。由于相距较远，基站功率有限，使用相同的频率不

会造成明显的同频道干扰,这样就提高了频带利用率。从理论上讲,小区越小,小区数目越多,整个通信系统的容量就越大。

7.5.2 移动通信网的组网方式

我们知道传输损耗是随着距离的增加而增加的,并且与地形环境密切相关,因而移动台与基站之间的通信距离是有限的;再者,单个基站覆盖的一个服务区可容纳的用户数是有限制的,无法满足大容量的要求。

为了使得服务区达到无缝覆盖,提高系统的容量,就需要采用多个基站来覆盖给定的服务区(每个基站的覆盖区域称为一个小区。)从理论上来讲,我们可以给每个小区分配不同的频率,但这样需要大量的频率资源,且频谱利用率低。为了减少对频率资源的需求和提高频谱利用率,我们需要将相同的频率在相隔一定距离的小区中重复使用,只要使用相同频率的小区(同频小区)之间干扰足够小即可。

1. 小区的形状

全向天线辐射的覆盖区是个圆形,为了不留空隙地覆盖这个平面的服务区,一个个圆形辐射区之间一定含有多个的交叠。在考虑了交叠之后,实际上每个辐射区的有效覆盖区是一个多边形。根据在顶点到几何中心等距的多边形中,能够完整(无重叠)地覆盖某一区域可能的多边形有:正方形、等边三角形和正六边形三种形状。在正方形、等边三角形和正六边形中,正六边形的面积最大,也就是说,在服务面积一定的情况下,正六边形小区的形状最接近理想的圆形,用它覆盖整个服务区所需的基站数最少,也就最经济。由于正六边形构成的网络形同蜂窝,因此将小区形状为正六边形的小区制移动通信网称为蜂窝网。

2. 区群中的小区数目

在移动通信中,为了避免同频道干扰,相邻小区不能使用相同的频率。为了确保同一载频信道小区间有足够的距离,小区(蜂窝)附近的若干小区都不能采用相同载频的信道,由这些不同载频信道的小区组成一个区群,只有在不同区群的小区才能进行载波频率的再用。

区群的组成满足两个条件:一是区群之间可以邻接,且无空隙无重叠地进行覆盖;二是邻接之后的区群应保证各个相邻同信道小区之间的距离相等。满足上述条件的区群形状和区群内的小区数不是任意的。可以证明,区群中的小区数应满足下式:

$$N = a^2 + ab + b^2 \qquad (7-19)$$

式中,a、b 为非负整数且不能同时为零。表 7-3 给出了不同 a 和 b 取值时的小区数 N 的取值。

表 7-3 区群内小区数 N 的取值

$b\backslash N\backslash a$	0	1	2	3	4
1	1	2	7	13	21
2	4	7	12	19	28
3	9	13	19	27	37
4	16	21	28	37	48

在第一代模拟移动通信系统中，经常采用 7/21 区群结构，即每个区群中包含 7 个基站，而每个基站覆盖 3 个小区，每个频率只使用一次。在第二代数字式 GSM 系统中，经常采用 4/12 模式。如图 7-13 所示。

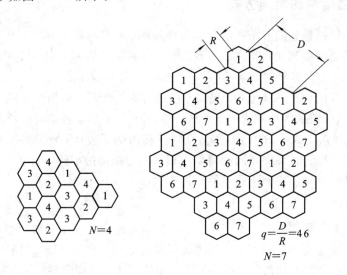

图 7-13　$N=4$ 和 $N=7$ 的蜂窝网小区覆盖

3. 同频(信道)小区的距离

由于电波在空间传播的固有特性，尽管蜂窝和基站发射的设计使小区内的通信尽量限于小区范围，但是电波的传播总是会穿透出去，变为相邻小区的干扰。根据同载频干扰途径，应为相邻小区指派不同的载频。但是，为了节省频谱资源，在不同小区组(区群)之间可以重复使用同一频率模式，称为频率重用。在频率重用时，为了避免产生同频道干扰，应使同频信道小区中心间的距离足够大。

根据小区的辐射半径(即六边形外接圆的半径)，可以计算出同频信道小区中心间的距离 D 为

$$D = \sqrt{3}R\sqrt{\left(b+\frac{a}{2}\right)^2 + \left(\frac{\sqrt{3}a}{2}\right)^2} = \sqrt{3(a^2+ab+b^2)}\cdot R = \sqrt{3N}\cdot R \quad (7-20)$$

由式(7-20)可见，区群内小区数 N 越大，同频小区的距离越远，抗同频干扰性能越好。

4. 中心激励与顶点激励

在每个小区中，基站设在小区的中心，并采用全向天线对小区进行覆盖，通常称为中心激励。

另外，也可将基站设在每个正六边形小区相隔开的三个顶点上，并采用三副 120°扇形定向天线来覆盖整个小区，这就是顶点激励。它的好处是所接收的同频道干扰功率仅为采用全向天线系统的 1/3，因此可以减少系统的同频道干扰。另外，在不同地点采用多副定向天线发射，有利于避免小区内有大障碍物时，导致中心发射出现电波辐射阴影。

5. 小区分裂

理想设计的各个小区大小相等，容量相同。事实上，各小区的用户密度是不均应的，

例如，城市中心商业区的用户密度高，市郊的用户密度相对较低。在用户密度高的地区可使小区的面积小一点，在用户密度低的地区可使小区的面积大一些。小区一般分为巨区、宏区、微区、微微区几类。具体指标如表7-4所示。

表7-4 小区分类

蜂窝类型	巨区	宏区	微区	微微区
蜂窝半径/km	100～500	≤35	≤1	≤0.05
终端移动速度/(km/h)	1500	≤500	≤100	≤10
运行环境	所有	乡村郊区	市区	室内
业务量密度	低	低到中	中到高	高
适用系统	卫星	蜂窝	蜂窝/无绳	蜂窝/无绳

当一个特定的小区的用户容量和话务量增加时，为了提高系统容量，小区可以被分裂成更小的小区，通过增加小区数（基站数）来增加信道的重用数，这种技术称为小区分裂。

小区分裂是用更小的小区代替原小区来增加系统容量。在频率分配时，应考虑同频干扰的规划。实际上，不是所有的小区都需要同时分裂，可视条件而定。

6. 扇区划分

移动通信系统中的同频干扰可以采用定向天线来减少。每个定向天线辐射覆盖的某个特定的区域称为扇区。这种使用定向天线来减少同频干扰，从而提高系统容量的技术叫做扇区划分技术。同频干扰减少的范围决定于定向角度，通常采用三个120°或六个60°的天线。

扇区的划分与系统提供的业务量相匹配，业务量高的地区，扇区划分得密集一些，可以进一步提高系统容量。但是扇区增加了，容量增加了，同时也导致了基站天线数目的增加，基站信道的再划分导致电路利用率降低，以及越区切换次数的增加，因此扇区的划分应根据实际业务量情况综合考虑。图7-14所示为小区六扇区组网的网络拓扑结构。

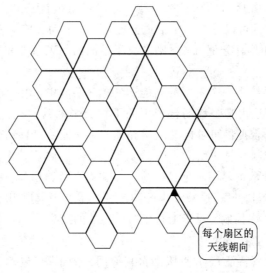

图7-14 小区六扇区组网的网络拓扑结构

7.5.3 移动通信系统的容量

移动通信系统的频谱资源非常有限，如何实现频谱利用率最大化，即实现蜂窝系统的容量最大，是系统设计中的一个重要方面。蜂窝系统的容量与多址方式有着密切的关系。从早期的频分多址（FDMA）的模拟蜂窝移动通信系统，到以 GSM 为代表的时分多址（TDMA）的数字蜂窝移动通信系统，再到基于码分多址（CDMA）的第三代移动蜂窝通信系统 WCDMA，以及具有我国自主知识产权的基于时分码分多址（TD-SCDMA）的 TD-SCDMA 系统，蜂窝系统的容量逐渐加大。而目前的第四代移动通信系统，与第三代移动通信系统采用的码分多址技术不同，第四代移动通信系统主要基于 OFDM 和 MIMO 技术，在系统容量上又有了新的突破。

1. 容量度量方法

蜂窝系统的通信容量一般用每个小区的可用信道数进行度量，也可用每小区的爱尔兰数度量，二者之间可以转化。这里的小区指全向小区或定向小区的一个扇区，语音容量通常用 Erl、Hz、Cell，数据容量通常用 b/s、Hz、Cell 单位度量。

2. 提高容量的方法

1) 信道分配技术

在无线通信系统中，由于无线信道数量有限，因此是极为珍贵的资源，要提高系统的容量，就要对信道资源进行合理的分配，由此产生了信道分配技术。信道分配是指从一组信道内为每条连接移动台到基站的无线链路分配一个信道，该信道必须满足特定的信扰比（SIR）条件。为了将给定的无线频谱分割成一组彼此分开、互不干扰的无线信道，常使用诸如频分、时分、码分、空分等技术。

对于无线通信系统来说，系统的资源包括频率、时隙、码道和空间方向四个方面，一条物理信道由频率、时隙、码道的组合来标志。理想的信道分配技术可通过更有效的复用，使为所有移动台提供服务所需的信道数最少，同时可根据链路和服务质量而满足某些要求。常用的信道分配技术可以分为固定信道分配（FCA）、动态信道分配（DCA）和混合信道分配（HCA）。具体使用哪种分配方式，则取决于不同的约束条件和要求。

2) 功率控制技术

功率控制是无线系统中一个重要的功能。在蜂窝系统中，由于许多移动用户在不同小区群共享同一信道，所以由某个移动台产生的干扰会影响其他用户，即产生同频道干扰。因此，为了既能给移动台提供可靠的无线链路质量，又能使该移动台对其他用户的干扰尽可能小，必须恰当地控制发射功率。

早期的功率控制技术主要用于延长电池寿命和提高链路质量。在 FDMA 和 CDMA 系统中，若要提高系统容量，可通过减小小区群尺寸，使更多信道得到复用。LTE 的功率控制有别于其他系统的功率控制。对于上行信号，终端的功率控制在节电和抑制小区间干扰两方面具有重要意义，上行链路功率控制必须适应无线传播信道的特征（包括路径损耗特征、阴影特征和快速衰落特征），并克服来自其他用户的干扰（包括小区内用户的干扰和相邻小区内用户的干扰）；对于下行信号，基站合理的功率分配和相互间的协调能够抑制小区间的干扰，提高同频组网的系统性能。

3) 自适应天线技术

自适应天线技术又称智能天线技术,这是能根据环境变化对天线阵中各阵元的加权值进行自行调整,以改善其输出特性的重要的天线技术。其优点是基于空间滤波,性能高度依赖于无线传播信道的空间特征。

4) 小区分裂

当小区所支持的用户数达到了饱和,系统可将小区裂变为几个更小的小区,以适应业务需求的增长,这种过程就叫小区分裂。由于小区分裂减小了小区半径,因此服务区的小区总数变大,复用次数也就增多,因而能提高系统容量。一般而言,蜂窝小区面积越小,单位面积可容纳的用户数越多,系统的频率利用率就越高,但是越区切换的次数必然增加。

5) 小区扇区化(裂向)

使用定向天线来减小同频道干扰,从而提高系统容量的技术叫小区扇区化(或裂向)。使用裂向技术后,某小区中使用的信道就分为分散的组,每组只在某扇区中使用,也就是在一个小区内移动实际也发生扇区间的切换。同时裂向技术要求每个基站不只使用一根天线,小区中可用的信道数必须划分,分别用于不同的定向天线,于是中继信道同样也分为多个部分,这样将降低中继效率。

思考与练习题

1. 什么是移动通信?它有哪些特点?
2. 移动通信使用哪些频段?
3. 阐述移动通信中无线电波传播的特性。
4. 阐述阴影效应、远近效应、多径效应、多普勒效应产生的原因。
5. 在移动通信中,接收信号有几类损耗?各有什么特点?
6. 在移动通信中,主要的噪声和干扰有哪几种?产生的原因是什么?
7. 移动通信系统是如何组网的?
8. 移动通信系统提高系统容量的方法有哪些?

参 考 文 献

[1] 鲜继清,等. 通信技术基础. 北京:机械工业出版社,2015.
[2] 黄玉兰,等. 电信传输理论. 北京:北京邮电大学出版社,2004.
[3] 黄玉兰,等. 电信传输原理. 北京:北京邮电大学出版社,2004.
[4] 谢处方. 电磁场与电磁波. 4版. 北京:人民邮电出版社.
[5] 吴群. 微波技术. 哈尔滨:哈尔滨工业大学出版社,2004.
[6] 冼有佳. 有线电视700问. 成都:电子科技大学出版社,2002.
[7] 王水成,吴春玲. 同轴电缆的湿度特性及防潮措施[J]. 电视技术,2006,(6):81-82.
[8] 闫润卿,李英惠. 微波技术基础. 北京:北京理工大学出版社,2011.
[9] 杜勇峰,窦文斌,姚武生等. 毫米波段复介电常数测量的开放腔法改进[J]. 微波学报,2010,26(3):38-43.
[10] 胡庆,等. 电信传输原理. 2版. 北京:电子工业出版社,2012.
[11] 胡健栋,等. 现代无线通信技术. 北京:机械工业出版社,2003.
[12] 李建东,等. 移动通信. 4版. 西安:西安电子科技大学出版社,2006.
[13] 赵小龙. 电磁波在大气波导环境中的传播特性及其应用[D]. 西安电子科技大学,2008.
[14] 沈建华. 光纤通信系统. 3版. 北京:机械工业出版社,2014.
[15] 张喜云. 宽带接入网技术. 西安:西安电子科技大学出版社,2009.
[16] 包建新. 光纤通信技术基础. 哈尔滨:哈尔滨工程大学出版社,2008.
[17] 陈炳炎. 光纤光缆的设计和制造. 2版. 浙江:浙江大学出版社,2003.
[18] 张新社. 光网络技术. 西安:西安电子科技大学出版社,2012.
[19] 丁钟琦. 微波传输技术. 湖南:湖南大学出版社,2000.
[20] 孙学康,等. 微波与卫星通信. 北京:人们邮电出版社,2003.
[21] 张玉艳. 第三代移动通信. 北京:人们邮电出版社,2011.
[22] 王金培. 卫星通信系统常见干扰及应对方法[J]. 科技风. 2012.15:193-194.
[23] 袁晓雷. 数字微波通信路由设计的传播余隙标准[J]. 有线电视技术. 2010.02:79-81.
[24] 朱继文. 卫星应用概论. 哈尔滨:哈尔滨地图出版社,2005.
[25] 孙海山. 数字微波通信. 北京:人民邮电出版社,1992.
[26] 原萍. 卫星通信引论. 沈阳:东北大学出版社,2007.